U0850799

连铸结晶器内钢液流动及铸坯质量控制

任 磊 编著

扫一扫查看
本书数字资源

北 京
冶 金 工 业 出 版 社
2025

内容提要

本书系统地阐述了连铸结晶器内钢液的流动行为及其对连铸坯质量的影响，具体包括连铸结晶器内钢液的流动特征和规律、钢液流动控制的基础理论和研究方法、连铸结晶器液面钢液流动测量工业实例、连铸结晶器内夹杂物的控制以及连铸坯质量控制。

本书可供企业技术人员、管理人员等培训使用，也可供高等院校以及高职院校相关专业本科生、研究生参考。

图书在版编目（CIP）数据

连铸结晶器内钢液流动及铸坯质量控制 / 任磊编著.
北京 ：冶金工业出版社，2025. 4. -- ISBN 978-7-5240-0143-0

Ⅰ. TF777

中国国家版本馆 CIP 数据核字第 2025BB0137 号

连铸结晶器内钢液流动及铸坯质量控制

出版发行	冶金工业出版社	**电　　话**	(010)64027926
地　　址	北京市东城区嵩祝院北巷 39 号	**邮　　编**	100009
网　　址	www. mip1953. com	**电子信箱**	service@ mip1953. com

责任编辑　李泓璇　美术编辑　吕欣童　版式设计　郑小利
责任校对　葛新霞　责任印制　窦　唯
北京印刷集团有限责任公司印刷
2025 年 4 月第 1 版，2025 年 4 月第 1 次印刷
710mm×1000mm　1/16；15. 25 印张；307 千字；235 页
定价 89. 00 元

投稿电话　(010)64027932　投稿信箱　tougao@cnmip. com. cn
营销中心电话　(010)64044283
冶金工业出版社天猫旗舰店　yjgycbs. tmall. com
（本书如有印装质量问题，本社营销中心负责退换）

前　　言

连铸结晶器是连铸机非常重要的部件，被视为连铸机设备的“心脏”。连铸结晶器内的钢液流动是一个复杂的三维湍流流动，包括许多复杂现象，例如水口和结晶器内的湍流、多相流、传热、界面现象、钢渣反应以及溶质元素的扩散与偏析等。钢液在结晶器内的流动行为对连铸坯质量的影响很大，因此了解这些行为对提高连铸坯质量十分有帮助。

本书共分为5章，第1章介绍了我国钢铁工业概况；第2章介绍了连铸结晶器内钢液流动控制的基础理论；第3章介绍了国内外连铸结晶器内钢液流动控制的研究进展；第4章介绍了钢液在连铸结晶器内的流动特征和流动行为；第5章介绍了连铸结晶器内夹杂物行为及铸坯表面振痕。希望本书的出版可以为一线连铸工作者、技术人员和管理人员进一步理解钢液的流动行为与连铸坯质量之间的关系提供参考。

本书的编写过程也得到了杨吉春、冯广乾、宋焱、郝伟、杨希明、郑广振和胡梦强的支持，在此表示衷心的感谢。

由于作者水平所限，书中不妥之处，敬请读者批评指正。

作　者

2025年1月

目　　录

1 绪　　论

1.1 中国钢铁工业概况

钢铁工业是我国国民经济的基础产业，在中国经济发展中占有重要地位。我国的钢铁产品、技术、装备、节能环保水平不断提升，在稳定国家经济、改善人民生活、保障国防安全、支撑战略性新兴产业发展等方面发挥了重要作用[1]。

中国作为全球最大的钢铁生产国，钢铁年产量占世界总产量的一半以上，规模庞大，已形成了完整的产业链。2020 年，我国粗钢产量首次突破 10 亿吨大关，成为全球唯一一个钢铁年产量达到 10 亿吨的国家，比排名第二的印度高出约 8.89 亿吨。2010—2023 年我国粗钢产量及同比如图 1-1 所示[2]。

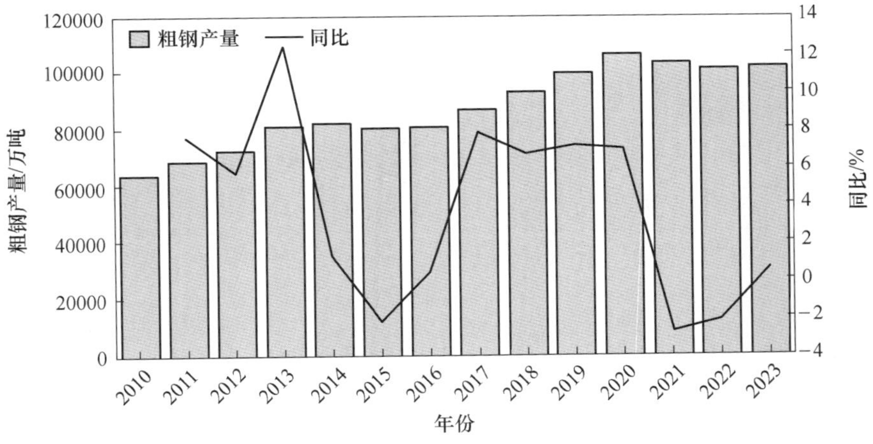

图 1-1　2010—2023 年我国粗钢产量及同比[2]（数据来源：中国钢铁工业协会）

1995 年，我国生铁产量首破 1 亿吨，成为世界第一大产铁国。2020 年，我国生铁产量达到峰值，达到 8.88 亿吨。目前，我国生铁产量已连续 28 年位居世界第一。2010—2023 年我国生铁产量及同比如图 1-2 所示[2]。

1996 年，我国钢材产量突破 1 亿吨，超越日本成为世界第一。直至 2023 年，我国钢材产量达到 13.6 亿吨，同比增长 5.2%。2010—2023 我国钢材产量及同比如图 1-3 所示[2]。

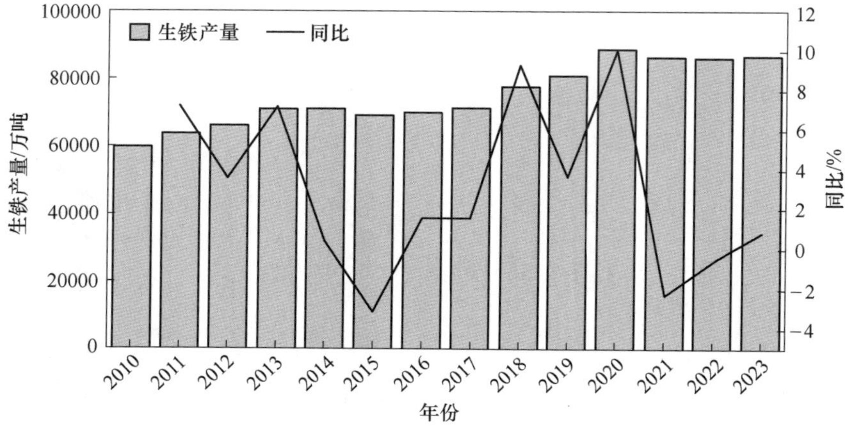

图 1-2　2010—2023 年我国生铁产量及同比[2]（数据来源：中国钢铁工业协会）

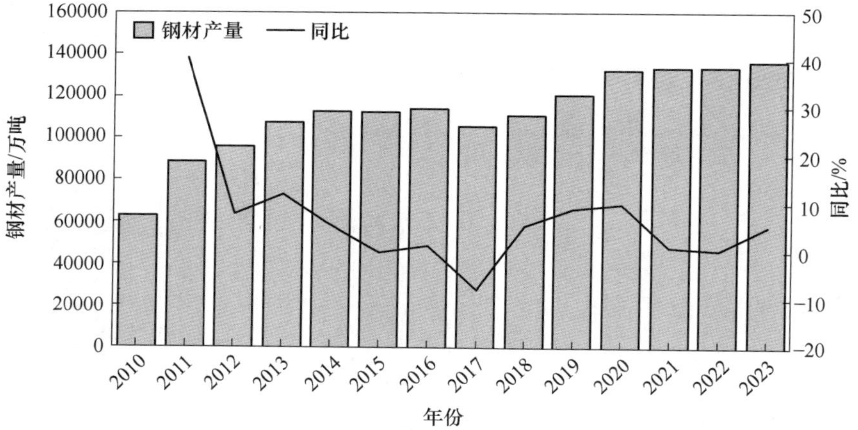

图 1-3　2010—2023 我国钢材产量及同比[2]（数据来源：中国钢铁工业协会）

1.1.1　钢铁工业历程

我国钢铁工业的发展主要经历了以下阶段。

（1）基础阶段（1949—1960 年）。新中国成立后，钢铁工业作为国家工业化的基石，受到了高度重视。在“第一个五年计划”期间，苏联援助中国建设了 156 个重大项目，其中包括鞍钢、本钢的改版还有武钢、包钢等重要钢铁基地的建设。通过这一阶段的努力，我国初步建立了较为完整的钢铁工业体系。

（2）技术改造与自主发展阶段（1960—1970 年）。进入 20 世纪 60 年代，随着国民经济的恢复，我国钢铁工业进入了技术改造与自主发展的阶段。虽然受到国际形势和国内经济压力的影响，发展速度有所调整，但我国仍通过技术改造提高了钢铁生产能力，通过对鞍钢、本钢等大型企业的多轮技术升级，优化了工艺流程，提升了设备水平，钢铁产能持续增长。这个时期，中国逐步开始研发新技术，为未来打下了坚实的基础。

(3) 市场化与国际化阶段（1978—1990年）。1978年改革开放后，我国钢铁工业进入了市场化和国际化的转型期。国家放宽了对钢铁行业的管制，企业逐步拥有自主经营权，市场需求主导生产。此时，国外先进技术和设备的大量引进提高了钢铁行业的生产效率，推动了钢铁企业的成本控制和产品质量升级。随着改革的深入，中国钢铁企业开始走向国际市场，钢铁产量迅速增加。到20世纪90年代，我国钢铁产量大幅增长，钢铁出口量逐年上升，逐渐成为世界主要钢铁生产大国之一。

(4) 高速发展与产能扩张阶段（1990—2010年）。从20世纪90年代中期开始，伴随着中国经济的高速发展，钢材的需求量迅速上升，钢铁行业进入了高速发展期。国家大力支持钢铁工业扩产，一批大型钢铁企业迅速发展。我国钢铁产量不断增加，屡创新高。然而，钢铁产能的快速扩张也带来了产能过剩、行业结构失衡等问题。针对这些问题，国家逐步推进钢铁行业的结构调整，通过兼并重组、淘汰落后产能等措施，引领钢铁行业向更加高效、环保的方向发展。

(5) 转型升级与高质量发展阶段（2010年起）。进入21世纪，钢铁行业从关注产量的增长逐步转向高质量发展。伴随国家经济结构转型，钢铁行业面临去产能、环保升级、技术创新的压力与机遇。国家出台了一系列政策，推动绿色钢铁、智能制造、循环经济发展，鼓励钢铁企业节能降耗、提升环保技术和产品附加值。这一阶段，我国钢铁行业加大创新投入，积极应对全球贸易困难。钢铁企业通过技术进步和管理升级，在提升质量、降低成本和减少环境影响方面取得显著成效。新中国成立76年以来我国主要炼钢大事如表1-1所示[3]。

表1-1　新中国成立76年以来我国主要炼钢大事记[3]

时　间	炼 钢 大 事 记
1949年4月25日	鞍钢第一炼钢厂2号平炉成功炼出了新中国第一炉钢液
1950年6月	本钢特钢厂首次完成了新中国RS5型枪钢的试制生产任务
1951年9月	由中国人民解放军创办新疆八一钢铁厂
1952年9月	太钢成功冶炼出新中国第一炉不锈钢
1954年9月10日	抚顺特钢成功试炼新中国第一炉铬不锈钢
1954年9月	本钢特钢厂成功研制我国第一批P类炮钢
1956年3月26日	抚顺特钢成功冶炼出新中国第一炉高温合金
1958年	首钢建起我国第一座侧吹转炉

续表 1-1

时　间	炼钢大事记
1964 年	重钢建成国内第一台立式方坯连铸机，第一台弧形板坯连铸机投产
1964 年 12 月	首钢建成我国第一座 30 t 顶吹转炉
1975 年	包钢引进瑞典两台 ASEA-SKF 型钢包精炼炉，开始推广钢包精炼
1978 年	宝钢开始建设，是新中国成立以来最大的钢铁工业引进项目
1983 年 10 月	新中国第一台 18 t AOD 炉在太钢建成投产
1985 年 3 月	武钢二炼钢厂实现全连铸，成为我国第一个全连铸炼钢厂
1985 年 11 月	新中国第一台不锈钢立式板坯连铸机投产
1986 年 5 月	筹建 TPCO 油井管项目，该项目是继宝钢之后我国引进的重点钢铁项目
1988 年 9 月	太钢由奥地利引进的新中国第一台立弯式特殊钢板坯连铸机投产
1990 年 1 月	宝钢转炉开启“负能炼钢”，达到国际先进水平
1990 年 4 月	舞钢从奥地利引进的我国第一台 90 t 超高功率电弧炉及我国第一台 1.9 m 大型板坯连铸机投产
1994 年 3 月	江苏沙钢建成国内第一座 90 t 竖式电弧炉
1996 年	我国钢产量突破 1 亿吨，达到 1.0124 亿吨，成为世界第一产钢大国
1999 年 10 月	唐山钢铁公司侧吹转炉停产，至此我国淘汰了侧吹转炉
2002 年	太钢使用三步法炼出中国第一炉转炉不锈钢
2002 年	我国平炉全部停产、淘汰
2003 年 2 月	首钢最后一座 30 t 顶吹转炉停产
2006 年	中国不锈钢产量超越日本，居世界第一
2006 年	宝钢成功开发出 X120 管线钢
2006 年 7 月	鞍钢首次开发出 X100 管线钢，也是国内首次
2009 年 8 月	上海重型机器厂正式投产的 450 t 电渣重熔炉，是目前世界上最大的电渣炉
2011 年 11 月	最大规格 ϕ1000 mm 连铸圆坯在兴澄特钢投产
2012 年 2 月	江苏重工 220 t 康斯迪（Consteel）电弧炉成功投产，也是目前我国最大的电弧炉
2014 年 10 月	兴澄特钢 450 mm 最厚板坯连铸机投产，设计最大铸坯宽度为 2600 mm
2014 年 12 月	世界第一台立式两机两流大圆坯连铸机在中原特钢建成投产
2017 年 6 月	国家要求工频、中频感应炉生产的地条钢全部清除
2018 年 11 月	国内第一台量子电弧炉在桂林平钢公司建成投产
2019 年 7 月	宝武一键转炉智能炼钢成功
2020 年	我国粗钢产量首次突破 10 亿吨
2021 年 1 月 9 日	中国十七冶承建的宝钢湛江钢铁 4 号转炉炼钢连铸工程热负荷试车一次成功
2022 年 12 月 16 日	世界首套富氢气体（焦炉煤气）零重整竖炉直接还原铁项目投产

续表 1-1

时 间	炼 钢 大 事 记
2023 年	我国结构钢产量首次突破 1 亿吨
2024 年 4 月	8 家国内钢厂积极调整产能结构，淘汰炼钢产能 929.367 t，淘汰炼铁产能 563.18 万吨

1.1.2 炼钢技术发展

目前，炼钢生产工艺流程主要有 3 种，分别为转炉流程：高炉—铁水预处理—转炉—二次精炼—连铸—轧制；电弧炉流程：电弧炉—二次精炼—连铸—轧制；特种冶金：电渣重熔、真空感应熔炼、真空电弧重熔、电子束熔炼、等离子熔炼等（如钛合金生产）—锻造或轧制。

（1）转炉炼钢。转炉炼钢是一种通过向熔融铁水中吹入高压氧气来氧化并去除杂质（如碳、硫、磷等）从而炼制钢铁的工艺。它的主要特点是生产效率高，通常一个炉次只需 20~30 min 即可完成；同时节能环保，氧气吹入过程中产生的化学反应释放足够的热量，无须额外燃料。转炉炼钢的原材料适应性强，既可以使用铁水，也可以使用废钢，灵活性高。该工艺还具有较高的自动化程度，能够精准控制炼钢过程。

（2）电弧炉炼钢。电弧炉炼钢是一种以电能为主要热源，将废钢、铁水等原料加热至熔化，经过调整成分后炼制钢铁的工艺。电弧炉炼钢主要依靠电弧炉或感应炉，使用电极在炉内产生高温电弧将废钢或其他原料熔化。它的特点之一是灵活性高，能够处理各种类型的废钢等原材料，且不依赖于铁矿石，适合循环利用废旧金属，有利于环保和资源再生。其次，电弧炉炼钢的污染排放相对较低，相比转炉炼钢，它的二氧化碳排放较少，符合现代钢铁工业对低碳生产的要求。此外，电弧炉炼钢的能耗相对较高，但其能够通过可再生能源供电，进一步减少碳足迹。电弧炉炼钢的另一特点是工艺控制精准，能灵活调整钢的化学成分，适合生产高附加值的特种钢。因此，电弧炉炼钢广泛用于制造合金钢、不锈钢等高品质钢材，在钢铁生产的绿色化与高端化中发挥重要作用。

（3）精炼。精炼是钢铁生产中的一个重要工序，是指在炼钢初期获得的钢液基础上，通过进一步去除杂质（如硫、磷、氧、氮等）并精确控制合金元素含量，使钢材达到特定的质量要求的过程。精炼通常在转炉或电弧炉之后进行，常用的方法包括真空脱气、吹氩、炉外精炼等。精炼的特点在于其能够有效降低钢液中的气体和夹杂物含量，从而提高钢材的纯净度和性能。通过精炼，钢液的温度、成分和纯度能够得到更为精确的控制，确保钢材的质量和一致性。精炼也可以改善钢材的机械性能，如延展性、韧性和抗腐蚀能力，使其适用于制造高要求的产品，如高强度钢、不锈钢、耐热钢等。精炼工艺的灵活性使其适应不同的生产需求。尤其在生产高端钢材时，精炼是必不可少的步骤，有助于提高产品的附加值和竞争力。

（4）连铸。连铸（连续铸钢）是一种将炼钢后的钢液直接连续铸造成坯料（如钢板坯、方坯或圆坯）的工艺，省去了传统铸锭后再轧制的中间环节。连铸工艺将钢液通过水冷结晶器快速冷却成型，然后在一系列机械设备中逐步固化、拉伸并切割成所需长度的坯料。连铸工艺的主要特点是生产效率高，能够实现钢液连续不断地铸造成坯，减少了中间工序，大大缩短了生产周期。连铸工艺还具有降低能耗和减少材料损耗的优势，因为它减少了加热和重复轧制步骤，节省了能源消耗。此外，连铸工艺能够提高产品质量，连铸坯的内部结构和表面质量更加均匀稳定，减少了裂纹和气孔等缺陷，适合大规模生产。由于该工艺自动化程度高，连铸工艺也有助于提高生产控制的精度，并降低人工成本。因此，连铸工艺在现代钢铁生产中被广泛应用，成为钢铁制造的重要环节。

1.1.3　钢铁工业绿色发展成效

1.1.3.1　钢铁产量稳步提升，钢铁能耗占比逐步降低

新中国成立 70 多年来，我国钢铁工业生产能力和水平得到极大提升，特别是在改革开放后的 40 年，钢铁产量实现了快速增长。在保持钢铁产量稳步提升的前提下，我国钢铁工业能耗占全部能耗总量及工业能耗比重在经历了上升过程后，均实现了稳步回落。自 1986 年以来，钢铁工业能耗占全部能耗比重已经超过 10%，1986—2000 年能耗平均占比约为 12%，2001—2016 年能耗平均占比约为 16%，特别是 2005—2010 年能耗平均占比高达 18%，2009 年钢铁能耗比重接近 20%，随后逐渐下滑至 11%左右。同时，钢铁工业能耗总量（标准煤）从 2014 年的峰值 6.93 亿吨下降至 2017 年约 6 亿吨（见表 1-2）。吨钢综合能耗也呈现较大幅度下降，1949 年吨钢综合能耗（标准煤）约为 3000 kg，1978 年吨钢能耗（标准煤）降至 1770 kg，而 2018 年继续降至 555 kg，吨钢能耗降幅高达 81.5%。当前我国钢企吨钢综合能耗（标准煤）最低可达 552.9 kg，已经达到国际领先水平。此外，我国在吨钢烧结、高炉、转炉、电弧炉、热轧等工序的最低能耗（标准煤）分别达到 38 kg、372 kg、−23.5 kg、52 kg、49.5 kg，已是世界钢铁工业最低能耗水平[4]。

表 1-2　1975—2023 年钢铁工业能源消耗变化[4]

年份	钢铁工业能源消费总量（标准煤）/万吨	占能源消费总量比/%	吨钢综合能耗（标准煤）/kg
1975 年	6106	13.40	2555

续表 1-2

年份	钢铁工业能源消费总量（标准煤）/万吨	占能源消费总量比/%	吨钢综合能耗（标准煤）/kg
1978 年	7380	12.90	1770
1980 年	7090	11.80	1660
1985 年	7639	9.96	1480
1990 年	10555	10.69	1017
1995 年	18533	14.13	
2000 年	20563	13.99	876
2005 年	44724	17.11	694
2010 年	66873	18.54	599
2015 年	63951	14.88	575
2016 年	62101	14.29	586
2017 年	60934	13.59	571
2018 年	51504	11.00	555
2023 年	56100	11.00	551

1.1.3.2 吨钢污染物排放大幅下降，资源综合利用率明显提升

2005 年以前，钢铁企业多以直流变循环、建污水处理厂等方式节水。自 2005 年以来，钢铁企业逐步根据自身生产资源禀赋、生产工艺、生产产品等特点从全流程着手加强用水管理，推广和实施了一批节水重点设备和技术，促使吨钢耗水量从 1989 年的 63.15 m^3 下降至 2023 年的 2.45 m^3。吨钢二氧化硫、粉尘排放量也实现了大幅降低。钢渣和高炉渣随着钢铁产量的提升而大幅增加，钢铁工业生产工艺不断改进和完善，冶金渣等固废综合利用率不断提高。钢铁固体废弃物综合利用率从 1990 年的 74.75%上升至 2023 年的 99.01%。与此同时，水重复利用率也实现了较大幅度提升，见表 1-3。此外，钢铁行业废水、废气、尘泥处理率达到较高水平，自 2009 年以来均保持在 99%以上。

表 1-3 1989—2023 年吨钢污染物排放和资源综合利用率[4]

年份	耗水量 /m^3	二氧化硫排放量 /kg	粉尘排放量 /kg	固废综合利用率 /%	水重复利用率 /%
1989 年	63.15	—	—	76.69	75.0
1990 年	58.15	—	—	74.75	76.1
1995 年	45.14	8.06	13.68	83.03	81.0
2000 年	25.5	5.56	5.08	86.10	84.0

续表 1-3

年份	耗水量 /m^3	二氧化硫排放量 /kg	粉尘排放量 /kg	固废综合利用率 /%	水重复利用率 /%
2005 年	8.60	2.83	2.18	90.00	94.3
2010 年	4.10	1.63	1.19	94.00	97.1
2015 年	3.25	0.85	0.81	97.40	97.6
2017 年	3.10	0.55	0.59	97.50	97.8
2018 年	2.75	0.53	0.56	98.10	97.9
2020 年	2.50	0.50	0.52	98.87	98.1
2023 年	2.45	0.48	0.49	99.01	98.6

1.1.3.3 绿色技术研发应用加快推进，绿色工艺装备水平大为提升

1949 年初，我国炼钢技术主要以平炉和小型侧吹转炉为主。由于工艺过程不连贯，炼钢时需要反复加热，导致生产效率低下和能源消耗巨大。20 世纪 80 年代末，我国从国外引进连铸机装备，大大增强了钢铁工业节能环保水平。2016—2018 年连铸钢铁比重达 98.6%左右，高于世界平均比重 96.4%。烧结烟气脱硫技术和高炉炼铁技术也大为提升，钢铁企业投入的烧结烟气脱硫设施从 2005 年的仅有 1 套上升至“十一五”期间的 170 多套，2017 年，烧结球团工序已经全部使用脱硫技术和设备。高炉级别在 1985 年突破 4000 m^3，在 2009 年突破 5000 m^3。高炉炼铁工序能耗（标准煤）从 2008 年的 407.62 kg 下降至 2018 年的 390.8 kg，在高炉燃料比、煤气利用率、工序能耗及高炉利用系数等指标上均达到世界先进水平。特别是党的十八大以来，在供给侧结构性改革推动下，钢铁行业转变了只注重末端污染物治理而忽视前端能耗和污染物管理的传统发展思路，加快了绿色技术的研发和应用，在焦化、烧结、炼铁、炼钢、轧钢五大重点工序上开展技术攻关并取得显著成效，一大批绿色制造和节能低碳环保技术涌现，有力推动了钢铁行业全流程绿色化改造。与此同时，钢铁行业也加快了智能制造步伐，通过建设智能制造示范生产线引导行业向绿色化、智能化发展。

1.2 世界钢铁工业概况

1.2.1 欧盟及北美钢铁工业

欧盟是仅次于中国的世界第二大钢铁生产地，其年产量占全球钢铁产量的近 11%[5]。自 2008 年底的金融危机爆发以来，欧盟粗钢产量和粗钢表观消费量骤降。北美粗钢产量和粗钢表观消费量在 2009 年骤降后又呈现上升趋势。之后，欧美汲取了金融危机的教训，已重新认识到发展实体经济的重要性，通过与新一

轮技术革命（信息化、智能化等）相结合，以高新技术为依托，重塑具有强大国际竞争力的新型工业体系，并试图重新主导世界经济格局。截至目前，欧盟和北美的粗钢产量和粗钢表观消费量均未恢复至危机前的水平。2000—2023 年欧盟的粗钢产量及粗钢表观消费量如图 1-4 所示。2000—2023 年北美的粗钢产量及粗钢表观消费量如图 1-5 所示。从图中可以看出，欧盟 2023 年的粗钢产量为 1. 26 亿吨，2022 年为 1. 36 亿吨。北美 2023 年的粗钢产量为 1. 09 亿吨，2022 年为 1. 11 亿吨。欧盟和北美粗钢产量同比降低。

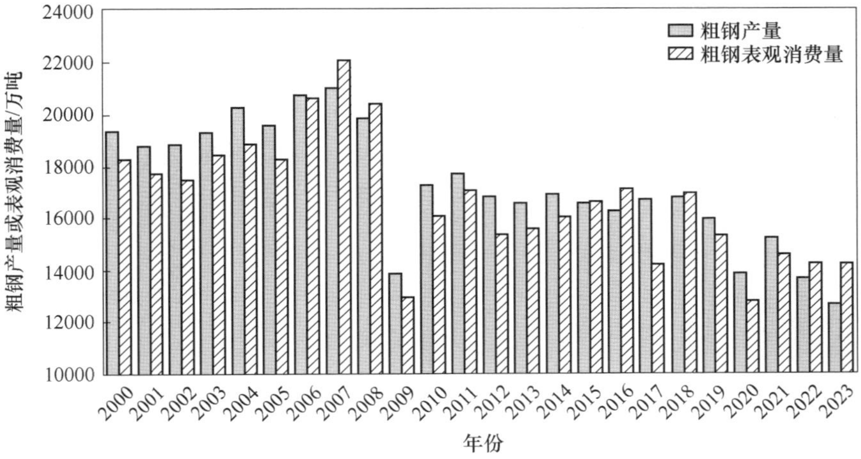

图 1-4　2000—2023 年欧盟粗钢产量和粗钢表观消费量[6]（数据来源：世界钢铁协会）

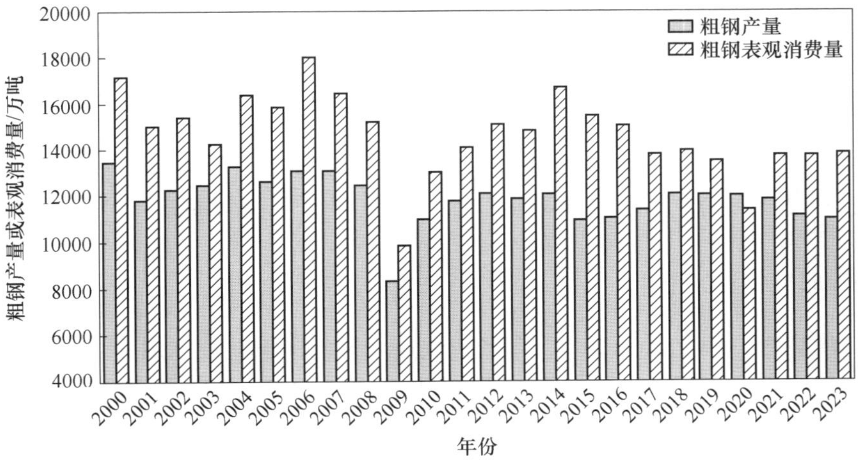

图 1-5　2000—2023 年北美粗钢产量和粗钢表观消费量[6]（数据来源：世界钢铁协会）

1.2.2　日本和韩国钢铁工业

日本粗钢产量的历史峰值为1973年的1.19亿吨。此后长期维持在1.1亿吨左右。2007年日本粗钢产量时隔35年再次刷新了历史纪录，达到1.20亿吨。2008年底金融危机爆发，导致2009年日本粗钢产量降至0.9亿吨。2017年日本粗钢产量为1.05亿吨。总体上，日本粗钢产量比较平稳，年产量最大波幅也仅为1700万吨。日本粗钢表观消费量大体稳定在7000万~9000万吨，仍未恢复至金融危机爆发前的水平。

近年来，韩国粗钢产量出现增长走势，但对世界粗钢产量增长的贡献有限。2000—2023年日本粗钢产量和粗钢表观消费量变化如图1-6所示。2000—2023年韩国粗钢产量和粗钢表观消费量变化如图1-7所示[6]。从图中可以看出，日本2023年粗钢产量为0.87亿吨，2022年为0.89亿吨；韩国2023年粗钢产量为0.67亿吨，2022年为0.66亿吨。日本和韩国粗钢产量同比降低。

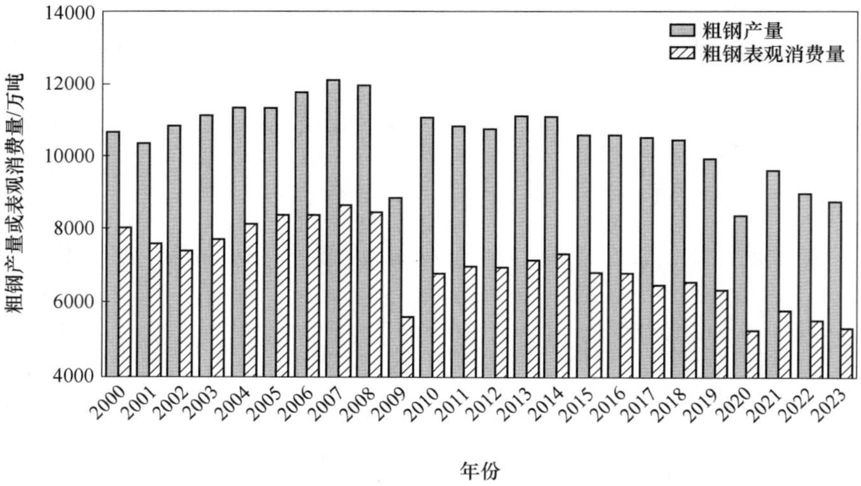

图1-6　2000—2023年日本粗钢产量和粗钢表观消费量[6]（数据来源：世界钢铁协会）

1.2.3　印度钢铁工业

印度为继中国之后另一个粗钢产量快速增长的国家，现已成为世界第三大产钢国和钢消费国。2000—2023年，印度粗钢产量和粗钢表观消费量总体呈上升趋势，但人均粗钢消费量仍远低于世界人均水平。2000—2023年印度粗钢产量和粗钢表观消费量变化如图1-8所示[6]。从图中可以看出，印度2023年的粗钢产量为1.4亿吨，2022年粗钢产量为1.25亿吨，同比上升。

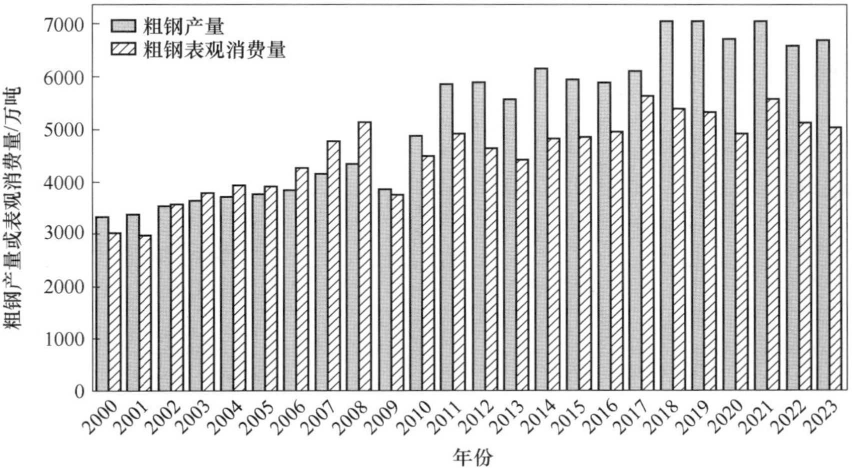

图 1-7 2000—2023 年韩国粗钢产量和粗钢表观消费量[6]（数据来源：世界钢铁协会）

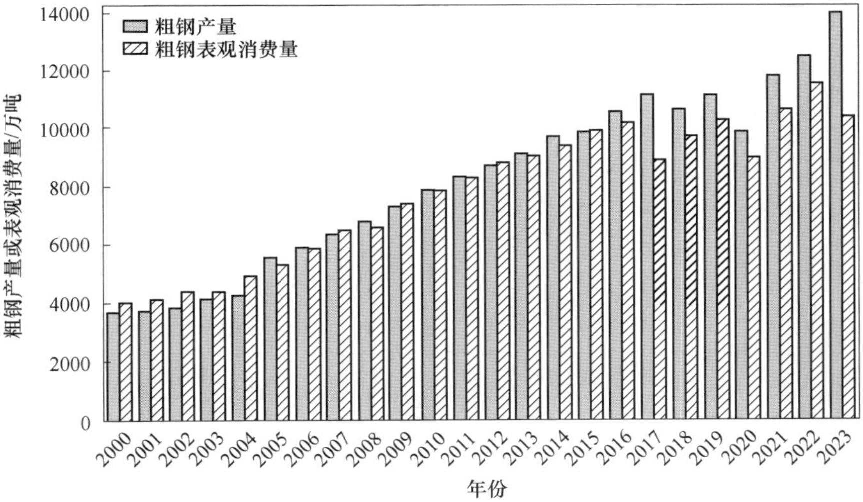

图 1-8 2000—2023 年印度粗钢产量和粗钢表观消费量[6]（数据来源：世界钢铁协会）

1.3 连续铸钢技术发展概况

1.3.1 国外连铸技术发展概况

钢液的连铸起源于 100 多年前，直到 20 世纪 70 年代末期，才在世界范围内大规模发展起来[7]。目前，世界上采用连铸技术生产的钢量已占到总产钢量的

90%。连铸装备关键技术的发展如表 1-4 所示，可以看出，近年来连铸领域里程碑式的装备技术，都是在前人已有概念和已有的技术上不断实践，不断精细化，不断完善、提高并发展起来的，使连铸机的生产达到了高效率、高质量、高可靠性。

表 1-4 连铸装备关键技术发展概况

关键技术			主要发明者/实施者（年份）
钢液供应与中间罐操作	钢包滑动水口		Benteler（1960 年） 美国钢铁公司-Gary（1974 年）
	钙处理 Al 细化晶粒钢		Von Roll Gerlafingen（1980 年）
	钢包加盖：罩式		新日铁和歌山厂（1969 年）
	钢包长水口		SAFE Hagondange（1965 年）
	钢包下渣检测装置		MPC（1980 年） Amepa（1984 年）
	中间罐惰性气体保护		美国铁姆肯公司（1969 年） Decazeville（1974 年）
	中间罐回收更换/连续浇铸		德国蒂森 Ruhrort 厂（1980 年）
	中间罐热循环		Maxhuette（1972 年） ALZ（1976 年） 神户加古川（1989 年） 住友金属工业公司和歌山厂（1996 年）
	中间罐加热	热辐射式	美国铁姆肯公司（1969 年）
		感应式	Decazeville（1974 年） 川崎制铁千叶厂（1982 年）
		等离子式	新日铁广畑厂（1987 年） 神户加古川厂（1989 年）
	从中间罐底部吹氩		历年来仅停留在试验阶段
	中间罐滑动水口		美国钢铁公司-Gary（1967 年） 住友金属工业公司和歌山厂（1971 年）
	浸入式水口快速更换装置		美国钢铁公司-Gary（1967 年） 英国钢铁公司-Lackenby（1986 年）
结晶器技术	多锥度内腔结晶器		Benteler（1963 年） UBC（1986 年）
	结晶器保护渣润滑		Low Moor Alloy Steelworks（1960 年）
	发热型开浇保护渣		德国曼内斯曼公司（1975 年）
	结晶器保护渣自动供给装置		住友金属工业公司（1972 年）
	结晶器液压振动装置		神户（1962 年） 三菱重工（1965 年） NKK（1977 年）

续表 1-4

关键技术			主要发明者/实施者（年份）
结晶器技术	双向流动的浸入式水口		曼内斯曼公司（1965 年） 迪林根冶金公司（1965 年）
	多孔式浸入式水口		美国内陆钢铁和伯利恒钢铁（1968 年）
	结晶器液面控制	用放射性元素	B&W(1948 年) Barrow(1958 年)
		结晶器集成式传感器	MPC(1974 年)
		悬浮式传感器	NKK(1979 年)
	结晶器电磁搅拌（MEMS）		阿尔贝德钢铁公司（1976 年）
	结晶器电磁制动（EMBR）		川崎制铁/ASEA（1982 年）
	热电偶结晶器仪表	黏结监测	川崎制铁水岛厂（1982 年）
		表面质量预测	新日铁堺厂（1985 年）
	直结晶器弧形连铸机	全凝固	Barrow（1958 年） 迪林根冶金公司（1964 年）
		带液芯	Olsson（1962 年） 奥钢联（1968 年）
	双坯结晶器浇铸		Atlas Steels Welland（1954 年）
	异型坯结晶器和连铸机		Bisra（1964 年） Algoma（1968 年）
	板坯连铸在线热态调宽		新日铁名古屋厂（1974 年） 中国 2011 年 7 月应用于土耳其双流板坯连铸机，同年 12 月应用于新疆八一钢铁有限公司
铸坯导向、出坯和后续加工	厚钢板焊接扇形段上下框架		奥钢联（1999 年后）
	汽水雾化冷却		曼内斯曼公司（1975 年）
	二冷水动态控制		Rheinstahl Hattingen（1970 年）
	分段辊支撑铸坯		奥钢联（1968 年）
	渐进式铸坯弯曲		Olsson（1960 年）
	渐进式铸坯矫直		曼内斯曼公司（1964 年）
	铸流电磁搅拌（SEMS）	大方坯/小方坯	SAFEHagondange（1975 年）
		板坯（插入式）	新日铁/安川（1973 年）
		板坯（辊式）	20 世纪 90 年代，鞍钢投产的板坯连铸机已用于二冷区辊式电磁搅拌。2007 年武钢开始国产化后，该技术得到快速推广

续表 1-4

关 键 技 术		主要发明者/实施者（年份）
铸坯异向、出坯和后续加工	凝固末端电磁搅拌（FEMS）	神户制钢 Nadahama（1981 年）
	铸流静态轻压下	NKK（1974 年）
	铸流动态轻压下	达涅利（1995 年） 奥钢联（1997 年） 2005 年应用在宝钢中薄板坯连铸机
	宽板坯纵切	美国国家钢铁公司大湖分公司（1977 年）
	铸坯在线定尺控制	Boehler/Demag（1967 年）
	Al 处理钢在线淬火	住友电气（1982 年）
	实时质量预测	奥钢联林茨钢厂（1986 年）
	热表面检查（涡流法）	Sollac Fos（1988 年）
	板坯压力定宽机	新日铁大分厂（1980 年） 川崎制铁水岛厂（1986 年）
	热态直接轧制	Benteler（1963 年） 新日铁堺厂（1981 年）
	薄板坯连铸连轧生产线出现	1989 年后，西马克、德马克、达涅利、奥钢联、住友重机等

1992 年，国际钢铁协会在加拿大多伦多举行的第 75 届炼钢会议上发表了一篇《连铸历史》的专题报告[8]。该报告把连续铸钢的发展概括为六个阶段，分别为 20 世纪 40 年代的试验探索、20 世纪 50 年代开始步入工业化、20 世纪 60 年代弧形铸机出现引发一场革命、20 世纪 70 年代两次能源危机推动大发展、20 世纪 80 年代技术日趋成熟和 20 世纪 90 年代以来面临不断挑战和创新。

1856 年，Henry Bessemer 提出双辊薄带铸机的概念，并预言直接浇铸薄带可能是未来板材生产选取的技术方法[9-10]。1886 年，Benjamin Atha 第一次采用固定结晶器、引锭杆和拉坯辊进行浇铸[11]。1920 年，John T. Rowley 采用铸坯弯曲和矫直设备，第一次完成了断面为 45 mm 和 75 mm 的小方坯浇铸，虽然在浇铸过程中出现粘钢使浇铸受到影响，但总体上还是成功的[12]。1921 年，Siegfried Junghans 引入了结晶器振动技术，成功防止了铸坯与结晶器之间的黏结[13]。1947 年，Junghans 的合作伙伴 Irving Rossi 获得了振动结晶器的使用权，并在美国 Allegheny Ludlum 钢铁公司的首台方坯试验连铸机上采用了这一技术[14]。20 世纪 50 年代，Iain Halliday 引入了“负速浇铸”（负滑脱）概念，成功解决了坯壳黏结的难题，大大提高了拉坯速度[15]。1958 年，50 mm 小方坯的最高拉坯速度达到了 14.5 m/min。

1961 年，Iain Halliday 预测一台连铸机年产 100 万吨普通碳素钢是可能的。今天，随着连铸机及其生产工艺的迅速发展，这一预言已得到证实。最早的连铸机多为立式。由于设计和高度方面的限制，其生产率受到影响。随后，椭圆形连铸机和弧形连铸机相继出现，逐渐提高了连铸机的生产率，并大幅降低了连铸机的总高度。

日本 NKK Fukuyma 钢厂（现为 JFE）在 2 号热带轧机上安装了连铸机 CC5[16]。该连铸机与热带轧机（HSM）直接相连，已于 1984 年投产。连铸机投产后，以稳定而高于 2 m/min 的拉坯速度实现了直接轧制。此外，该钢厂重点研究了初始凝固区组织、钢液在结晶器弯月面的流动速度（电磁液面稳定或加速，EMLS/A）、结晶器非正弦振动、结晶器保护渣、结晶器和铸坯冷却等技术。这些技术的应用使得拉坯速度达到了 2.7 m/min，月产量超过 30 万吨，并且充分有效地利用了连铸坯的潜热，实现了节能效果。

如今，连铸工艺已成为大型钢厂的主要生产工艺，所以早期产品质量预测对于延长连浇时间、提高产量和实现节能减排具有十分重要的意义。钢厂从投产之日起便对大量生产数据进行处理，以便及时控制产品的质量水平。

1986 年，计算机辅助质量控制系统 CAQC 开发成功并投入应用。通过收集每个铸坯断面的工艺数据，并将生产实践数据与理论数值进行对比，Voestalpine Stahl 钢厂成功开发了产品质量诊断模型[17]。该模型可针对各种生产条件，有效预测产品的表面和内部质量。此外，引入动态冷却模型对改善铸坯的凝固特性起到了重要作用，特别是在改善开浇时，变拉速、换包引起的停浇以及换钢种等非稳定状态下铸坯的凝固组织方面。该模型可以根据钢的物理参数、导热系数（热导率）和冷却工艺，应用有限差分法计算各种浇铸条件下的坯壳温度、生长速度和应变速率等，1970 年完成首次尝试，但直到 20 世纪 80 年代中期才达到了工业化标准。20 世纪 90 年代初期，连铸生产已是成熟技术，通过工艺模型获得的知识已十分丰富而实用，人们开始将连铸生产的重点放在如何通过提高拉坯速度更好利用能源、优化设备性能、延长设备使用寿命以及减少维修费用，从而达到降低生产成本的目的。这些组成连铸工艺“主流技术”的关键因素正在不断面临革新与探索。

在德国完成初试后，美国 Nucor 钢厂便决定投资建设一套 CSP 设备。1989 年，该设备在 Crawfordsville 钢厂投入运行[18]。50 mm 厚的薄板坯在漏斗形结晶器成型后，被切割成定长，随后进入隧道炉进行均热处理，最后利用 HSM 轧制成热带钢卷。与此同时，Arvedi 成功开发了 ISP 薄板坯连铸连轧生产线，并于 1992 年投入生产[19]。该生产线采用漏斗形结晶器浇铸薄板坯，铸坯出连铸机后直接进入三机架轧机进行轧制，将板坯厚度减至 12~20 mm，然后送入感应炉加热，在炉中完成卷取，最后在 HSM 中轧制成热带钢卷。

当短流程钢厂开始采用薄板坯连铸连轧技术时，大型长流程钢厂也联合开发出了名为 Eurostrip 的薄带连铸技术。1999 年，第一台用于浇铸奥氏体不锈钢的设备在 Thyssenkupp 的 Krefeld 工厂建成[20]。2000 年，澳大利亚的 BHP、日本的 IHI 和美国的 Nucor 共同成功开发出了 Castrip 薄带连铸技术，并于 2002 年在 Nucor Crawfordsville 钢厂建立了第一条用于生产碳钢和不锈钢的生产线[21]。

目前，设备商已经能为客户提供连铸机相配套的模块化设备，包括具有动态调整功能的智能型结晶器、结晶器专家系统、LevCon 液位控制器、智能弯曲段 Smart Bender、具有动态轻压下功能的智能扇形段 Smart Segment 和 Dynacs 等。此外，在连铸机设计中，SiemensVAI 引入“即连即铸”（Connect&Cast）原理，提供集成自动化产品，确保了所有设备功能和模型从投产起就能全部正常工作。

1.3.2　国内连铸发展概况

1956 年，重工业部钢铁综合试验研究所引进了一台半连续试验机，进行了工字型坯的试浇和轧制轻轨的试验。1957 年，上钢钢研所中心试验室在吴大珂的主持下，设计并建成了一台立式工业试验性铸机，浇铸了 75 mm×180 mm 的小方坯[10]。1958 年和 1960 年，徐宝升分别在重钢三厂和北京钢院试验厂主持建成了两台铸机，分别浇铸了 175 mm×250 mm 的矩形坯和 200 mm×200 mm 的方坯。1964 年，重钢三厂投产了一台弧形方板坯兼用机，可以浇铸 180 mm×（1200~1500）mm 的板坯或三流 180 mm×250 mm 的大方坯。1965 年，吴大珂在上钢三厂主持设计并建成了一台双流矩形坯弧形连铸机，浇铸断面为 145 mm×270 mm[10]。1967 年，重钢公司投产了一台半径 10 m 的大型方板坯兼用机，可以浇铸（250~300）mm×（1500~2100）mm 的板坯或 3 mm×300 mm×300 mm 和 4 mm×250 mm×250mm 的大方坯。20 世纪 70 年代初，冶金工业部和机械工业部联合组织技术攻关，在上钢一厂应用浸入式水口保护渣技术，解决了板坯纵裂问题，取得了突破性进展。1978 年，武钢引进了三台单流板坯铸机，并在 1985 年实现了全连铸。20 世纪 80 年代末，冶金工业部提出的“以连铸为中心、炼钢为基础、设备为保证”的生产技术方针，曾对推动国内连铸生产发展起到了积极的指导作用。

20 世纪 80 年代掀起一波连铸装备和技术引进大潮，包括德马克 R5. 25 小方坯机、康卡斯特八流小方还铸机、奥钢联不锈钢板坯机、克虏伯特钢方坯铸机和日本大型板坯机等。1993 年冶金工业部提出到 20 世纪末，我国连铸比达到 70%~80%的目标（1992 年连铸比为 32%）；20 世纪 90 年代立足国内的设计、制造和引进并举，在连铸引进方面重点转向近终形连铸，如 CSP、FTSC 生产线和 H 型坯连铸机等；2000 年我国钢产量为 1. 12 亿吨，连铸比为 87. 3%，超出冶金工业部1993年提出的目标。进入21世纪以来，连铸机以国产化为主，引进技术瞄准规格大型化（大圆坯、特厚特宽板坯）。产量增长同时，质量品种规格进一步发展，国产相关技术配套和科技开发实力增强，涌现一批很有生机的股份制和民营科技企业。对外市场开发活跃，中钢公司和重机院、镭目公司等单位合作承包土耳其TOSYALI的板坯连铸机项目，展现我国连铸装备技术水平。

随着板、带、管材在钢材消费结构中的比例大幅上升，数量众多的板坯、方坯、圆坯、异型坯及薄板坯连铸机相继投入生产。这一过程不仅促进了炼钢生产设备的大型化，而且由于连铸品种质量的稳定提高，高温、无缺陷铸坯技术的发展，炼钢与轧钢工序通过连铸坯热送热装变得更为紧凑、更加节能。

1.3.3 连铸技术革新

1.3.3.1 近终形连铸技术

近终形连铸技术将连铸、轧制甚至热处理融为一体，其快速凝固的特点能够生产出传统轧制工艺难以生产且具有特殊性能的新材料。近终形连铸技术主要包括薄板坯连铸技术、薄带连铸技术、异型坯连铸技术等[22]。

世界上第一条薄板坯连铸连轧生产线于1989年在美国Nucor Crawfordsville建成投产，采用了德国西马克公司的CSP生产技术[23]。目前成熟的薄板坯连铸连轧生产工艺包括西马克公司的CSP技术、德马克公司的ISP技术、达涅利公司的FTSC技术、奥钢联公司的Controll技术、住友金属公司的QSP技术等。截至2013年底，全球已建成薄板坯连铸连轧生产线63条97流，年生产能力达11008万吨，薄板坯连铸连轧已成为热轧薄板的重要生产方式之一。截至2021年底，中国已建成23条薄板坯连铸连轧生产线，年生产能力约5457万吨，如表1-5所示，中国已成为世界上拥有薄板坯连铸连轧产能最大、生产线最多的国家。

表1-5 中国已建成的薄板坯连铸连轧产线[24]

序号	钢铁公司	工艺类型	板坯厚度/mm	产品厚度/mm	设计年产量/万吨	投产期
1	珠钢	CSP	50~60	1.2~12.7	180	1998年8月
2	邯钢	CSP	60~90	1.2~12.7	250	1999年12月
3	包钢	CSP	50~70	1.2~12.0	200	2001年8月
4	鞍钢	ASP	100~135	1.5~25.0	240	2000年7月
5	鞍钢	ASP	135~170	0.8~2.7	500	2005年
6	马钢	CSP	50~90	0.8~2.0	200	2003年9月
7	河钢	FTSR	70~90	0.8~2.7	250	2004年2月
8	涟钢	CSP	55~70	0.8~2.7	240	2005年12月
9	本钢	FTSR	70~85	1.0~12.0	280	2006年11月

续表 1-5

序号	钢铁公司	工艺类型	板坯厚度/mm	产品厚度/mm	设计年产量/万吨	投产期
10	首钢	FTSR	70~90	1.2~12.7	250	2005 年 5 月
11	济钢	ASP	135~150	1.0~12.7	250	2009 年 2 月
12	酒钢	CSP	52~70	0.8~12.7	200	2010 年 11 月
13	武钢	CSP	50~90	1.0~12.7	253	2014 年 11 月
14	鞍钢	ASP	100~135	0.8~6.0	200	2015 年 5 月
15	日钢	ESP	70~110	0.8~6.0	222	2015 年 9 月
16	日钢	ESP	70~110	0.8~6.0	222	2018 年 3 月
17	日钢	ESP	70~110	0.8~6.0	222	2019 年 4 月
18	日钢	ESP	70~110	0.8~12.7	222	2018 年 3 月
19	首钢	MCCR	110/123	0.8~4.5	210	2019 年 4 月
20	唐钢	DSCCR	70~100	0.6~6.0	200	2019 年 6 月
21	日钢	ESP	70~110	0.6~6.0	222	2021 年 2 月
22	福钢	ESP	70~110	0.8~6.0	222	2021 年
23	太钢	ESP	70~110	0.8~6.0	222	2021 年
合　计					5457	

薄带连铸技术是冶金和材料领域的一项前沿技术，它与传统的薄带材生产技术有所不同，是将连铸、轧制，甚至热处理等过程整合为一体，浇铸出毫米级的薄带坯，然后在线轧制，使工业产品一次成型。其中，双辊薄带连铸技术是研究最多、进展最快、最具发展潜力的技术。世界各工业发达国家高度重视薄带连铸技术，投入了大量的财力和人力进行技术开发和理论研究，目前已建成多条试验线和接近工业化水平的半工业生产线，其中工业化水平最高的是 Castrip 生产线。部分国家开发的双辊薄带铸机主要技术指标如表 1-6 所示。

表 1-6　部分国家开发的双辊薄带铸机主要技术指标[25]

研究单位	安装地	铸机类型	炉容/t	辊宽/mm	铸辊直径/mm	铸速/$m \cdot min^{-1}$	带厚/mm	卷重/t	试验钢种
于齐诺尔/蒂森（德）	法国	同径双辊	90	865	1500	20~100	1~6	25	不锈钢、碳钢、硅钢
浦项/戴维（英）	韩国	同径双辊	1	350	750	30~50	2~6	1	不锈钢、碳钢
新日铁/三菱重工	日本	同径双辊	10	1330	1200	20~130	1.6~5	10	不锈钢

续表 1-6

研究单位	安装地	铸机类型	炉容/t	辊宽/mm	铸辊直径/mm	铸速/m·min^{-1}	带厚/mm	卷重/t	试验钢种
BHP/IHI	澳大利亚	同径双辊	60	1900	1200	30~40	2	18	不锈钢、低碳钢
英钢联	英国	同径双辊	3	400	750	8~21	2~6	3	不锈钢、碳钢、硅钢
日立造船	日本	同径双辊	10	1050	1200	20~50	2~5	—	—
日本金属/克虏伯	德国	异径双辊	10	1050	950/160	30~60	2~5	4.5	合金钢
日本金属/克虏伯	日本	异径双辊	0.4	650	1400/400	5~50	1~5	—	—
CSM/(liva)	意大利	同径双辊	20	800	1500	8~100	2~7	20	不锈钢、电工钢

1.3.3.2 电磁冶金技术

电磁冶金技术是20世纪70年代以来最重要的连铸新技术之一，在连铸领域广泛应用[26]。图1-9为电磁连铸实验系统。有研究学者利用该系统研究了方波调幅磁场耦合结晶器振动的电磁连铸技术，发现在结晶器振动正滑脱期间，施加电磁场能有效减小拉坯阻力，改善铸坯质量。

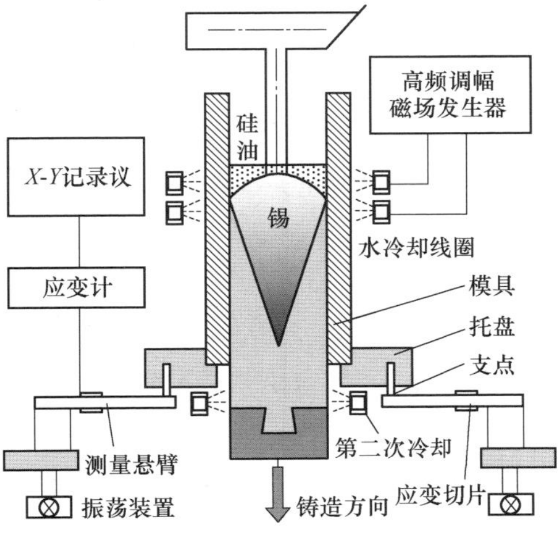

图 1-9 调幅磁场电磁连铸实验系统[28]

电磁搅拌是通过电磁力改变凝固过程中的钢液流场，从而最终改善产品质量[28]。电磁搅拌的优点在于非接触和无污染，但这也造就电磁搅拌设备在使用过程中比一般冶金设备更具有复杂性和专业性。电磁搅拌器按其安装位置分为结晶器电磁搅拌（M-EMS）、二冷段电磁搅拌（S-EMS）和凝固末端电磁搅拌（F-EMS）。在实际连铸生产过程中，电磁搅拌的冶金效果受多种因素的影响，包括钢液过热度、拉坯速度、搅拌位置、搅拌强度和钢种等，这些因素同设备及工艺密切相关。

电磁净化金属液的本质是利用洛仑兹力。洛仑兹力可由两种方式产生：一是施加交变电磁场，该磁场在金属液中感生出电流，电流与磁场相互作用产生洛仑兹力；二是在静磁场下向金属液内通入电流，磁场与电流相互作用产生洛仑兹力。利用洛仑兹力分离金属熔体中夹杂物的机理有两种：一是在金属液中产生洛仑兹力时，夹杂物因其绝缘特性不直接受到洛仑兹力的作用，从金属液中分离出来[29]。如图 1-10 所示，通过电磁力搅拌金属熔体，带动夹杂物运动，相互碰撞长大，利于夹杂物上浮（或下沉），同时旋转流动的离心力可分离夹杂物。

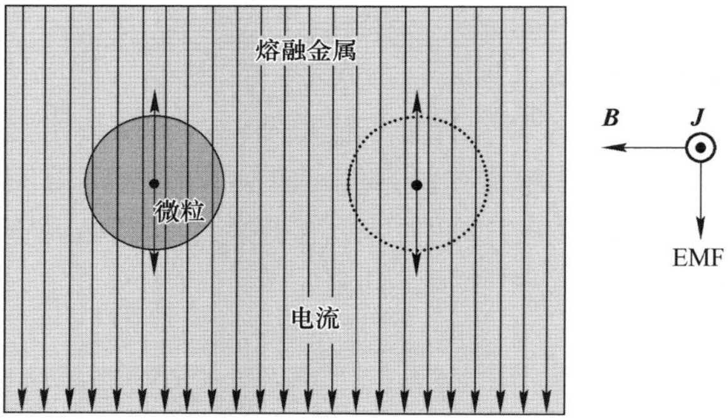

图 1-10　施加电磁力时金属熔体中夹杂物的受力情况[27]

在金属液中施加电磁力时，作用在夹杂物上的驱动力（F）为[30]：

$$F = \frac{3}{2}\frac{3(\sigma_1 - \sigma_2)}{2\sigma_2 + \sigma_1}\boldsymbol{J}_0 \cdot \boldsymbol{B}_0 V_p$$

式中，σ_1 为夹杂物颗粒的导电率；σ_2 为液体的导电率；J_0 为电流密度；B_0 为穿过金属熔体区域的磁感应强度；V_p 为夹杂物颗粒体积。

在应用中，一般使金属熔体流过一个管路，在管路中施加垂直管壁的电磁力，驱动夹杂物颗粒向反方向运动并被管壁吸附，净化后的金属熔体从管路另一端流出，实现夹杂物的去除，如图 1-11 所示。

电磁制动的原理是当钢液流经磁感应强度方向与其流速方向相垂直的恒稳磁场时，根据欧姆定律，钢液将因此产生感生电流。感生电流与恒稳磁场的交互作

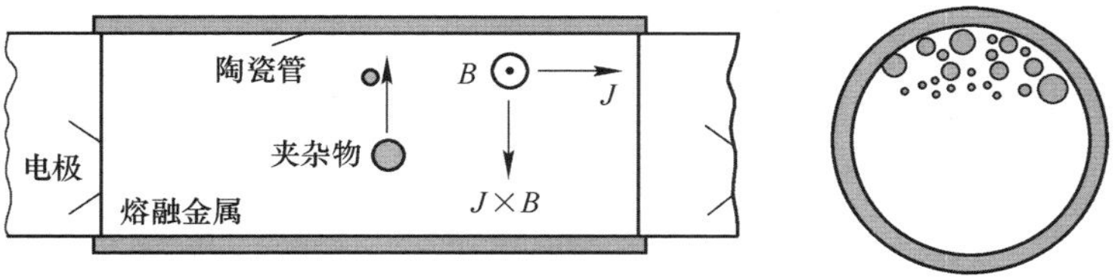

图 1-11 电磁力去除液态金属中夹杂物[29]

用又在钢液中产生与流速方向相反的洛仑兹力，从而使钢液的流动受到抑制，如图 1-12 所示[31]。

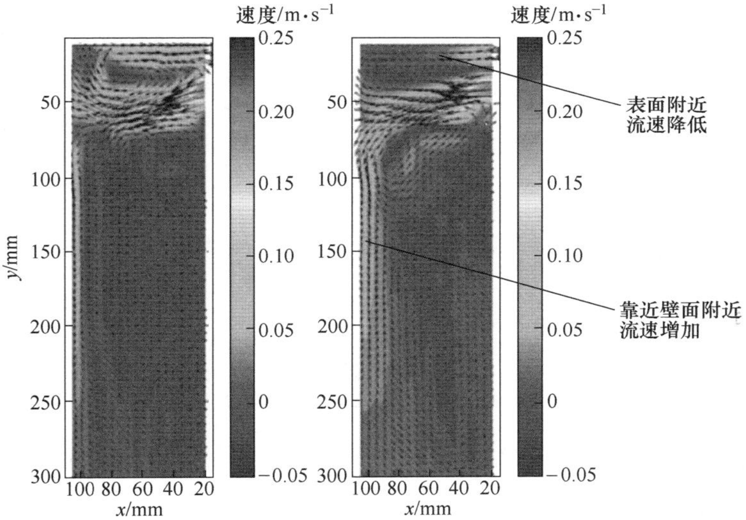

彩图资源

图 1-12 电磁制动方式对结晶器内流场的影响[32]

自 20 世纪 80 年代初第一代区域型电磁制动技术出现，目前已经发展到可以优化流场、改善质量的第三代电磁制动技术。电磁制动特性取决于板坯宽度、拉坯速度、氩气流速和浸入式水口形状等浇铸参数，想要获得最佳的电磁制动性能，需要谨慎选择浇铸参数。

1.3.3.3 中间包加热技术

近年来，连铸技术的应用实践表明，低过热度的恒温浇铸对改善连铸坯质量和稳定操作起着重要作用，而控制中间包的钢液温度或过热度是提高生产率、改善凝固组织、提高产品质量最有效的方法之一[33]。然而在整个连铸过程中，中间包不同程度地存在热损失，特别是在浇铸初期、钢包交换和浇铸末期等正常浇铸期，不可避免地产生较大的温降。因此，借助外部热源补偿中间包钢液温降、精确控制最佳过热度、稳定结晶器内钢液温度等做法越来越引起人们的重视。中间包加热的方法目前已开发出多种形式，其中包括电弧、电渣、等离子体和电磁感应加热等。由于电弧和电渣加热在设计布局及设备费用方面缺乏竞争力，因此，目前已实用化的只有电磁感应加热法和等离子体加热法。

中间包电磁感应加热技术的开发始于 1984 年，瑞典通用电机和新日铁等公司相继开发了水平式、集中式、单通道及双通道式感应加热装[34]。中国在该领域的发展起步于 1994 年，随后，旁通式、蝶式及十字式感应加热装置相继问世，相关理论逐渐丰富，技术应用也越来越广泛[34]。中间包电磁感应加热原理如图 1-13 所示，多匝线圈相当于变压器中的一次回路，双通道、注入室和浇铸室回路为二次回路。当给线圈施加高频电流后，导磁体闭合磁路中产生交变的磁通量，交变磁通量又会在通道内的钢液中产生感应电压。受钢液良好导电性的影响，钢液中产生感应电流，感应电流又在钢液中形成回路，进而利用产生的焦耳热对钢液进行加热。因此，通道式感应加热中间包的加热效率高，升温幅度大[35]。

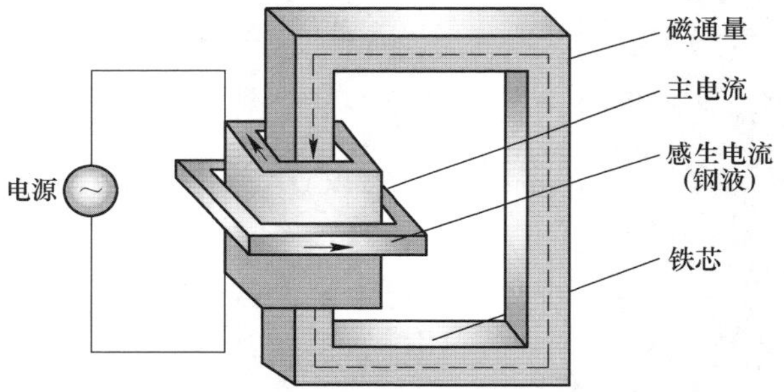

图 1-13　中间包电磁感应加热原理[36]

电弧等离子体是一种功能强大的加热源，被广泛应用于多种生产工艺上。等离子体分为高温等离子体和低温等离子体，其中高温等离子体多用于加热、熔化物料，可实现对液态金属的加热、保温等功能。等离子体产生电弧加热钢液，是一个电场、电磁场、流场、辐射场交叉协同影响的过程。中间包等离子体弧加热钢液过程如图 1-14 所示[38]。电弧的电流密度影响磁场分布和焦耳热，焦耳热和洛伦兹力推动氩气等离子体的运动和能量传输，决定电弧物理场（温度、压力）的分布特征，温度场和压力场影响着等离子体的电导率。这些参数循环、交互作用，共同决定了等离子体加热钢液的效果。

新型等离子体加热装置分别于 2017 年和 2019 年在芜湖新兴铸管四流圆坯连铸机和宝钢梅山钢铁公司两流板坯连铸机上成功应用，其加热装置主要由等离子体枪、电源系统、起弧器、气体系统、冷却水系统、连续测温系统、机械臂升降结构、控制台等组成，如图 1-15 所示[38]。

1.3.3.4　结晶器在线调宽技术

结晶器在线调宽技术的应用是为了提高铸机作业率[39]。采用在线调宽技术

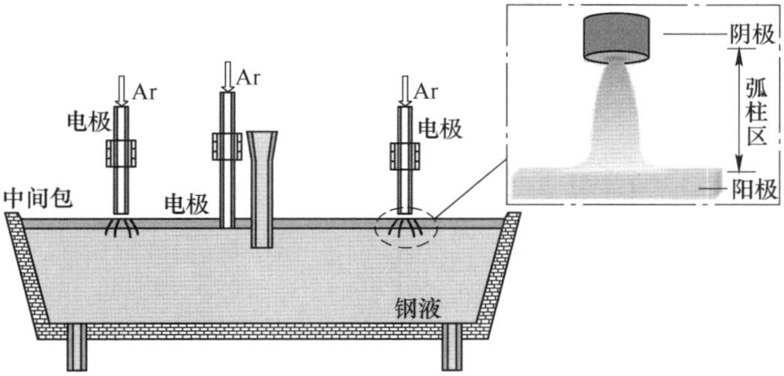

图 1-14 中间包等离子体弧加热钢液示意图[38]

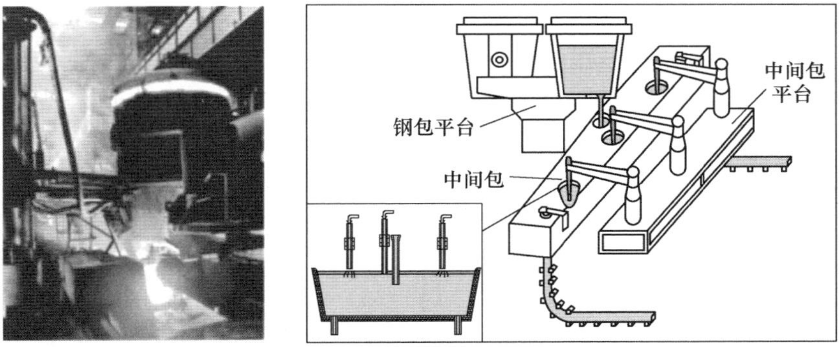

图 1-15 等离子体加热装置及现场安装示意图[38]

后，可以在不停止浇铸，甚至不降低拉坯速度的情况下使结晶器窄面无级移动，将铸坯宽度调整到所需尺寸，显著提高了连铸机的生产能力、效率和金属收得率。

传统的结晶器宽度调整采用手动方式进行，并且调宽时必须等前一个钢种的尾坯拉出后才能开始重新调宽作业，而且还需要重新打开中间包的滑动水口，每次改变板坯断面就需要停产 2 h 以上，而且浇铸碳钢时的最大拉坯速度为 2 m/min，每边调宽速度最大为 50 mm/min。随着连铸生产对产能最大化的追求，调宽速度和浇铸速度已成为严重的限制性环节。这种方式效率低、准确度差、周期长，很难满足快速连铸的生产要求[40]。为此，新开发的结晶器热态调宽技术在调宽时呈现 S 形状。日本新日铁开发的高速在线调宽技术，调宽时单侧移动速度达 100 mm/min，在 7.6 m 的坯长上就能将宽度由 630 mm 调整到 1340 mm。在宽度减小时，铸坯的鼓肚形状和内部质量均良好。

连铸机在线调宽机构由 4 个交流伺服电机和 4 个位置传感器构成（见图 1-16），

可同时改变每个面的宽度和锥度，结晶器宽度位置检测有以下三种方式[40]。

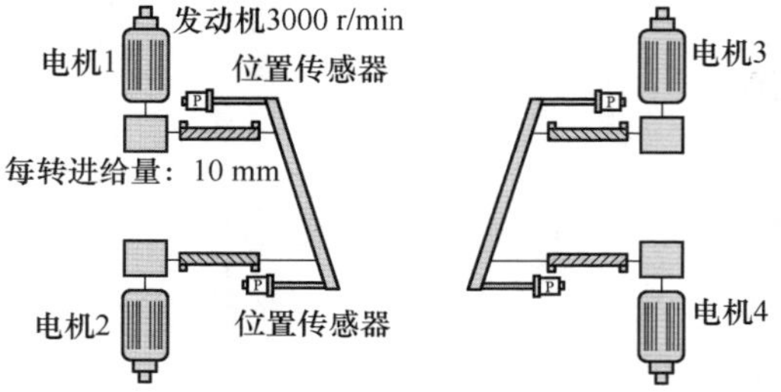

图 1-16　连铸机在线调宽机构的组成[41]

（1）通过安装在电机上的编码器，根据电机的转速计算出当前位置，计算出结晶器宽度和锥度。

（2）通过安装在结晶器内部的位置传感器，实时检测结晶器宽度和锥度。

（3）通过 HMI 在位置传感器和电机编码器之间选择用于控制结晶器宽度的检测。如果编码器和位置传感器之间存在偏差或当偏差大 3 mm 时，则自动选择编码器。结晶器在线调宽时间控制逻辑如图 1-17 所示。结晶器调宽技术缩短了停机时间，提高了连铸机生产率，为连铸连轧生产提供了有力的保证。

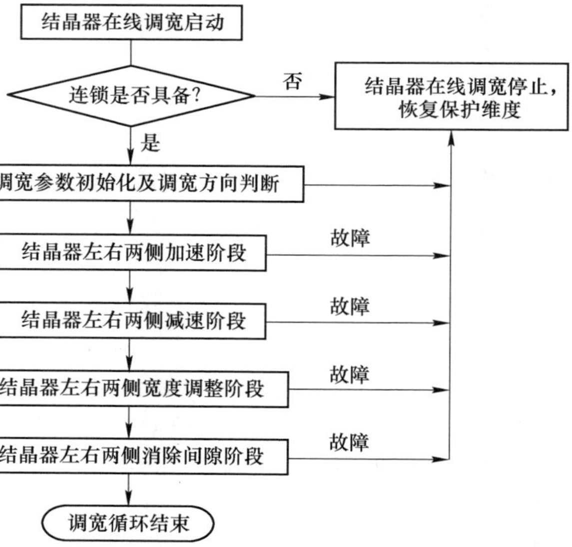

图 1-17　结晶器在线调宽时间控制逻辑[40]

1.3.3.5　结晶器液压非正弦振动技术

结晶器进行振动主要是为了避免出现拉漏和拉裂事故。如果结晶器不振动，在凝固的过程中，铸坯就会和结晶器的内壁粘连在一起，在很大程度上降低铸坯表面的质量甚至有可能加深振痕。结晶器液压振动装置自从问世之后，本身就具有在线调整负滑脱参数、在线调整频率、在线调整振幅的功能，能够将负滑脱时间和负滑脱率维持在最适当的范围内，因此结晶器液压振动装置得到推广使用。在高拉速、高质量的高效连铸生产过程中，只有上振时间长而速度慢、下振时间短而速度快的结晶器振动方式才能取得更好的工艺效果。非正弦振动方式恰恰具备正滑动时间长、拉坯速度和结晶器振动速度差小的特点[41]。

非正弦振动不同于传统的正弦振动，正弦振动特性可以用一个连续的曲线来描述，而非正弦振动一般难以用统一的解析式来描述。图 1-18 是一种较理想的非正弦振动波形。该振动波形的特征是在一个振动周期里，结晶器向上振动的速度慢而向下振动的速度快，所对应的位移曲线到最高点时间和正弦振动相比有一个时间滞后。这种非正弦振动的速度波形优点明显：短的负滑动时间减轻了铸坯表面振痕，提升了表面质量；增大的负滑动量有助于铸坯的脱膜和坯壳裂纹的焊合；长的正滑动时间和减小的最大相对速度差都有助于降低坯壳与结晶器之间的摩擦力[42-43]。

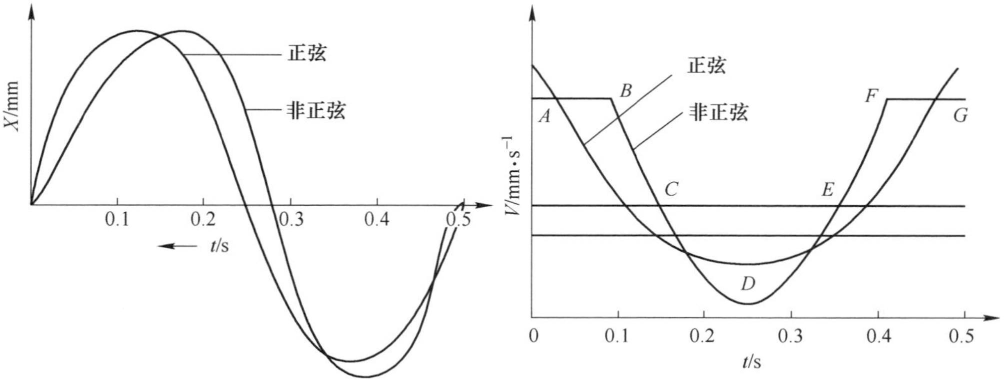

图 1-18 非正弦振动波形[44]

目前工业上应用的非正弦振动装置按驱动系统的工作原理主要分为三种：液压驱动系统、伺服电动缸驱动系统和机械驱动装置[45]。液压驱动系统可以方便地产生任意的振动规律，实现参数的在线调整，但该系统复杂，建造及维护费用高。镭目公司开发的伺服电动缸驱动装置，可以实现任意的振动规律及参数的在线调节，但伺服电机频繁地正、反转，影响了系统的控制精度，同时滚珠丝杠的承载能力不如液压及曲柄机构[46]。

双伺服电机驱动结晶器非正弦振动装置如图 1-19 所示，该装置主要由驱动装置、缓冲弹簧、导向板簧、结晶器及振动台等组成。由于系统左右对称，在模拟时只取该装置的一半，其工作原理如图 1-20 所示。工作时，伺服电机驱动减速器，减速器通过联轴器连接偏心轴，通过电机匀速或者变角速度运动，使偏心轴驱动连杆在 S 点产生正弦或者非正弦振动规律，连杆推动振动台及其上面的结晶器在铅锤方向上下振动。采用缓冲弹簧平衡振动台及结晶器等构件的重力和运动时的惯性力，减小电机的驱动功率，节约能源。振动台采用板簧导向，保证了结晶器的运动轨迹[47]。

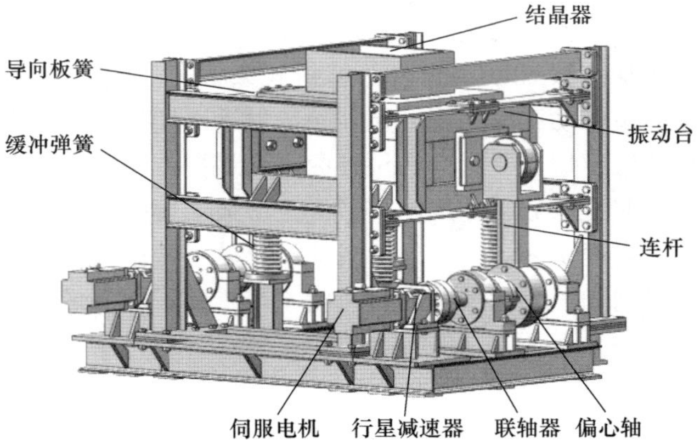

图 1-19　双伺服电机驱动结晶器非正弦振动装置[47]

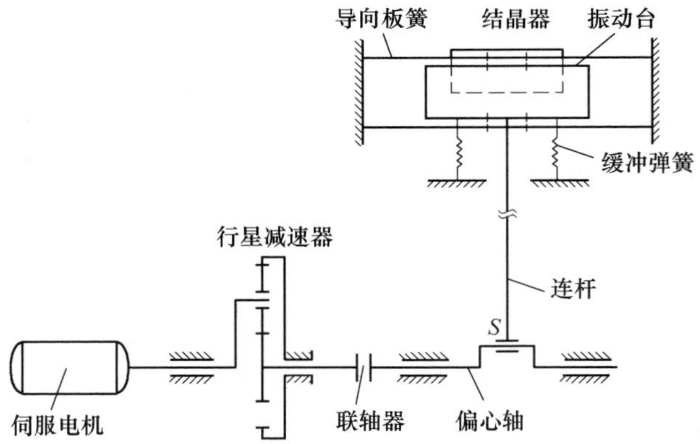

图 1-20　双伺服电机驱动结晶器非正弦振动工作原理图[47]

1.3.3.6　基于结晶器摩擦力监控技术的漏钢预报

漏钢是连铸过程中的灾难性事故，不仅会严重干扰生产顺行和铸坯质量，还会严重损害结晶器、扇形段等连铸机设备，在造成巨大经济损失的同时，带来重大安全隐患[48]。结晶器作为连铸机的重要部件之一，其内部均匀稳定的传热及与连铸坯良好的润滑条件是保障连铸机稳定运行、高效生产的前提。

为了预防和避免漏钢，可利用结晶器与铸坯之间的摩擦力对其进行预测[49]。结晶器摩擦力是直接反应拉钢过程中坯壳与结晶器铜板之间相互作用的物理量。摩擦力在恒拉坯速度条件下的变化为漏钢预报提供了可行性，是高效连铸技术开发有价值和需要在线监测的重要参数之一。在连续铸造过程中，凝固的钢壳会持续向下移动，而模具则进行上下振动。模具与这个凝固壳之间的摩擦称为模具摩擦。从这个模具摩擦中，可以推断出模具与壳之间的交互细节。如果潜在的破裂是由板壳上的缺陷形成的，那么模具摩擦的变化应该是显著的、可测量的和可记录的。固定在模具铜板上的热电偶测量的温度可以准确反应壳与铜板之间的热转换[50]。所以，现有方法主要通过在结晶器铜板上嵌入测温热电偶，根据热电偶温度的变化来监测是否发生漏钢[51]。

结晶器内发生黏结、裂纹后，结晶器与坯壳的摩擦力均有不同程度的变化，可根据结晶器摩擦力的特征变化建立基于结晶器摩擦力的漏钢预报系统。因此，监控结晶器摩擦力变化是实现高效连铸的重要保证之一。

漏钢主要发生在结晶器的弯月面附近，由于保护渣润滑不良、结晶器液位波动、拉坯速度较大等原因，较薄的初生坯壳直接与结晶器铜板接触发生黏结[52]。图 1-21（a）是结晶器铜板热电偶分布示意图，从图中可以看出结晶器由 4 块铜板组成，包括两块宽面铜板和两块窄面铜板[53]。其中，内、外弧宽面各安装 57 支热电偶，左、右侧窄面各安装 3 支热电偶，4 块铜板共安装热电偶 120 支。图 1-21（b）为漏钢时同列的 3 排热电偶温度变化示意图，正常工况下，结晶器铜板热电偶温度随时间的变化较为平稳，不会出现较大波动，沿浇铸方向，坯壳厚度逐渐增加，连铸坯向结晶器铜板传热的热阻增加，下排热电偶的温度逐次下降。漏钢发生时，黏结点向下移动，当其经过第一排热电偶时，从坯壳渗出的钢液将与结晶器铜板直接接触，相应位置的热电偶温度会急剧上升，待黏结点下行远离热电偶后，其温度逐渐下降；随着黏结点继续下移，当其经过第二、第三排热电偶时，其热电偶温度也会先上升后下降，同列热电偶温度上升、下降及其峰值在时间上有明显的时滞性部分情况下，也会出现下排热电偶温度高于上排热电偶温度的情况，称为温度倒置。时滞性和温度倒置是漏钢的典型特征，也是漏钢预报方法捕捉和预报漏钢的重要依据[54]。

1.3.3.7 中间包钢液连续测温技术

在当今不断发展的连铸过程控制技术中，中间包钢液连续测温技术得到广泛开发和应用。准确地测量中间包钢液温度对于连铸生产中拉坯速度与温度的匹配有着十分重要的意义。提高中间包钢液温度合格率是所有炼钢厂的目标[55-56]。

目前，连铸生产中普遍采用快速微型热电偶人工测温，即每隔一段时间对中间包钢液温度进行点测。但这种技术在测量中存在一定缺陷：（1）快速热电偶

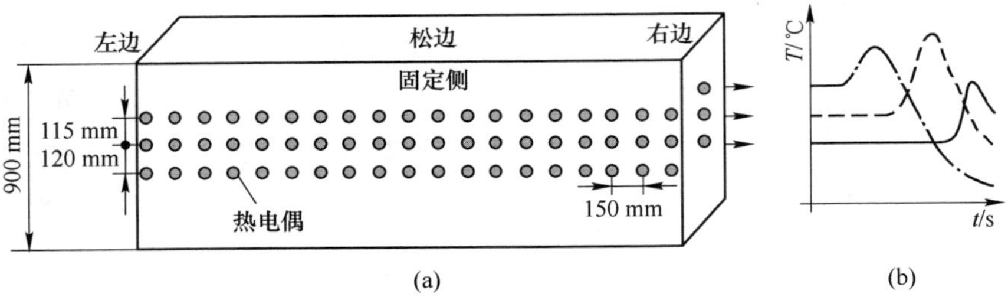

图 1-21　结晶器铜板热电偶分布示意图[54]

（a）结晶器热电偶分布；（b）黏结漏钢热电偶温度变化

为间断测量，无法得到连铸过程中钢液的动态温度，不便于对中间包钢液温度进行监控；（2）快速热电偶受到自身质量、插入深度及测量方法的影响，存在一定的测量误差；（3）测量过程中，工人劳动强度大，容易引起钢液飞溅，造成人身伤害[57]。

近年来，世界各国的冶金科技工作者都在积极开发中间包钢液连续测温技术，日本新日铁公司和旭硝子公司共同研制的中间包连续测温装置，使钢液温度控制技术取得很大进展，提高了连铸坯收得率，防止操作事故并降低生产成本[58]。VAI 成功开发的 VAI-CONTEMP 连续测温系统经过全面工业性试验，证实具有改进连铸过程控制的能力，能够提供准确的温度值，可以完全取代常规、间断的一次性快速热电偶测温技术[59]。目前，我国对钢液连续测温技术的研究也取得了较大进展。东北大学成功研制的黑体空腔辐射测温系统，由于其测量的稳定性和高精度在国内一些钢厂得到推广应用。黑体空腔辐射测温系统基于黑体辐射原理，即任何物体都具有不断辐射、吸收、发射电磁波的本领，这种电磁波与物体本身的特性及温度有关。所谓黑体是指在任何条件下，对任何波长的外来辐射完全吸收而无任何反射的物体。理想黑体可以吸收所有照射到它表面的电磁辐射，并将这些辐射转化成热辐射，其光谱特征仅与该黑体的温度有关，与黑体的材质无关[60]。黑体是物理学家定义的一种理想物体，自然界并不存在，但一些物质在某些波段上与其近似。连续测温系统使用的测温管，一端封闭一端开孔，其内部空腔结构可以近似看作黑体。

中间包钢液连续测温系统主要由测温管、探测器、信号处理器和大屏幕显示器组成，如图 1-22 所示，其工作原理基于黑体辐射理论，将测温管内部空腔当成黑体，作为感温元件和辐射源。当测温管插入钢液中时，测温管底部温度和钢液温度相等，探测器上的光电管接收测温管底部发出的辐射能，并将其转换成相应的电信号传至信号处理器，以单片机为核心的信号处理器对探测器输入的信号进行计算并得出钢液温度，通过显示屏显示测量温度，通过 RS485 通信接口将温度信号传至大屏幕显示器，通过输出电路输出 420 mA 标准信号传递给计算机[61]。现场使用时先将测温棒放入固定机构上，然后浸入中间包钢液下方再将探测器安装在测温棒上方，即可通过大屏幕实时显示温度值。

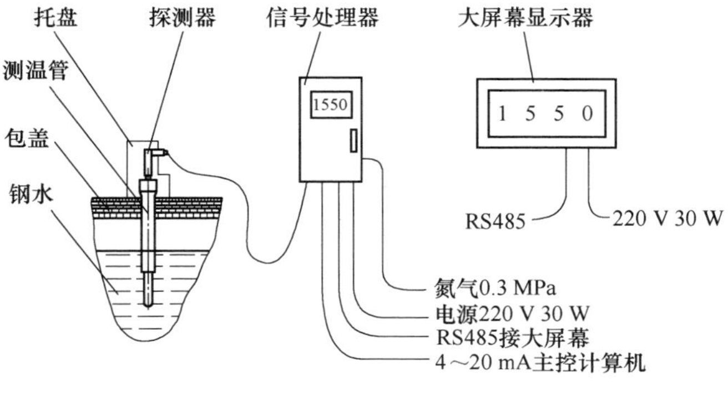

图 1-22 连续测温系统示意图[61]

参 考 文 献

[1] 贝雷，高雨雯，王安妮等．钢铁企业主要生产工序能耗分析［J］. 能源研究与管理，2023，(4)：175-180.

[2] 本刊记者．2022 年钢铁行业总体运行平稳［J］. 中国钢铁业，2023，(2)：5，9.

[3] 张训毅．新中国钢铁工业崛起历程回顾［J］. 中国钢铁业，2021，(4)：20-25.

[4] 邱信丰．新中国成立 70 年来钢铁工业绿色发展政策演变、成效、挑战与优化路径［J］. 企业经济，2019，38 (11)：20-28.

[5] Vögele S, Grajewski M, Govorukha K, et al. Challenges for the European steel industry: Analysis, possible consequences and impacts on sustainable development [J]. Applied Energy, 2020, 264: 114633.

[6] 本刊编辑部．全球钢铁产业发展概述［J］. 冶金管理，2018，(11)：4-10.

[7] 陈开义，常立忠，王建军．连铸技术的发展现状与趋势［J］. 宽厚板，2015，21 (5)：38-43.

[8] Wolf M M. History of continuous casting [C] //Steelmaking Conference Proceedings, 1992: 75, 83-137.

[9] Saville J P. Henry Bessemer English inventor and engineer [J/OL]. (2024-11-18). https: //www. britannica. com/biography/Henry-Bessemer.

[10] 史宸兴．连铸历史回顾与未来［J］. 连铸，2016，41 (4)：1-11.

[11] 申建军．150×150 方坯连铸机计算机控制系统的设计与实现［D］. 沈阳：东北大学，2012.

[12] Wolf M. Henry Bessemer and continuous casting [J]. Metallurgical Research Technology, 2001, 98 (1): 63-73.

[13] Tanner A H. Continuous casting: A revolution in steel: The worldwide success story of concast

AG, Zurich [J]. Write Stuff Enterprises, 1998, 4: 412-415.
[14] 路士平. 伺服电机驱动的结晶器非正弦振动的设计研究 [D]. 秦皇岛: 燕山大学, 2012.
[15] 邹恒. 基于神经网络和专家系统的连铸漏钢预报系统 [D]. 重庆: 重庆大学, 2010.
[16] 李林平, 王新华, 黄福祥, 等. 低碳钢板坯高拉速实践及数值模拟研究 [C] //第十八届(2014年) 全国炼钢学术会议, 2014.
[17] Druckenthaner H, Scheidl J, Schürz B, et al. Blast furnace automation for maximising production economy [J]. Steel Times International, 1997, 21 (1): 16.
[18] Giarratani F, Gruver G, Randall J. Agglomeration and market entry in the US steel industry: Empirical evidence based on the advent of slab casting by US steel minimills [J]. Industry Studies Association, 2006, 67: 789-795.
[19] Arvedi G, Mazzolari F, Siegl J, et al. Arvedi ESP first thin slab endless casting and rolling results [J]. Ironmaking & Steelmaking, 2010, 37 (4): 271-275.
[20] Molotilov B V, Eremin G N, Parakhin V I, et al. Topical issues of the technological development of advanced electrical steel grade production in Russia [J]. Steel in Translation, 2020, 50 (9): 653-657.
[21] Matsushita T, Nakayama K, Fukase H, et al. Development and commercialization of twin roll strip caster [J]. Facilities, 2009, 5 (6): 1-9.
[22] Wang J, Bausch J, Geerkens C, 等. 钢的近终形带铸技术 [J]. 世界钢铁, 2013, 13 (3): 44-48.
[23] 梁小平, 潘复生, 丁培道, 等. 近终形连铸技术的现状及发展趋势 [J]. 材料导报, 1996, 5 (4): 24-27.
[24] 汪水泽, 高军恒, 吴桂林, 等. 薄板坯连铸连轧技术发展现状及展望 [J]. 工程科学学报, 2022, 44 (4): 534-545.
[25] 潘秀兰, 王艳红, 梁慧智. 世界薄带连铸技术的最新进展 [J]. 鞍钢技术, 2006, 6 (4): 12-19.
[26] 王凯, 何明, 王强, 等. 电磁冶金新技术的研究现状与发展趋势 [J]. 鞍钢技术, 2015, 4: 1-7.
[27] 任忠鸣, 雷作胜, 李传军, 等. 电磁冶金技术研究新进展 [J]. 金属学报, 2020, 56 (4): 583-600.
[28] 谢珊珊, 李慧, 李杰, 等. 电磁技术在冶金中的应用 [J]. 铸造技术, 2016, 37 (9): 1911-1913, 1918.
[29] Zhong Y B. Metalloid Particles' Migration in Molten Metals in an Electromagnetic Force Field and It's Application [M]. Shanghai: Shanghai University Press, 2000.
[30] Leenov D, Kolin A. Theory of electromagnetophoresis. I. magnetohydrodynamic forces experienced by spherical and symmetrically oriented cylindrical particles [J]. The Journal of Chemical Physics , 1954, 22 (4): 683-688.
[31] Yin Y B, Zhang J M, Lei S W, et al. Numerical study on the capture of large inclusion in slab continuous casting with the effect of in-mold electromagnetic stirring [J]. ISIJ International,

2017, 57 (12): 2165-2174.

[32] Jia H, Zhang Z Q, Chang T X, et al. Influence of EMBr on flow field of molten steel in a continuous casting slab mold [J]. The Chinese Journal of Process Engineering, 2012, 12 (4): 550-557.

[33] 马胜强, 杨军. 连铸工艺与技术 双语版 [M]. 北京: 冶金工业出版社, 2020: 184.

[34] Kollberg S, Sundberg Y. Heating apparatus for intermediate ladles or tundishes: US19860828950 [P]. 2024-11-13.

[35] 潘栋, 郭庆涛, 于赋志, 等. 中间包电磁感应加热技术研究及应用进展 [J]. 连铸, 2022, 4 (4): 2-7, 15.

[36] 金辉. 电磁感应加热技术与应用 [J]. 连铸, 2019, 44 (2): 4.

[37] 李京社, 王存, 陈永峰, 等. 中间包等离子体加热技术研究进展及应用 [J]. 特殊钢, 2024, 45 (1): 1-11.

[38] 赵梦静. 电弧等离子体加热连铸中间包钢液传输行为及应用基础研究 [D]. 北京: 北京科技大学, 2023.

[39] 许春, 许少普, 高照海, 等. 结晶器在线调宽技术在超厚板坯连铸机上的应用 [J]. 宽厚板, 2020, 26 (2): 22-25.

[40] 齐纪涛, 王瑞华, 韩建鑫. 首钢京唐连铸机结晶器在线调宽技术应用 [J]. 冶金自动化, 2023, 47 (S1): 280-281.

[41] 周超, 李凤丽, 张兴中, 等. 摆动触发的连铸结晶器非正弦振动系统及工艺参数研究 [J]. 振动与冲击, 2023, 42 (14): 147-153.

[42] 张兴中, 刘庆国, 黄文, 等. 连铸结晶器非正弦振动函数及工艺参数研究 [J]. 钢铁, 2014, 49 (8): 42-47.

[43] 张兴中, 方一鸣, 王浩宇. 连铸结晶器新型非正弦振动波形函数的开发 [J]. 中国机械工程, 2013, 24 (24): 3375-3379.

[44] Zhou C, Zhang X Z, Wang F, et al. Mold oscillating system with optimized non-sinusoidal oscillation profile [J]. Metallurgist, 2019, 63 (5): 585-597.

[45] 方一鸣, 李宫胤, 李建雄, 等. 伺服电机驱动连铸结晶器振动系统建模与分析 [J]. 仪器仪表学报, 2014, 35 (11): 2615-2623.

[46] 陈祥. 攀钢2号板坯连铸机非正弦振动装置改造 [J]. 连铸, 2018, 43 (6): 51-54.

[47] 张兴中, 周超. 双伺服电机同步驱动连铸结晶器非正弦振动装置 [C] //第十一届中国钢铁年会, 2017.

[48] Zhang Y X, Wang W L, Zhang H H. Development of a mold cracking simulator: The study of breakout and crack formation in continuous casting mold [J]. Metallurgical and Materials Transactions B, 2016, 47 (4): 2244-2252.

[49] Qin X, Zhu C F, Zheng L W, et al. Molten steel breakout prediction based on thermal friction measurement [J]. Journal of Iron and Steel Research, International, 2011, 18 (4): 24-35.

[50] Li G T, Gong D Y, Xing J F, et al. Optimization of CVC shifting mode for hot strip mill based on the proposed LightGBM prediction model of roll shifting [J]. The International Journal of

Advanced Manufacturing Technology, 2021, 116 (5): 1491-1506.

[51] 郝培锋，徐心和，裴云毅，等．连铸漏钢预报系统数据采样与热电偶埋设方式 [J]. 东北大学学报：自然科学版，1997，18 (4)：4.

[52] Lu M J, Lin K J, Kuo C H, et al. Sticker breakout theory and its prediction in slab continuous casting [C] //76th Steelmaking Conference, 1993: 343-353.

[53] 段海洋，王旭东，姚曼．基于密度聚类和动态时间弯曲的结晶器黏结漏钢预报方法的开发 [J]. 工程科学学报，2020，42 (3)：348-357.

[54] 刘宇，王旭东，施桂钱，等．宽厚板连铸黏结漏钢的工艺因素 [J]. 北京科技大学学报，2014，36 (6)：757-762.

[55] 吴晓东，刘青，徐安军，等．宝钢炼钢厂连铸中间包钢液温度的研究 [J]. 钢铁，2001，(8)：19-21，11.

[56] 王星，王国连，杨荣光，等．中间包钢液温度控制研究及优化 [J]. 中国冶金，2018，28 (1)：12-17.

[57] 王盛林．中间包钢液连续测温系统的改进试验 [J]. 现代冶金，2019，47 (2)：28-30.

[58] 次英，谢植，张华．中间包钢液连续测温的新方法 [J]. 东北大学学报，2004，8 (5)：460-462.

[59] Ramaseder N, Heiss J. 用于改进冶金炉工艺控制的 VAI-CON Temp 温度连续监测系统 [J]. 钢铁，2001，8 (9)：58-61.

[60] 王琳．基于光纤红外辐射原理的中间包连续测温技术研究 [D]. 沈阳：东北大学，2005.

[61] 霍贞蓉，元鹏飞，孙仁宝，等．中间包钢液连续测温技术分析与应用 [J]. 连铸，2021，6 (5)：114-119.

2 连铸结晶器内钢液流动控制基础理论

2.1 结晶器内钢液流动的基本特征

2.1.1 板坯结晶器内钢液的流动特征

板坯连铸结晶器内钢液的流动具有以下基本特征：钢液从水口侧孔沿流股方向流出，在水口射流方向逐渐扩散，冲击至结晶器窄面后，流股分为上回流流股和下回流流股，并形成上下两个回流区。上回流流股逐渐上升，到达结晶器液面，对液面产生一定扰动，下回流流股向下并达到一定冲击深度。图 2-1 展示了宽板坯连铸结晶器内速度场 52 s 时的均值，其中图 2-1（a）显示了速度的大小和方向，图 2-1（b）进一步描绘了钢液流动的轨迹。

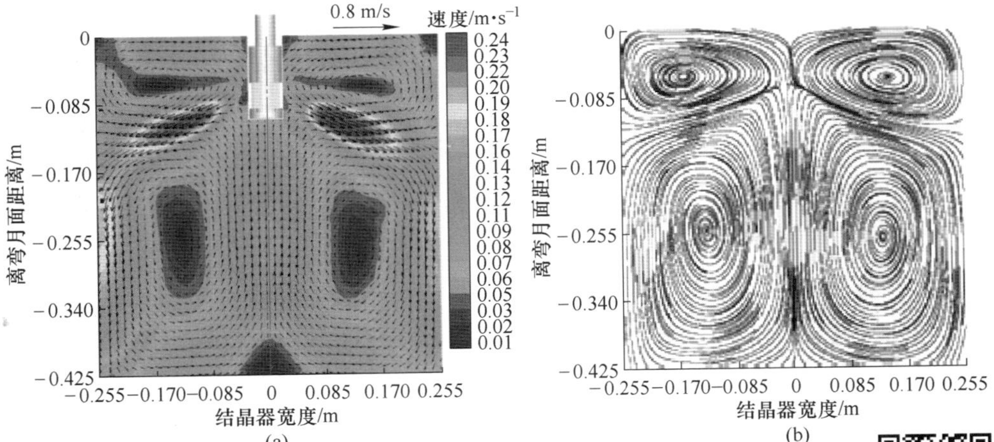

图 2-1 宽板坯连铸结晶器内速度场 52 s 时均值

（a）速度云图；（b）流线图

彩图资源

2.1.2 方坯、圆坯结晶器内钢液的流动特征

连铸结晶器内钢液流动如图 2-2 所示。钢液从直通式水口流出后直接向下运动，流股在前进过程中不断进行扩张，流速不断降低。当流股到达一定深度后，

同样形成向上和向下两大流股。向上的流股形成左右对称的两个回流，回流速度将直接决定钢液自由液面的波动情况。向下的流股继续下行运动流出结晶器，其流速将直接决定夹杂物上浮的概率。对于特大断面的方坯和圆坯，其浸入式水口目前也有采用多侧孔，其流动特征将发生较大的改变，在一定程度上与板坯的相似，目的是改善结晶器上部的传热和夹杂物的上浮条件。四孔水口结晶器内弯月面下 300 mm 处的流场如图 2-3 所示。

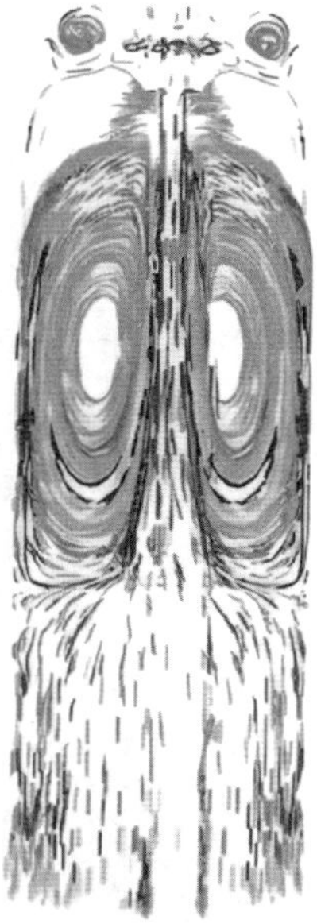

图 2-2　方坯连铸结晶器内钢液流动示意图[1]

彩图资源

图 2-3　四孔水口结晶器内弯月面下 300 mm 处流场[2]

彩图资源

2.1.3　异型坯结晶器内钢液的流动特征

图 2-4 是异型坯结晶器宽面对称面（腹板平面）二维流场矢量图。钢液从正对腹板中心的水口流出，与另一侧水口流出的钢液相撞，形成上下两个环流。从水口另外两个侧孔流出的钢液冲击到结晶器窄面后，也分为上下两个回流区。上回流区将影响液面的波动，有利于保护渣的熔化。下回流区将影响初生坯壳的生长和夹杂物的上浮。

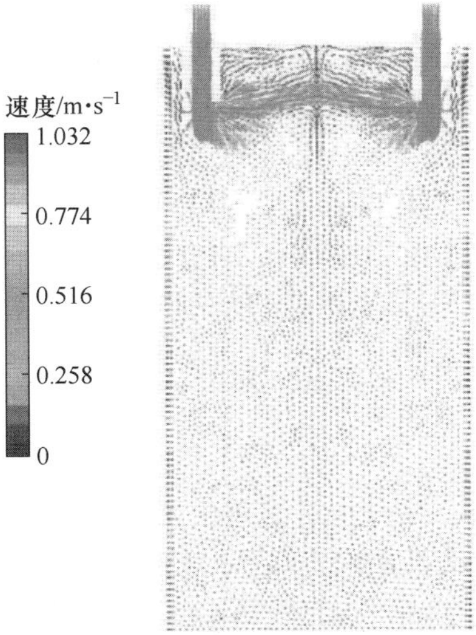

图 2-4 异型坯结晶器宽面对称面（腹板平面）二维流场矢量图[3]

彩图资源

2.2 影响结晶器内钢液流动的因素

2.2.1 浸入式水口参数

浸入式水口参数主要分为水口倾角、浸入深度和出口形状。对于板坯结晶器而言，随着水口浸入深度的增加，熔池表面附近向上运动的回流范围变大，结晶器自由表面处波动幅度明显减小，这对减少保护渣卷入十分有利，阻止产生新的夹杂物。但是，较大的浸入深度必然造成下降流的涡心位置下移，增加了夹杂物和气泡被卷入连铸坯深处的机会，使连铸坯内部缺陷增多。同时，更多的高温钢液进入结晶器下部，影响了凝固坯壳的生长，使结晶器下部的铸坯初生坯壳减薄，增大了漏钢的概率，不利于高拉坯速度操作。

水口倾角直接影响着结晶器内涡流的涡心、表面流流速、流股穿透深度和对结晶器窄面的冲击位置。随着水口倾角的增大，钢液流股在结晶器上部向上流动趋势减弱，在结晶器下部向下流动趋势增强，钢液的冲击深度增加，钢液中的夹杂物容易被带到液相穴深处，不利于结晶器内夹杂物的上浮。与此同时，钢液流股对熔池液面的冲击减弱，液面流速和湍流动能降低，液面波动减弱，有减小保护渣卷入的可能。

浸入式水口的形状和尺寸对结晶器内钢液的运动有直接影响，因而对铸坯的表面质量和内部组织也有直接关系。有研究者曾在其他条件相同的情况下，分别用圆柱形和箱形的水口进行了浇铸板坯的实验。结果表明，两种不同形状的水口所引起的板坯废品率有明显差别。水力学模型表明，使用圆柱形水口时，由侧孔流出的流股造成的上下相反方向上出现的两对回流始终是均匀且对称的，但使用箱形水口时，从水口侧孔流出的流股很容易发生偏流，造成两侧流动不均匀和不对称的情况。显然，圆柱形水口在液相穴内一定深度下获得稳定对称的回流既可以保持钢流凝固前沿的均匀冲刷作用，使夹杂物不易黏附于凝固壳上，还可以防止因钢流卷渣造成的表面缺陷。

2.2.2　拉坯速度

随着拉坯速度的增大，通过水口的钢通量逐渐增大，结晶器液面波动逐渐增加，钢通量增大，水口侧孔流股流速变大。在水口结构参数一定时，流股对于结晶器液面的扰动作用增强，使液面波动增大。流股冲击到结晶器窄边的时间缩短，上回流流股到达结晶器液面的时间缩短。不同拉坯速度条件下，流股流速有明显差异，但结晶器内流动基本形态保持不变。结晶器宽度方向液面流速最大值位于水口与窄面之间且偏向窄面，随着拉坯速度的提高，结晶器表面流速逐渐增大，流股对液面的扰动范围增大，流速最大值位置逐渐向水口位置移动。随着拉坯速度的增加，流股对壁面的冲击作用也逐渐增大，过大的冲刷作用会造成凝固坯壳过薄，影响出结晶器的凝固坯壳的厚度和均匀性，进而影响铸坯质量。

2.2.3　吹氩制度

结晶器内吹氩，可以防止水口结瘤现象，提高水口使用寿命，也可以防止钢液的二次氧化，促进夹杂物上浮除去。随着吹气量的增加，结晶器液面窄边附近的液面波动逐渐减小，而水口附近区域逐渐活跃，液面波动值逐渐增大。在较小吹气量条件下，气泡体积小，大部分气泡被流股带到窄边附近区域，气泡的破裂和流股本身对结晶器液面的扰动使水口和窄面之间区域液面波动较大。当吹气量增大后，气泡体积增加，大部分气泡在水口附近上浮，致使水口附近的液面波动变大；同时气泡的上浮作用在一定程度上降低了流股速度，减小了上回流流股对结晶器液面的扰动，使窄边附近波动逐渐减小。

结晶器内不吹氩时，结晶器液面液渣分布均匀，而当吹气量增大到一定程度时，水口流股附近的气泡逐渐增大，液渣开始出现乳化现象，液渣层泡沫化作用加强，大部分气泡在水口附近上浮，气泡的破裂使水口附近液渣层比较活跃，液渣层乳化严重，水口附近有大量气泡破裂，使液面波动进一步增大，窄边液渣层由于乳化作用很容易被上回流流股冲向水口附近，严重时会出现乳化卷渣现象。当吹气量过大时，气泡的穿透力增强，有可能被凝固坯壳捕获形成皮下气泡铸坯缺陷，而大量气泡在水口附近区域逸出，对钢液面产生扰动，形成铸坯表面缺陷。因此，合理的塞棒吹气量可以改善结晶器水口附近的液面，有效地防止水口结瘤，促进夹杂物上浮除去。

2.2.4 电磁制动力

电磁制动技术可以减缓并重新分配来自水口的钢液主流股，因而可以改善非金属夹杂物和气泡的上浮条件，减小结晶器液面的波动。当运动的钢液通过稳恒磁场时，就会在钢液内部形成感生电流。此感生电流与磁场相互作用形成一个与钢液流动方向平行但相反的电磁制动力。施加电磁制动力后，钢液整体流速减小，尤其在自由波面附近和弯月面处速度变得更平缓，回流区域范围缩小，在靠近水口的自由液面处产生一个速度较弱的小涡流区，其速度方向与上回流速度方向相反，下回流钢液并未形成完整的回流，随着回流动能的减少，回流钢液回流到主流股附近后转为向下运动。

在连铸生产中应用电磁搅拌技术有助于提高钢液的纯净度，减少偏析、缩孔，改善铸坯凝固结构，提高铸坯的表面质量和内部质量。当磁场以一定速度切割钢液时，钢液中产生感应电流。载流钢液与磁场的相互作用力产生了电磁力，从而驱动钢液运动。在电磁搅拌过程中，由于旋转磁场的作用，钢液主要绕中心轴线做近似圆周运动，但由于离心力，搅拌器中心的钢液将向铸坯边缘运动，到达凝固前沿后，再向上、向下运动。由于流动的连续性，在凝固前沿向下流动的钢液，必定会在铸坯中心向上回流，最终又回到搅拌器中心形成一个奇特的二次流模式。

2.3 结晶器内钢渣界面行为

2.3.1 结晶器内钢渣界面的基本特征

连铸结晶器液面，当钢渣的黏度较大且液面流流速较低时，钢渣界面十分稳定，呈波浪形，并且存在波峰和波谷，在结晶器窄面处由于受到上升流的冲击，渣层较薄，靠近水口处渣厚基本不变，在水口与窄面的 1/3 处，渣层的厚度最大，并且界面形状基本保持稳定。

2.3.2 结晶器液面卷渣

在连铸过程中，经常发生结晶器钢液卷渣现象，严重影响铸坯质量。国内外众多学者采用物理模拟、数值模拟以及工业实验等方法对卷渣发生的机理进行了大量的研究[4-9]。

2.3.2.1　弯月面受冲击引起的卷渣

钢液流股出水口后撞击结晶器窄面后形成的上升流冲击弯月面，使钢渣界面剧烈波动，有可能使液渣被甩至凝固前沿被凝固坯壳捕获形成卷渣。图 2-5 为弯月面受冲击引起的卷渣。Matsushita 等[10]认为弯月面受到的冲击与结晶器振动有关。Gupta 等[11]发现弯月面处振动而形成漩涡和气泡卷入的条件是流体流速大于某一临界速度，这个临界速度与水口结构、浸入深度以及结晶器的长宽比有关。雷洪等[12]认为进行低拉坯速度操作时，增大水口出口面积反而加剧了结晶器弯月面波动，但在进行高拉坯速度操作时，增大水口出口面积则可减小弯月面波动。水口张角由大变小时，会加剧弯月面波动，增大表面卷渣的可能，同时也增大了结晶器内夹杂物和气泡的上浮机会。增大水口浸入深度，可减小弯月面波动，但会造成更多的热钢液进入液相穴深处，不利于夹杂和气泡的上浮。朱苗勇等[13]认为在保证保护渣能顺利流入结晶器与铸坯表面之间的缝隙，形成连续渣膜的情况下，适当增大保护渣黏度可以减少弯月面受冲击引起的卷渣发生率。陆巧彤等[14]认为调整工艺参数将液面波动指数 F 数控制在 3~5 就可以将液面波动控制在±(3~5) mm 的合理范围内，从而减小或避免结晶器内卷渣。

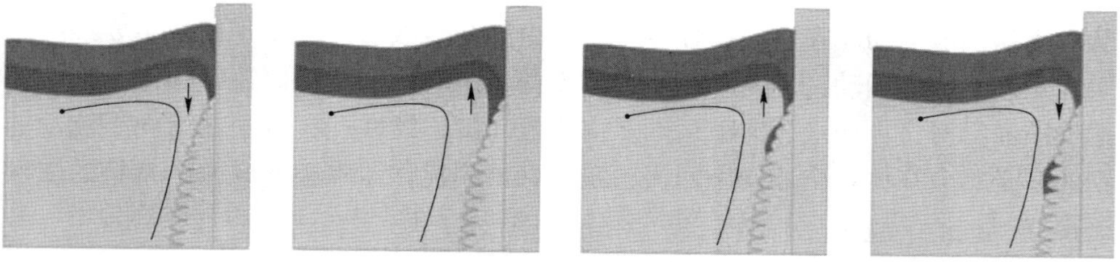

图 2-5　弯月面受冲击引起卷渣[15]

彩图资源

2.3.2.2　卡门涡引起的卷渣

由于滑板控流操作不当、水口未对中、水口堵塞等导致的非对称流使结晶器液面水口两侧流股流速不同，在流速较小一侧会形成卡门涡。该漩涡会将液态保护渣吸入钢液。被吸入钢液的保护渣很大一部分可以上浮进入液渣层，若上浮困难被流股冲至凝固前沿则会被凝固坯壳捕获形成卷渣。图 2-6 为卡门涡引起的卷渣。雷洪等[16]认为水口两侧两个相向表面流相互剪切，在水口一侧间歇性出现单个或成对漩涡，漩涡出现频率随拉坯速度的增加而增大，随水口浸入深度的增加而减小，随水口张角的减小而增大。通过改进水口设计可以阻止漩涡的形成，进而减少卡门涡引起卷渣的发生率。李宝宽等[17]认为结晶器内三维偏流导致了涡流的出现。涡流位于水口较低流速一侧，涡流强度取决于拉坯速度和水口偏离中心的程度。Watanabe 等[18]认为漩涡卷渣量与保护渣黏度、钢渣界面张力有关。Kasai 等[19]认为卡门涡引起的卷渣只发生在水口尾部，随着水口水流量的增加，产生漩涡的频率先增后减，水流量介于 61.4~70.2 L/min 时漩涡出现的频率最高。漩涡的穿透深度可由式（2-1）表示[20]。

$$D_v = \frac{\rho_w}{\rho_w - \rho_p}\frac{v_{mc}^2}{g} + \alpha\left[\frac{\rho_p \Delta v_h^2}{2g(\rho_w - \rho_p)}\right]^{\beta} \tag{2-1}$$

式中，ρ_w、ρ_p 分别为水和渣的密度，kg/m^3；v_{mc}为宽面 1/2 处的表面流速，m/s；g 为重力加速度，m/s^2；Δv_h 为水口处垂直方向的流速变化，m/s；α、β 为常数。

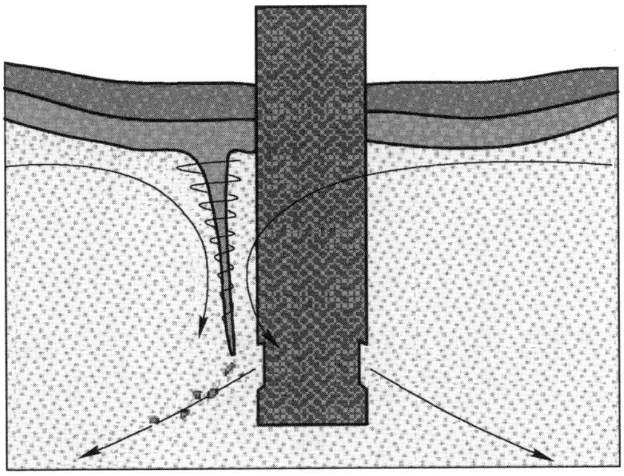

图 2-6 卡门涡引起卷渣[21]

2.3.2.3 水口两侧压差引起的卷渣

水口两侧的流股不对称，当流速较大一侧的钢液流经水口时，在水口流速相对较小一侧的压强将小于流速较大一侧的压强。这样在流速较小一侧会形成负压[22]，液态保护渣在该负压的作用下将沿着水口外壁向结晶器内部爬行。当保护渣向下爬行至水口出口时被流股冲至凝固前沿，若被凝固坯壳捕获留在铸坯中便可形成卷渣缺陷。图 2-7 为水口两侧压差引起的卷渣。

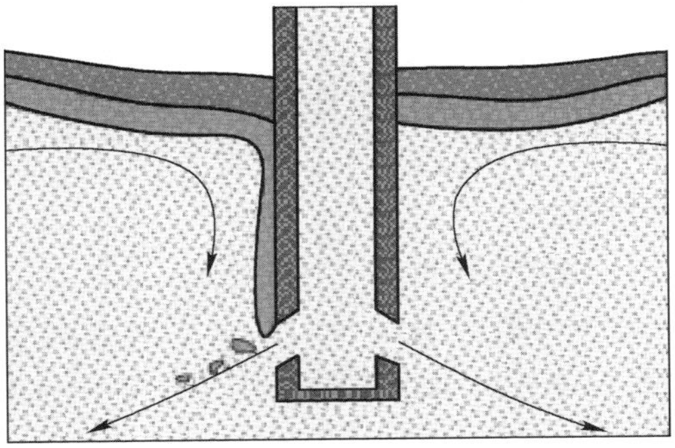

图 2-7 水口两侧压差引起的卷渣[22]

Yoshida 等[9]认为水口两侧的压差是由水口两侧非对称流引起的，当水口阻塞因数小于 0.4 时，保护渣沿水口外壁穿入钢液的深度由式（2-2）表示。当水口阻塞因数介于 0.4 和 0.6 之间时，保护渣沿水口外壁穿入钢液的深度由式（2-3）表示。水口阻塞因数从 0.4 升至 0.6 时，保护渣沿水口外壁向下爬行的高度将增加 50%。

$$H_{ag} = \frac{\rho_1 V_1^2 + 2.5\rho_2 V_2^2}{2g(\rho_2 - \rho_1)} \tag{2-2}$$

$$H_{ag} = \frac{4.8\rho_2 V_2^2}{g(\rho_2 - \rho_1)} \tag{2-3}$$

式中，V_1、V_2 分别为水口两侧钢液的流速，m/s；ρ_1 为保护渣的密度，kg/m^3；ρ_2 为钢液的密度，kg/m^3；g 为重力加速度，m/s^2；H_{ag}为保护渣沿水口向下爬行的距离，m。

2.3.2.4　气泡引起的卷渣

A　大尺寸气泡引起卷渣

当大尺寸气泡上浮穿过钢渣界面时，气泡会将部分钢液托举脱离钢液基体。当气泡继续上浮破裂进入大气后，脱离钢液基体的钢液膜由于重力又回到钢液中。该过程会将少量液态渣拖入钢液，若被流股带至凝固前沿被凝固坯壳捕获便会形成卷渣[23]。图 2-8（a）为大尺寸气泡上浮至钢渣界面时引起液渣滴落至钢液内部示意图。Thomas 等[24]认为水口吹氩后气液两相流进入结晶器，气泡体积越大上浮越快，对结晶器内流态影响越小，但对液面影响较大，容易引起钢渣界面扰动将保护渣卷入钢液。

B　小尺寸气泡引起卷渣

小尺寸气泡会使液态保护渣发生乳化现象[25-26]。被乳化后的保护渣会沿着水口外壁向下爬行，直至到达水口出口被喷出的液流撕裂。被撕裂的乳化液渣若被流股带至凝固前沿被凝固坯壳捕获便形成卷渣。图 2-8（b）为小尺寸气泡将液态保护渣乳化后沿水口外壁向钢液内部爬行示意图。Watanabe 等[18]认为当水口外壁材料与硅油润湿性不好时，在水油界面容易出现被小气泡乳化的油滴卷入水中的现象；而当水口外壁与硅油润湿性较好则不容易出现油滴卷入水中的现象。因此，在实际生产中，若保护渣与水口润湿性不好，很容易引起保护渣带着小气泡一起卷入钢液的行为。

2.3.2.5　非稳态流引起的卷渣

两种密度不同的液相具有相对运动时，其界面会剧烈波动，该现象称为 Kelvin-Helmholtz 不稳定现象[27]。钢渣界面的 Kelvin-Helmholtz 不稳定现象会使保护渣滴落进入钢液，若被流股带至凝固前沿被凝固坯壳捕获便会造成卷渣。由于钢液水平流速在宽面 1/4 处时最大，钢渣界面最不稳定，故这种非稳态流引起的

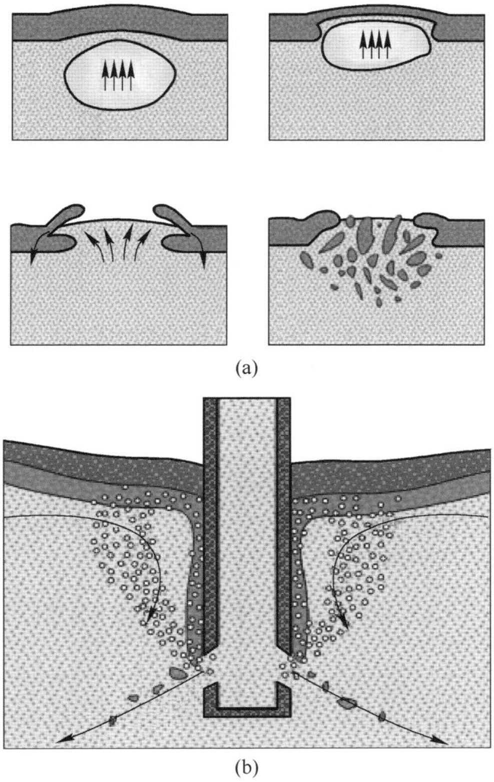

图 2-8　气泡引起的卷渣[15]
（a）大尺寸气泡；（b）小尺寸气泡

渣滴滴落常常发生在钢液水平流速最大处。非稳态流引起的卷渣又称剪切卷渣，如图 2-9 所示。于会香等[28]认为水口出口倾角向下变化时，射流对结晶器窄面的撞击点位置下移，使上回流钢液和液渣相之间的不稳定现象减弱，剪切卷渣的发生率降低。Scheller 等[29]认为水与油两相密度比与黏度比对剪切卷渣有直接影响，其相互关系可以用式（2-4）表示。

$$Ca^{*}=\frac{u_{\mathrm{crit}}\eta_{\mathrm{c}}}{\sigma} \tag{2-4}$$

式中，Ca^{*} 为临界毛细管，无量纲，用于描述液滴在受到剪切流动作用时的稳定性；u_{crit} 为水油两相区域的临界速度，m/s；η_{c} 为连续相的黏度，Pa · s。

定义 Λ 为连续相与滴落相的密度之比。研究表明 Ca^{*} 随着 Λ 的增大而增大，当 Ca^{*} 的数值在 0.0017～0.002 范围时不会出现滴落相，即剪切卷渣不会发生。表 2-1 对国内外学者利用水-硅油模型研究结晶器液面卷渣现象的研究进行了总结。

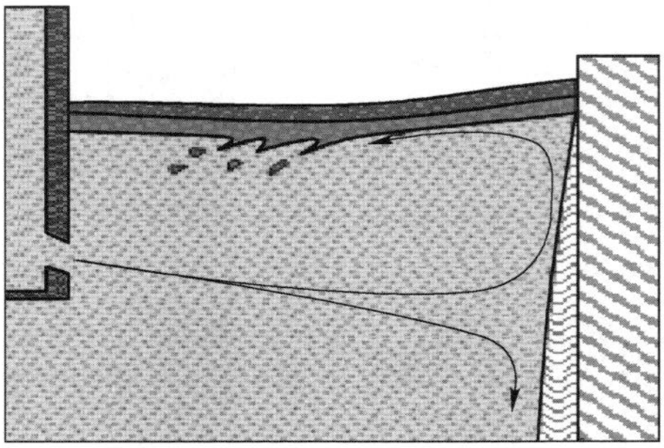

图 2-9　非稳态流引起的卷渣[15]

表 2-1　国内外学者利用水-硅油模型对结晶器卷渣现象的研究

卷渣机理	研究学者	研 究 内 容	实验方法	文献
弯月面受冲击卷渣	雷洪等	氩气流量、浇铸速度、铸坯宽度和浸入式水口的张角、出口面积、浸入深度对结晶器弯月面波动的影响	水-硅油模型	[30]
	朱苗勇等	高拉速条件下结晶器内钢液流动和液面卷渣行为	水-硅油模型	[13]
	Matsushita 等	发现弯月面的波动与结晶器的振动具有同步性	工业试验	[10]
	Gupta 等	弯月面处振动而形成漩涡和气泡卷入的条件是流体流速大于某一临界速度，这个临界速度与水口结构、浸入深度以及结晶器的长宽比有关	水-硅油模型	[31]
漩涡卷渣	包燕平等	水口类型、浸入深度、水口出口倾角、拉坯速度等对保护渣卷入量、卷入方式、卷入深度的影响	水-硅油模型	[32]
	雷洪等	利用物理模型考察了操作参数对结晶器内漩涡产生频率的影响	水-硅油模型	[16]
	李宝宽等	利用水模型观察连铸结晶器内导致钢坯质量下降的涡流现象，提出蛇形结构结晶器水模型	水-硅油模型	[33]
	Kasai 等	保护渣穿透深度：$D_v = \rho_w v_{mc}^2/(\rho_w - \rho_p)g + a\{\rho_p \Delta v_h^2/[2g(\rho_w - \rho_p)]\}^{\beta}$	水-硅油模型	[19]
	Watanabe 等	卷渣量 $m = 1.06 \times 10^7 \eta^{-0.255} \gamma_{m-s}^{-2.18}$，其中 η 为保护渣黏度，γ_{m-s} 为钢渣界面张力	水-硅油模型和工业试验	[18]

续表 2-1

卷渣机理	研究学者	研 究 内 容	实验方法	文献
气泡卷渣	陆巧彤等	实验研究了较高拉坯速度条件下结晶器内的液体流动规律和卷渣特征	水-硅油模型	[14]
	Emling 等	气泡从水口喷出上浮进入液渣层后可以使液渣层乳化，乳化液渣沿着水口外壁向下爬行，形成卷渣	水-硅油模型	[26]
气泡卷渣	Yamashita 等	液态渣膜由于气泡破裂被拖入钢液形成卷渣	水-硅油模型	[23]
水口压差卷渣	Yoshida 等	当水口阻塞因数小于 0.4 时，保护渣穿透深度为 $H_{ag} = (\rho_1 V_1^2 + 2.5\rho_2 V_2^2)/[2g(\rho_2 - \rho_1)]$	水-硅油模型	[6]
非稳态流卷渣	Iguchi 等	结晶器液面赫姆霍兹不稳定现象引起卷渣	盐水-硅油模型	[5]
	Scheller 等	不卷渣条件:$0.0017 < Ca^* = u_{crit}\eta_c/\sigma < 0.002$	水-硅油模型	[29]

参 考 文 献

[1] 陈伟. H 型钢异型坯表面裂纹和洁净度控制研究 [D]. 秦皇岛：燕山大学，2010.

[2] 刘晶晶. 特大方坯新型结晶器技术的研究 [D]. 秦皇岛：燕山大学，2012.

[3] 张帅. H 型异型坯结晶器钢液流动与凝固规律的研究 [D]. 秦皇岛：燕山大学，2014.

[4] Tanaka H, Kuwatori H, Nisihara R. Analysis of continuous casting powder entrapping phenomena by water-model experiments [J]. Tetsu-to-Hagane, 1992, 78 (5): 761-766.

[5] Iguchi M, Yoshida J, Shimizu T. Model study on the entrapment of mold powder into molten steel [J]. ISIJ International, 2000, 40 (7): 685-691.

[6] Yoshida J, Iguchi M, Yokoya S. Water model experiment on mold powder entrapment around the exit of immersion nozzle in continuous casting mold [J]. Tetsu-to-Hagané, 2001, 87 (8): 529-535.

[7] Shin H J, Lee G G, Choi W. Effect of mold oscillation on powder consumption and hook formation in ultra low carbon steel slabs [J]. Iron Steel Technology, 2004: 1157-1171.

[8] Tsutsumi K, Watanabe K, Suzuki M. Effect of properties of mold powder entrapped in molten steel in a continuous casting process [C]// Ⅶ International Conference on Molten Slags, Fluxes, and Salts. 2004: 803-806.

[9] Yoshida J, Ohmi T, Iguchi M. Cold model study of the effects of density difference and blockage factor on mold powder entrainment [J]. ISIJ International, 2005, 45 (8): 1160-1164.

[10] Matsushita A, Isogami K, Temma M. Direct observation of molten steel meniscus in CC mold during casting [J]. Transactions of the Iron and Steel Institute of Japan, 1988, 28 (7): 531-534.

[11] Gupta D, Lahiri A K. Water-modeling study of the surface disturbances in continuous slab caster [J]. Metallurgical and Materials Transactions B, 1994, 25 (2): 227-233.

[12] 雷洪，朱苗勇，汪湿泉．水口吹氩对结晶器弯月面波动的影响［J］．中国有色金属学报，1998，8（2）：468-471.
[13] 朱苗勇，王军，雷洪．连铸结晶器内钢水卷渣的机理与控制［J］．鞍钢技术，2005，332（2）：1-4.
[14] 陆巧彤，杨荣光，王新华．板坯连铸结晶器保护渣卷渣及其影响因素的研究［J］．钢铁，2006，41（7）：29-32.
[15] Hibbeler L C, Thomas B G. Mold slag entrainment mechanisms in continuous casting molds［J］. Iron and Steel Technology，2013，10（10）：121-136.
[16] 赫冀成，雷洪，朱苗勇．连铸结晶器漩涡现象的物理模拟［J］．过程工程学报，2001，1（1）：36-39.
[17] 李宝宽，李东辉．连铸结晶器内钢液涡流现象的水模型观察和数值模拟［J］．金属学报，2002，38（3）：315-320.
[18] Watanabe K, Tsutsumi K, Suzuki M. Effect of properties of mold powder entrapped into molten steel in a continuous casting process［J］. ISIJ International，2009，49（8）：1161-1166.
[19] Kasai N, Iguchi M. Water-model experiment on melting powder trapping by vortex in the continuous casting mold［J］. ISIJ International 2007，47（7）：982-987.
[20] Li B Tsukihashi F. Effects of electromagnetic brake on vortex flows in thin slab continuous casting mold［J］. ISIJ International，2006，46（12）：1833-1838.
[21] Hibbeler L C, Thomas B G. Investigation of mold flux entrainment in CC molds due to shear layer instability［J］. AISTech 2010 Steelmaking Conference Proceedings，2010：1-9.
[22] Ueda Y, Kida T. Unsteady pressure coefficient around an elliptic immersion nozzle［J］. ISIJ International，2004，44（8）：1403-1409.
[23] Yamashita S. Mechanism of mold powder entrapment caused by large argon bubble in continuous casting mold［J］. ISIJ International，2001，41（12）：1529-1531.
[24] Thomas B G, Huang X, Sussman R C. Simulation of argon gas flow effects in a continuous slab caster［J］. Metallurgical and Materials Transactions，1994，25（4）：527-547.
[25] Savolainen J, Fabritius T, Mattila O. Effect of fluid physical properties on the emulsification［J］. ISIJ International，2009，49（1）：29-36.
[26] Emling W H, Waugaman T. Subsurface mold slag entrainment in ultra low carbon steels［C］// Steelmaking Conference，1994：371-379.
[27] Funada T. Viscous potential flow analysis of Kelvin-Helmholtz instability in a channel［J］. Journal of Fluid Mechanics，2001，445（1）：263-283.
[28] 于会香，张炯明，王万军．板坯连铸浸入式水口出口速度对结晶器流场影响的数值模拟［J］．北京科技大学学报，2002，24（5）：492-496.
[29] Scheller P, Hagemann R. Model investigations on slag entrainment in continuous casting［J］. Archives of Metallurgy and Materials，2012，57（1）：283-289.
[30] 张宁，雷洪，刘承军．连铸结晶器内液面波动及卷渣行为的物理模型研究［J］．连铸，2010，10（1）：30-33.

[31] Gupta D, Lahiri A K. A water model study of the flow asymmetry inside a continuous slab casting mold [J]. Metallurgical and Materials Transactions B, 1996, 27 (5): 757-764.

[32] 包燕平，朱建强，蒋伟．薄板坯结晶器内卷渣现象的研究 [J]. 北京科技大学学报，1999，21 (6): 530.

[33] Li B K, Okane T, Umeda T. Modeling of biased flow phenomena associated with the effects of static magnetic-field application and argon gas injection in slab continuous casting of steel [J]. Metallurgical and Materials Transactions B, 2001, 32 (6): 1053-1066.

3 国内外连铸结晶器内钢液流动控制研究进展

3.1 物理模拟

物理模拟是在不同规模上再现某个现象，通常用于分析该现象的物理特性和线性尺度的影响，可对所研究的过程进行直接实验。物理模拟多在按相似准则构成的实验室设备或中间设备上进行，即所谓相似模拟[1]。

3.1.1 低熔点合金模拟

水模型实验作为研究结晶器内流动的物理模拟方法，在人们认识结晶器内的流动特征，优化水口结构、连铸工艺条件以及优化、验证数值模拟等方面起到了非常大的作用。但是水模型实验也有它的不足之处[2]：水和钢液之间密度、黏度、表面张力等物理性质差异较大，只有在单相湍流状态下，温度在 27 ℃时水和钢液的运动黏度相差不大，可以用水的流动近似模拟钢液的流动。但是，实际连铸结晶器液面并不是裸露在空气中，而是有保护渣覆盖。虽然在水模型实验中可以用油来模拟保护渣，但是水与油之间的界面张力和渣与钢之间的界面张力相差较大，这时水油模型的误差就比较大了。此外，水模型实验无法模拟如电磁制动、电磁软接触等过程，因为气泡在水中的行为和在钢液中的行为也截然不同。1978 年，Irons 等[3]研究了气泡在熔融铁液中的生成与行为。1995 年，Iguchi 等[4]利用 X 射线透视和高速摄影仪研究了气泡自喷嘴鼓出以及在铁液中上浮过程中的行为。2000 年，Chevrier 等[5]利用 X 射线透视法研究了气泡穿越渣与钢界面的行为。冶金反应器中气泡的行为可以直接研究，但是直接研究钢液的流动就比较困难了。2010 年，Timmel 等[6]采用低温合金 $Sn_{60}Bi_{40}$ 和 $Ga_{68}In_{20}Sn_{12}$ 模拟结晶器内钢液的流动。前者熔点为 170 ℃，后者熔点为 10.5 ℃，即在室温下为液态金属。相比于用水模拟钢液的流动行为，采用低熔点合金作为物理模拟的介质更加准确。

3.1.1.1 低熔点合金简介

低熔点合金是指含有 Bi、Pb、Sn、Cd、In、Ga、Tl、Zn、Sb 等金属的二元、三元和四元合金[7]。低熔点合金又称“易熔合金”。它们的熔点均在 310 ℃以下。按其熔点的特性，可以分为共晶合金和非共晶合金两类。共晶合金的熔点较为稳定，非共晶合金的熔点随实验方法、合金质量、测量位置、加热速率以及其他因素的影响而变化。表 3-1 列出了构成低熔点合金的纯金属的熔点，所有低熔点合金的熔点显著低于所组成合金的任何一种纯金属的熔点。表 3-2 列举了部分工程上经常应用的低熔点合金的成分和熔点的关系。

表 3-1　构成低熔点合金的纯金属的熔点[7]

序号	金属名称	元素符号	熔点/℃
1	铋	Bi	271.2
2	铅	Pb	327.3
3	锡	Sn	231.9
4	镉	Cd	321
5	铟	In	156.6
6	镓	Ga	29.8
7	铊	TI	约 304
8	锌	Zn	419.5
9	锑	Sb	630.5

表 3-2　常用低熔点合金的成分和熔点的关系[7]

序号	熔点/℃	成分（质量分数/%）					
		Ga	In	Sn	Bi	Pb	Cd
1	10.5	56.02	27.14	16.84	—	—	—
2	46.8	—	19.10	8.30	44.70	22.60	5.30
3	58.0	—	21.00	12.00	49.00	18.00	—
4	70	—	—	13.30	50.00	26.70	10.00
5	91.5	—	—	—	51.60	40.20	8.20
6	102.5	—	—	26.00	54.00	—	20.00
7	142.0	—	—	51.20	—	30.60	18.20
8	170	—	—	46.00	54.00	—	—

低熔点合金在实际中应用非常广泛。在自动消火栓和高压易熔阀上通常使用熔点为 68~72 ℃的共晶合金，在把薄壁金属管弯曲成很小的半径或复杂形状时，低熔点合金可以作为填充材料。在机械加工中，对于刚性不足或形状不规则的零

件，往往借助低熔点合金来定位和加紧。低熔点合金可作为加工橡胶、塑料、陶瓷等模具材料。另外，低熔点合金由于其熔点低、流动性好，近年来国外很多学者采用低熔点合金代替水来模拟连铸过程中钢液的流动[8]。

低熔点合金一般在大气中炼制。熔炼的顺序是首先熔化熔点高的元素，然后逐步添加熔点低的元素，但同时也要兼顾各元素氧化性和比重的差异，因此要综合考虑各个因素，最终确定适宜的熔炼工艺。

3.1.1.2　低熔点合金在物理模拟研究中的应用

GaInSn 三元合金的熔点可以降低至室温以下，流动性好，其密度、黏度以及表面张力随着所含三种元素的比例不同而有所差异。与水相比该合金更加接近钢液的性质，是室温下模拟钢液流动比较理想的介质。Timmel 等[9]使用低熔点合金 GaInSn 模拟钢液流动，利用 X 射线透视技术对低熔点合金在水口和结晶器内部的流动实现了可视化，研究了吹氩对水口内和结晶器上部流体形态的影响。图 3-1 为利用 GaInSn 合金研究不同吹气量下水口上部两相流形态的 X 射线透视结果。随后的工作中，Timmel 等[10]还利用 GaInSn 低熔点合金研究了磁场对水口射流角度以及流股冲击深度的影响。Chaudhary[11]借助 GaInSn 共熔合金研究了电磁制动技术对水口内部和结晶器内部湍流的抑制作用，并与相同工况下无电磁制动时的结果进行对比。结果显示，加电磁制动时对流场有显著的抑制作用，尤其是对水口底部的扰动抑制作用显著，未加电磁制动时水口底部的漩涡流振动频率为 3~4 Hz，加入电磁制动后射流的扰动减小，对窄面冲击强度变弱。

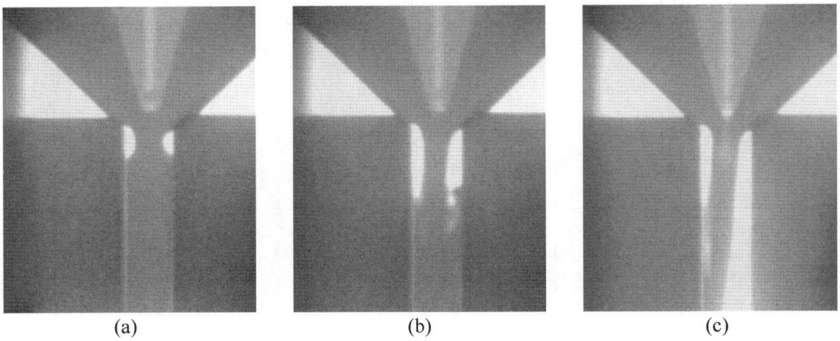

图 3-1　不同吹气量水口上部两相流形态的 X 射线透视结果[9]

（a）吹气量为 0；（b）吹气量为 0.8 cm^3/s；（c）吹气量为 2.5 cm^3/s

表 3-3 为 1978 年以来利用液态金属研究气泡行为、流体流动的研究成果汇总。在低熔点合金发明以前，研究学者们利用电磁感应炉将铁熔化，采用 X 射线透射仪研究气泡在铁液中的行为。GaInSn 三元合金的熔点低于室温，且流动性好，近年来在冷态模拟方面应用比较多。

表 3-3 利用液态金属研究气泡行为与流体流动汇总

年份	研究学者	介质	工作温度/℃	研 究 内 容	文献
1978 年	Irons 等	生铁	1250	气泡从喷嘴进入铁液过程中的行为	[3]
1995 年	Iguchi 等	生铁	1250	气泡在铁液中上升过程中的行为	[4]
2000 年	Chevrier 等	钢、渣	1450	气泡穿过钢渣界面的行为	[5]
2010 年	Timmel 等	$Sn_{60}Bi_{40}$	200	结晶器内流体流动及传输过程	[6]
2011 年	Timmel 等	$Ga_{68}In_{20}Sn_{12}$	25	横向直流磁场对结晶器流场的影响	[9]
2012 年	Chaudhary 等	$Ga_{68}In_{20}Sn_{12}$	25	验证电磁制动对流场影响的数值解	[11]
2015 年	Timmel 等	$Ga_{68}In_{20}Sn_{12}$	25	结晶器内气液两相流	[10]

3.1.2 水力学模拟

由于水和钢液的运动黏度相当，因此物理模拟常常采用水的流动模拟钢液的流动，如结晶器流场、中间包流场、钢包流场的水力学模拟。1958 年，Afanaseva 等[12]首次建立了结晶器水模型并对结晶器内的钢液流动进行研究，结晶器采用直通式水口。之后越来越多的学者运用结晶器水模型研究实际结晶器内钢液的流动现象。1971 年，Mills 等[13]利用水模型实验开发了板坯连铸浸入式水口结构。1972 年，Szekely 等[14]利用水模型实验和数值模拟研究了连铸结晶器内的流场，并对模型进行了改进。1987 年，Heaslip 等[15]利用水模型实验研究了结晶器内的流态并测量了连铸过程中水口射流对窄面的冲击压力分布。1991 年，Gupta 等[16]利用水模型实验研究了结晶器内的流场以及钢液在结晶器内的停留时间。1994 年，Gupta 等[17]利用水模型实验研究了连铸过程中结晶器液面的扰动现象。1996 年，Gupta 等[18]运用水模型实验对连铸过程中结晶器内流场的对称性进行了研究，同年，Gupta 等[19]还在结晶器水模型液面添加油相模拟液态保护渣，研究了油相对结晶器液面轮廓的影响。1997 年，Gupta 等[20]又发现了结晶器内流场的不对称性和周期性的振荡现象。

3.1.2.1 结晶器水模型结构设计

实际生产中，为了实现连续铸造，冶金工作者们设计了中间包，这样钢液会源源不断地从钢包经过中间包注入结晶器，在结晶器中冷却生成凝固坯壳进入下一道工序。本书对中间包内流动、夹杂物除去等行为进行了较深入的研究[21-25]。而结晶器水模型实验的目的是用水的流动模拟钢液流动的同时，保证液面的相对稳定，这就要求单位时间内进入水模型中水的体积等于排出水的体积，两者要维持动态平衡。因此，在设计结晶器水模型时，不可避免地要对模型排水的方式及结构进行设计，但是由于水模型实验中没有钢液凝固现象，从结晶器排出的水经水泵抽至中间包参与循环。从前人的研究结果中可以发现，结晶器水模型的排水方式主要有三种：多孔道出水方式、“蛇形”出水方式、缓冲槽出水方式。这三种方式各有利弊，在结晶器水模型的研究中均有应用。

A　多孔道出水结晶器水模型

多孔道出水结晶器水模型的结构如图 3-2 所示，在结晶器的底部设计若干条一定直径的管道，水经孔道排出汇聚于水泵，然后经水泵将水抽至中间包参与循环。这种方式的优点是出水均匀且对称，缺点是对模型内流态有影响，因此多采用将水模型长度延长的方式来降低这种干扰。Gupta 等[18]认为采用多孔道出水方式的结晶器水模型，其内部流态的下环流受拉坯速度影响较大，拉坯速度为 0. 5 m/min时，下环流为左强右弱的非对称流，而当拉坯速度提升至 1. 5 m/min 时，下环流变为对称环流。当结晶器长度为 1200 mm 时，流态为对称的双环流，而当结晶器长度增加至 2400 mm 时，流态变为右强左弱的非对称流。这个结果说明对于不同尺寸的结晶器水模型，延长长度并不是越长越好，而是有一个最佳值，因此在设计结晶器水模型时要综合考虑各方面因素来确定水模型的延长长度。

图 3-2　多孔道出水结晶器水模型[18]

B　“蛇形”结构出水结晶器水模型

在实际的连铸结晶器中，铸坯是以整个截面从结晶器拉出，因此多孔道排水结晶器的结构在这一点偏离实际更远。液体进入孔道难免会产生漩涡，对下环流造成干扰。基于此，冶金工作者提出了“蛇形”结构出水结晶器水模型[17]，如图 3-3 所示。其优点是既避免了漩涡的产生又与实际情况更接近，但由于水模型的材料一般采用有机透明玻璃，若采用示踪实验（墨水或者染料）研究其流态时，“蛇形”结构的多重叠加会使相机拍摄到的流场也产生多重叠加，对结晶器内真实流态的显示有很大的影响。若采用 PIV 研究结晶器内速度场时，流场的多重叠加同样会使 CCD 相机不能有效捕捉示踪粒子的运动，无法测量速度场。所以，结晶器水模型内部的宽面在加工制作时必须采用不透明的材料，但实验过程中需要根据不同情况选择不同的颜色作为背景。比如墨水示踪时背景颜色白色为宜，PIV 实验时由于示踪粒子是白色的，背景选暗色为宜，而这种结构的水模型基本无法更换背景颜色。另外，“蛇形”结构的结晶器水模型虽然避免了流体垂直流入孔道产生的漩涡，但是当水在该结构底部改变流向时，由于内部宽面底部的阻挡同样会在底部产生漩涡。这种流体流经障碍物会在尾部产生漩涡的现象是卡门首先发现的，故称为“卡门涡”。也就是说，“蛇形”结构和多孔道结构相比各有优、缺点，研究者需根据自己的实际情况选择合适的结构。

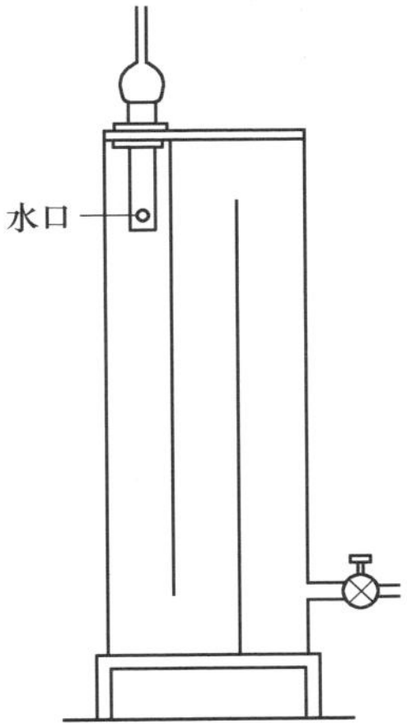

图 3-3 “蛇形”结构出水结晶器水模型[17]

C 下部缓冲槽出水结晶器水模型

基于多孔道和“蛇形”结构出水结晶器的缺点，有研究学者为结晶器水模型设计了缓冲槽进行出水，用来模拟钢液从结晶器整个截面排入一个缓冲槽，缓冲槽底部设计一个出口与泵连接，将水抽入中间包参与循环，其结构如图 3-4 所示。这种结构的优点是有效地避免了底部出水对下环流造成的影响，而缺点是占地面积较大，尤其在搭建相似比为 1∶1 的水模型实验平台时，底部水槽的容量不仅要维持一定水位，还需要足够的空间来容纳中间包和结晶器中的水，否则实验过程中由于操作不当或者突然断电，极有可能出现“水漫金山”的危险情况。因此，在设计水模型时，要综合考虑各种因素，例如结晶器底部距缓冲槽的距离、缓冲槽的容积至少应大于实验时缓冲槽稳定的水量加上结晶器、中间包以及管路的总水量。可想而知，这种结构略显笨重。

综上所述，如果多孔道和“蛇形”结构设计不合理对下环流的影响很大，而缓冲槽结构设计合理可以有效避免前两种结构对流场带来的影响，但是若设计不合理也容易发生溢流事故且占地面积较大，对实验室地面距屋顶的距离要求比

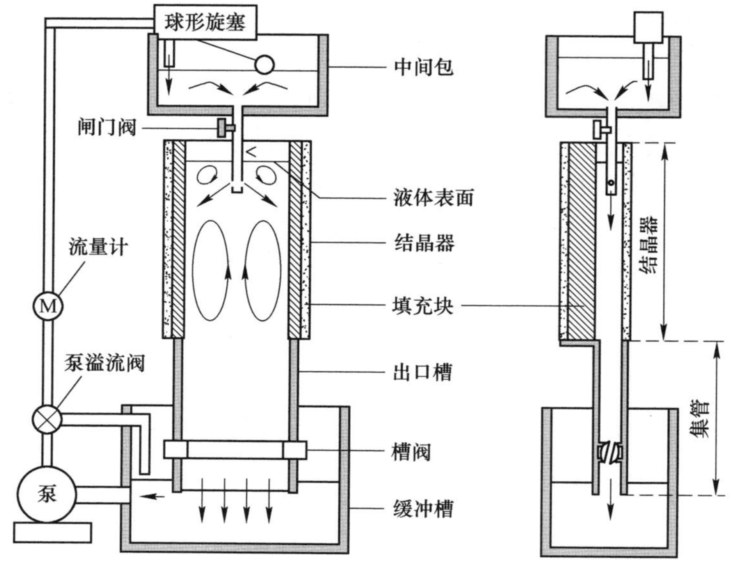

图 3-4　下部缓冲槽出水的结晶器水模型[26]

前两种都大一些。因此，三种出水结构结晶器水模型各有利弊，在实验时需根据实际情况选择合适的结构。

3.1.2.2　结晶器内钢液流动形态研究

本书采用水模型模拟方法对结晶器内钢液流动进行研究，因此，对于文献的总结也主要集中于水模型的相关结果。数值模拟是研究冶金反应器内钢液流动的重要方法之一[27-33]，研究人员往往会用水模型的实验结果去验证数值模拟的结果。结晶器内钢液流动形态主要受开浇或换包过程操作[34]、浸入式水口结构（出口角度、出口形状、底部结构等）、水口浸入深度、水口对中度、拉坯速度、吹氩量、断面尺寸、电磁[35-37]等因素影响。

A　水口类型对流态的影响

直通式水口通常用于方坯连铸结晶器，钢液从水口射出后向结晶器下部运动的同时也向四周扩散直至碰触结晶器壁凝固生成坯壳。小方坯连铸结晶器一般采用直通式水口。在水口周围、主流股上部的钢液会形成漩涡。方坯连铸若采用敞开浇铸（无水口）时，流股冲击深度较浅，钢液以较大的表面流速冲击弯月面（很容易引起卷渣），并由于自重向结晶器下部运动的同时向四周扩散生成坯壳被拉出结晶器。图 3-5 为敞开浇铸和直通式水口浇铸时结晶器内的流态。Torres 等[38]认为采用直通式水口浇铸时，当水口浸入深度较深时结晶器内部钢液只有向下的主流股，在水口周围、主流股之上没有漩涡；若水口浸入深度较浅时不仅有向下的主流股，在水口周围、主流股之上还有漩涡，类似于板坯连铸结晶器的双环流。

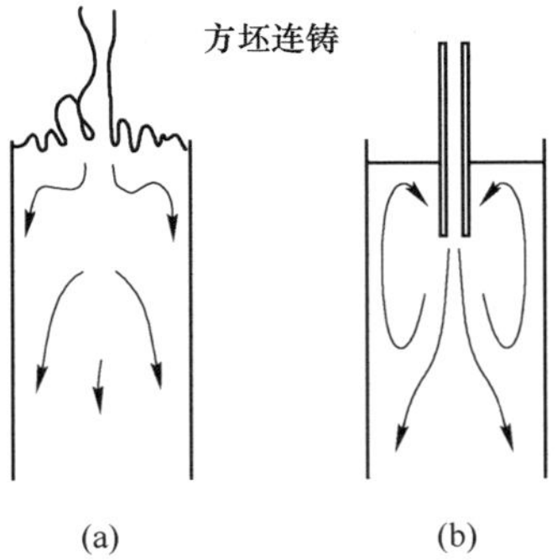

图 3-5 方坯连铸结晶器内流态[39]

（a）敞开浇铸；（b）直通式水口浇铸

两侧双开口水口通常用于板坯连铸结晶器，结晶器内钢液基本流态主要受水口结构及浸入深度的影响。水口浸入深度较浅时，钢液从水口射出后向结晶器下部运动的同时向窄面运动，冲击深度也较浅，没有条件形成上回流。钢液冲击窄面后向下运动，经冷却生成坯壳拉出结晶器，因此结晶器内流态为只有下回流的单环流。这种流态下结晶器表面流速的方向为由水口流向窄面且速度较大，液面波动剧烈，容易引起卷渣。图 3-6 为不同水口浸入深度对板坯连铸结晶器内流态的影响。

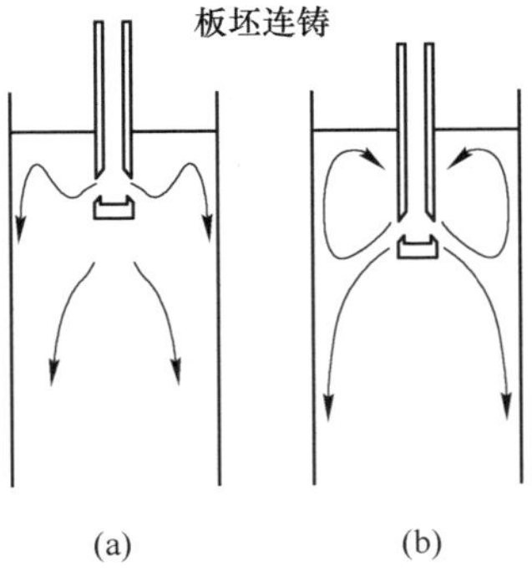

图 3-6 不同水口浸入深度对板坯连铸结晶器内流态的影响[39]

（a）浸入深度较浅；（b）浸入深度较深

若水口浸入深度合理时，钢液冲击窄面后分为两股，一股向上经过弯月面到达结晶器表面，之后水平流向水口形成上回流区；另一股向下冲击到结晶器较深的区域形成下回流区，即双环流。双环流是板坯连铸结晶器内理想的流态，因为上回流在源源不断地为保护渣的熔化提供热量的同时不会使液面过于活跃引起卷渣。

连铸结晶器的相关模拟工作就是针对实际流态出现的问题，通过优化工艺或者水口结构来优化钢液流动，将单环流优化为双环流，将非对称流优化为对称流。Thomas 等[28]用 PIV 技术和数值模拟方法研究了两侧双开水口板坯连铸结晶器内的钢液流动。虽然水模型实验得到的结晶器内钢液流态和数值模拟结果均为双环流，但是两者速度的大小还是有很大差别，尤其是在上回流区域。数学模型选择的准确性以及条件的设置对计算结果的影响较大，如果计算值与实验值相差较大就需要考虑对模型进行修正了。

B 水口结构设计对流态的影响

板坯连铸结晶器使用的侧开孔水口的出口角度、出口形状、出口的壁厚以及出口的高度、底部结构都对射流角度、钢液在水口内及射出后的行为有很大的影响。Najjar 等[40]认为随着水口出口壁厚的增加，钢液进入结晶器前在水口内运动的路程加长，钢液与壁面以及钢液与钢液之间的黏性力对钢液做的功增加，动能转化成内能的量增加，因此水口出口壁越长，钢液出水口时的速度越小。相同的水口出口形状，但是高度不同，射流的行为也不同，出口高度为 90 mm 时，钢液射入结晶器的主流股所占高度只有水口高度的一半左右，上部 1/2 区域出现了较大的漩涡，在出口上沿处出现了钢液回流的现象。该现象容易导致高熔点的夹杂物在此聚集、长大，造成水口结瘤，使出口面积减少，很容易造成结晶器内流场的不对称，致使坯壳生长不均匀和卷渣等造成连铸坯质量下降。

水口出口的形状也是钢液流动行为的一个重要的影响因素。比较常见的形状有圆形、椭圆形、正方形、长方形以及梯形等。Ramos 等[41]对比了正方形水口出口和长方形水口出口对流体形态的影响，如图 3-7 所示，可以看出，使用长方形水口出口时，当水口浸入深度为 185 mm 时射流分为两股，而当水口浸入深度为 115 mm 或者使用正方形水口出口时，无论浸入深度深或者浅，射流均为单股。但是使用长方形水口出口时射流速度大于正方形的水口出口。另外，长方形水口出口射流高度占水口高度的 74%，而正方形水口射流高度占水口高度的 70%。

水口底部结构对钢液流动行为的影响也比较大。常见的底部结构有“凹底”和“凸底”。不同的厂家对“凹底”的形状、坡度、深度，或者“凸底”的形状、坡度和高度都有不同设计。一般认为“凹底”结构可以在一定程度上增加钢液湍流动能在水口底部的损耗，也就是在维持较高拉坯速度的条件下可以将液面波动控制在合理的范围内，不至于液面波动较大导致卷渣。而钢液从“凸底”结构的水口射出在相同拉坯速度下要比“凹底”水口速度大一些，水口两侧容易出现一侧强一侧弱的不对称流。Chaudhary 等[42]认为无论是“凸底”还是“凹底”结构的水口，在稳态流动时水口出口处射流速度和角度相差不大，但是“凸底”的水口对非对称流更敏感，表面流速更大，而“凹底”结构的水口能改

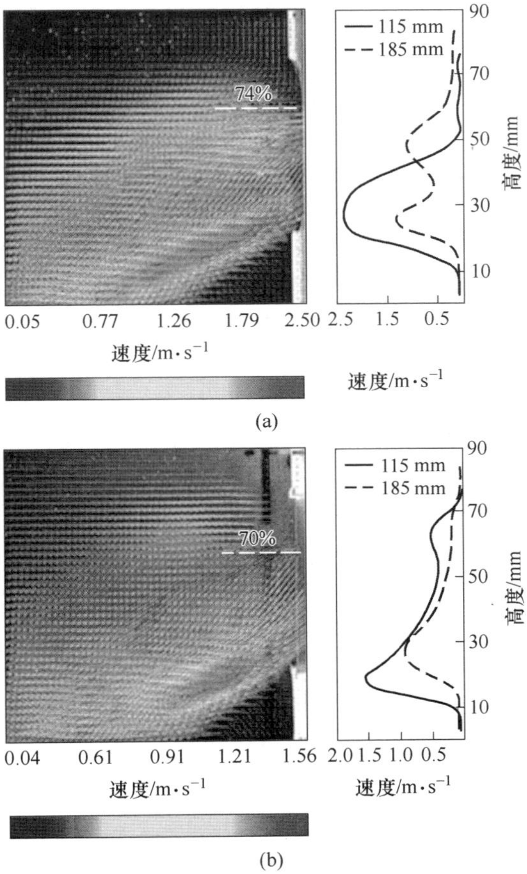

彩图资源

图 3-7 水口出口形状对射流特征的影响

(a) 长方形水口出口；(b) 正方形水口出口[41]

善这两方面的影响。

C 水口浸入深度和水口对中度对流态的影响

水口浸入深度一般是指水口出口上沿距离液面的垂直距离，也有学者认为是水口底部距离液面的垂直距离。本书提到的水口浸入深度均指水口出口上沿距离液面的垂直距离。水口的浸入深度主要影响液面的流速、方向及液面的热量补充。若水口浸入深度较浅，由于钢液流态为单环流，此时液面流速较大且由水口流向窄面，液面波动剧烈，容易引起卷渣；若水口浸入深度较深，由于液面热量传输有限，容易造成液面过冷，保护渣熔化不利，容易结渣圈，阻碍液态保护渣流入坯壳和铜板之间的缝隙，起不到润滑的作用，严重时可能引起坯壳被拉裂造成漏钢事故。因此，水口的浸入深度需要通过大量实验找到一个合理的浸入深度范围，才能保证双环流的前提下，既有足够的热量传递，又能使液面波动维持在合理的范围内，生产出合格的铸坯。Ramos 等[43]对比了 115 mm 和 185 mm 两种水口浸入深度，统计了两种水口浸入深度下液面漩涡产生频率以及水口出口处流体形态，如图 3-8 所示。可以看到，当浸入深度为 185 mm 时，漩涡的平均穿透深度为 60 mm，发生率为 8. 25 次/min；而当浸入深度为 115 mm 时，漩涡的穿透深度为 23 mm，与浸入深度 185 mm 相比大大减少，发生率为 8 次/min。漩涡可以使液面保护渣被吸入钢液内部，但是由于保护渣密度比钢液小得多，大部分保护渣会重新上浮进入渣相。当漩涡的穿透深度较深时，被吸入钢液内部的保护渣可以到达更深的位置，被水口出口射流带至结晶器较深的位置的概率大大增加，也就更容易被凝固前沿捕获形成卷渣缺陷。

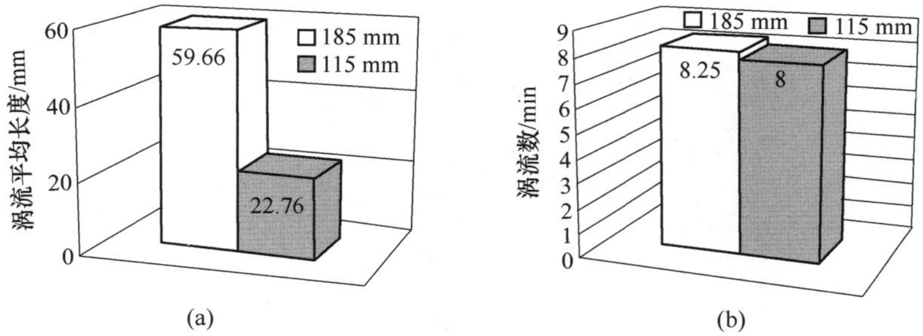

图 3-8　水口浸入深度对液面产生漩涡的行为的影响[43]

（a）漩涡穿透深度；（b）漩涡产生率

水口的对中度对结晶器内流态的影响非常大。在实际生产中水口必须严格对中定位，这样才能最大限度地减小非对称流造成的铸坯缺陷。Li 等[44]认为当水口偏离中心位置时，水口两侧流股的偏流现象是产生漩涡的直接原因，且出现在靠近水口流速较小一侧，漩涡强度与该位置流股水平流速有关。假设水口向右偏离中心，钢液从水口射出后到达左侧窄面的距离要比右侧多，那么钢液在水口左侧到达窄面时在垂直方向上的位移要比右侧小，也就是左侧的冲击深度要小一些，这会进一步造成左侧液面流速比右侧大，漩涡更容易发生在水口右侧。

水口堵塞是由于熔点高于炼钢温度的氧化物在水口内部不同部位聚集、长大形成[45]。水口结瘤一般发生在水口内有拐角的地方，如滑板、水口出口上沿内部以及水口底部。这些地方往往是钢液流动的“死区”或者涡流区。高熔点的氧化物容易在此地聚集形成结瘤，这在连铸铝脱氧钢时更为常见。因此，钢厂根据实际情况浇铸若干炉次后会进行更换水口的操作。水口存在结瘤会改变水口内原始的流态，进而改变结晶器内钢液流动行为。而且，由于结瘤会使水口出口截面积减小，钢通量降低，水口两侧结瘤生长情况不一致，水口出口形状和截面积也不一致，钢液从两侧水口射出的速度也不一致，造成结晶器内钢液流动一侧强一侧弱，形成非对称流。本书针对水口结瘤对结晶器流动的影响进行了分析[46-47]。Bai 等[45]认为滑板处结瘤物的聚集程度对水口内部和水口出口的流体形态有显著影响，水口底部由两个对称的涡流逐渐变为单个较大的涡流，且旋转方向也发生了变化。另外，随着结瘤物的聚集钢液通过滑板后流态由对称流转变为非对称的偏流。因此，水口堵塞情况直接影响水口内部流态，进而对结晶器内部流态造成影响。Zhang 等[47]认为水口堵塞使水口两侧流股不对称，如图 3-9 所示。水口堵塞一侧的夹杂物在结晶器内运行距离更长，更容易留在坯壳内造成铸坯质量下降，结晶器内偏流现象很严重。

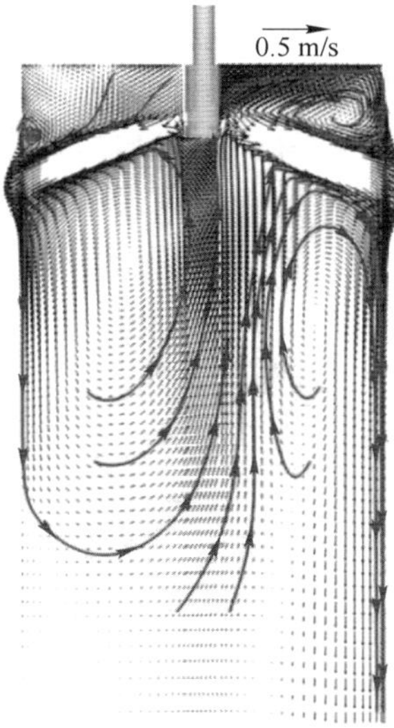

图 3-9　水口结瘤对结晶器内流态的影响[47]

3.1.2.3　结晶器内流动速度的测量

20 世纪以来，超声流速仪、热丝流速仪、热膜流速仪等现代测量技术的发展对推动紊流研究的发展做出了巨大的贡献[48]。但是，这些技术都属于单点测量技术，已经不能满足对紊流结构深入探索的需求。近年来，随着流体测量技术的进步，许多流体测量技术和方法已经应用于板坯连铸结晶器内部流场的研究，比如粒子图像测速技术（Particle Image Velocimetry，PIV），数字粒子图像测速技术（Digital Particle Image Velocimetry，DPIV），粒子跟踪测速技术（Particle Tracking Velocimetry，PTV），激光多普勒测速技术（Laser Doppler Velocimetry，LDV），超声多普勒测速技术（Ultrasonic Doppler Velocimetry，UDV）以及插钉法[49]。

A　粒子图像测速技术（PIV）

20 世纪 60 年代开始发展起来的 PIV 技术是一种集数学、光学、电子学、摄像技术和计算机技术于一体的全场测速技术[50]。这项技术可以同时测量全流场的瞬时流速且具有很高的分辨率，所以在对紊流的时均特性、紊动特性尤其是相干结构的研究方面具有很大的优势。几十年来，在一大批学者的潜心研究下，PIV 得到了相当大的发展，在实际研究工作中也得到了应用。PIV 流场测量技术突破传统单点测量的限制，可瞬时无接触测量流场中一个截面上的二维或三维速度分布，且具有较高的测量精度。因此，冶金工作者在利用水模型研究冶金反应器中的流体流动时常常借助 PIV 技术测量其内部速度场。PIV 技术已经广泛应用于测量多种反应器水模型的速度分布，例如真空循环脱气炉（RH）、中间包、连铸结晶器以及有色金属冶金领域如铝电解槽和熔融锌锅等。Zhang 等[51]运用 PIV 技术测量得到了 RH 真空循环脱气炉钢包和真空室内的二维速度场，连续抓拍 60 s 得到全流场速度分布时均值，并根据所得全流场瞬时速度值和时均值计算出全流场的脉动速度，进而得到了钢包和真空室中心面的湍流动能和湍流动能耗散率。图 3-10 为利用 PIV 测量得到的真空室中心面二维速度场，可以看到，钢液经上升管进入真空室冲向液面，之后方向偏转流向下降管一侧。理论上，下降管上方钢液的流动方向应该向下进入钢包，但是图 3-10 所示结果恰好相反，原因有两个：一是作者在真空室液位还处在上升期拍摄的流场，即液位还未稳定；二是 CCD 相机的聚焦平面并未聚焦在真空室中心面，这样可能导致 PIV 拍摄到的

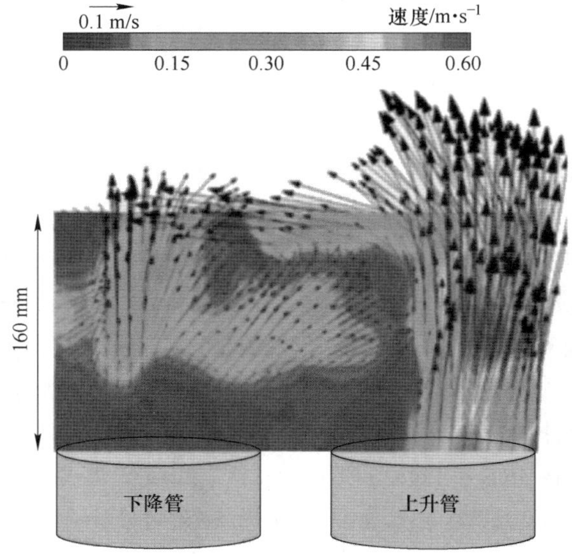

彩图资源

图 3-10　RH 真空室内中心面二维速度场分布 PIV 测量结果[51]

并非主流股，而是真空室内的涡流。图 3-11 为利用 PIV 测量得到的钢包中心面二维速度场，可以看到，钢液从真空室下降管直冲钢包底部，然后在上升管下方汇聚进入上升管。

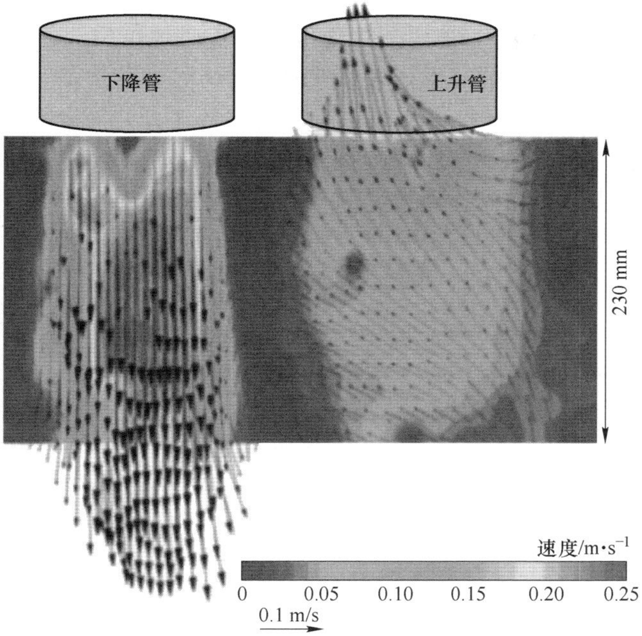

图 3-11 RH 钢包内中心面二维速度场分布 PIV 测量结果[51]

彩图资源

PIV 在冶金反应器以及连铸结晶器的研究中也起到了至关重要的作用。Yuan 等[52]利用 PIV 技术研究了结晶器水模型内部流场，发现在滑板部分开启的情况下，水口中出现复杂的循环区，这种流态使流股从水口出口射出时形成一股强劲的涡流，致使左右两侧流股不对称，在水口附近形成漩涡。Solorio-Diaz 等[53]为了研究新型中间包覆盖剂对抑制湍流和吸附夹杂的作用，采用数值模拟和水模型实验的方法对比分析采用新型覆盖剂和采用传统覆盖剂时中间包内流场的变化。在水模型实验时，为了获得准确的中间包全流场速度矢量图，采用了 PIV 技术得到了中间包全流场二维速度矢量图。Xu 等[50]利用电解槽水模型实验来优化电解铝生产条件，运用 PIV 技术研究生产参数的变化，如水口深度、电极尺寸对半连续浇铸铝锭的影响，为进一步优化工艺参数提供了实验依据。Lee 等[54]运用 PIV 技术测量得到了用于生产热浸锌钢板的熔融锌锅内辊子附近的瞬时速度场。

B 数字粒子图像测速技术（DPIV）

DPIV 技术是拉格朗日法的一种具体实现。实验人员在流场中均匀散播跟随特性良好的示踪粒子，把示踪粒子作为流体质点进行研究[55]，使用脉冲片光源照射或线光源扫描流场，并用照相机或 CCD 设备以采样间隔采集流场中示踪粒子的瞬时图像，通过测量某一粒子的影像在两幅图像上的位置变化，并考虑图像与被测流场的几何比例系数，就可以计算出流场内部该示踪粒子处的流体质点在采样时刻的瞬时速度，对所有示踪粒子进行相同的处理，就得到流场在采样时刻的速度分布。DPIV 技术是一种用平均速度代替瞬时速度的方法，在时间间隔足够小的前提下，实验结果能够很好地反映流场的瞬时运动状态。

C　激光多普勒测速技术（LDV）

激光多普勒测速技术基本原理就是利用运动粒子发出散射光的多普勒效应，也就是两束相干入射光在光腰处相交，产生干涉条纹，当粒子通过两光束交汇点时，产生和粒子速度成线性关系的多普勒信号。它建立在激光多普勒频移基础上，是通过测量频移来测量流动速度的。LDV 主要有以下五个特点：

（1）LDV 是一种非接触式测量系统，本质上不干扰或不破坏流场，测量的可靠性较高，适合于易变流动，空间狭小流动，流体介质有毒或有腐蚀性的流动以及超高温、火焰流动的研究。

（2）LDV 测量不受流体的成分、密度的影响，尤其在气体（或液体）中含有浓度适当的固体（或气泡）微粒时也能获得良好的测量效果，能适应多相流的研究。

（3）LDV 系统中，利用频移技术能够确定流速的方向，从而自动测量反向流、漩涡等复杂流动。

（4）LDV 的可测速度范围很宽，从零速度一直到超音速的流动，一般的 LDV 都能胜任。

（5）LDV 的测量精度高，通常能达到 0.1%的测量精度，不需要经常性的校准，重复性好，不受环境（气压、温度、湿度等）的影响。

D　超声多普勒测速技术（UDV）

UDV 技术利用运动粒子的多普勒效应进行速度的测量，由超声探头发射的超声波在液体中传播时，液体中的散射粒子对超声产生散射作用，后向散射的超声信号一部分向探头传播并被探头接收。由于散射粒子和探头之间存在着相对运动，接收的超声信号频率和发射频率之间存在着多普勒频移，此多普勒频移和运动粒子在超声传播方向上的速度分量成正比，利用该原理可以实现流场的非接触式测量，并具有较高的空间和时间分辨率。超声多普勒测速仪根据回声信号的接收时间和频率来进行空间位置的定位和该空间位置处速度的测量。在测量速度时多普勒角度是一个关键的参数，而空间位置的定位和超声的传播路径与所经过介质的超声声速有关。用超声测速仪进行非接触式测量时，超声通过不同的介质，在不同介质的界面之间发生超声的折射而使传播方向发生改变，对速度的测量和测量位置的定位都会产生明显的影响。此外，测量体积有一定的大小，整个测量体积内粒子的速度平均值被定位在测量体积的中心处。对于近壁面区域，一部分测量体积是不含运动粒子的固壁，按照同样的空间定位方法会带来误差。

E 粒子跟踪测速技术（PTV）

PTV 技术也称迹线法，是通过跟踪流场中示踪粒子的运动轨迹得到流速场的粒子图像测速技术[56]。按照图像的记录方式，PTV 可分为单帧单脉冲、单帧多脉冲和多帧单脉冲三种形式。其中，单帧单脉冲在单帧图像上利用一个矩形脉冲形成粒子的曝光轨迹，表现为一条短线；单帧多脉冲在单帧图像上利用多个瞬时脉冲形成粒子的曝光轨迹，表现为一系列的点；多帧单脉冲方式则采用摄像机连续拍摄，粒子的运动轨迹表现为一系列的图像中的相应点。单帧单脉冲是最简单的一种形式，不需要进行粒子匹配，但测量误差较大，而且存在方向模糊的问题；单帧多脉冲需要正确进行多次曝光的粒子匹配，测量精度比单帧单脉冲高，但仍然存在方向模糊的问题，而且不同时刻粒子的图像可能重叠，将影响到正确的粒子图像分割和粒子匹配；多帧单脉冲方式可以在较长的一段时间内跟踪粒子的运动，因而测量精度更高，并且可以同时获得速度的大小和方向，避免了方向模糊和粒子图像重叠的问题。

F 插钉法测结晶器液面流速

插钉法将单个或者多个钢钉垂直插入结晶器液面后，迅速提起钢钉，由于钢液流动在钢钉的两侧会出现压差，提起钢钉后钢液迅速凝固在钢钉上，两侧距钢钉底部的距离出现差异，通过测量钢钉上凝固的钢块直径和钢钉两侧钢块的高度差来计算插钉时插钉位置的钢液流速[57]。该方法的优点是可以直接获得结晶器液面任一点的流速，计算流速的方法如式（3-1）所示[58]。

$$V_s = 0.624\phi_{lump}^{-0.696}h_{lump}^{0.567} \tag{3-1}$$

式中，ϕ_{lump}为钢块直径，mm；h_{lump}为钢块高度，mm；V_s 为钢液流速，m/s。

3.1.2.4 结晶器液面波动控制

连铸结晶器液面的波动行为是由三方面因素综合作用的结果：一是钢液在结晶器内流动，包括钢液冲击窄面形成上回流运动至液面造成的冲击、水口两侧不同方向的钢液相遇造成的冲击；二是结晶器的自身振动；三是辊子对铸坯的挤压会作用于铸坯内部还未凝固的钢液，造成液面的波动。这三种因素中后两种都可通过对工艺的优化减弱影响，而第一种由钢液流动引起的液面波动是无法消除的，只能通过优化水口结构、适当降低拉坯速度或者引进电磁制动技术才能将液面波动控制在合理的范围内。1988 年，Matsushita 等[59]在实际连铸结晶器弯月面处安装了一个透明的石英玻璃，透过玻璃利用摄像机捕捉弯月面的行为，观察发现弯月面的波动周期和相位与结晶器的振动相同。1994 年，Honeyands 等[60]发现板坯连铸结晶器液面波动的自发性。1997 年，Gupta 等[20]利用水模型试验研究了结晶器液面的波动特性，发现液面波动的振幅与水口出口钢液流速有关。

2004 年，Dash 等[61]发现浸入式水口内钢液流速小于 1 m/s 时，液面波动较为平稳，没有气泡被卷入钢液；而当水口内流速增大至 2 m/s 时，液面波动非常剧烈，有大量气泡被卷入钢液。2004 年，Thomas 等[62]研究了液面波动剧烈程度与铸坯表面缺陷的对应关系，发现液面波动过于剧烈容易引起铸坯线状和鼓泡缺陷。2007 年，Ojeda 等[63]研究了弯月面一个振动周期内的行为，试图解释铸坯表面缺陷的形成机理。2010 年，Jeon 等[64]发现结晶器的宽厚比也是影响液面波动的重要因素。2012 年，Liu 等[65]发现滑板抖动对结晶器液面的波动有很大影响。总之，结晶器液面波动的影响因素主要有水口结构、水口浸入深度、拉坯速度以及连铸操作等。

A　水口结构对液面波动的影响

Zhang 等[66]设计了两侧四开孔“自制动”浸入式水口，钢液可以同时从上部两个开口和底部两个开口注入结晶器，从上开口射出的钢液方向斜向下而从下开口射出的钢液方向斜向上，两股钢液相互冲击，一部分动能被消耗掉，在保证钢通量的前提下降低了射流冲击窄面的速度，从而起到控制液面波动的目的。图 3-12 为四口“自制动”水口和传统双开水口条件下结晶器内流态的发展变化，可以看到，在 1 s 时刻传统双开水口条件下流股比“自制动”水口运动得更远，说明双开水口条件下流股速度更大。图 3-13 给出了两种水口条件下液面平均轮廓和波动范围，可以看到，“自制动”水口对液面波动有明显的抑制作用。

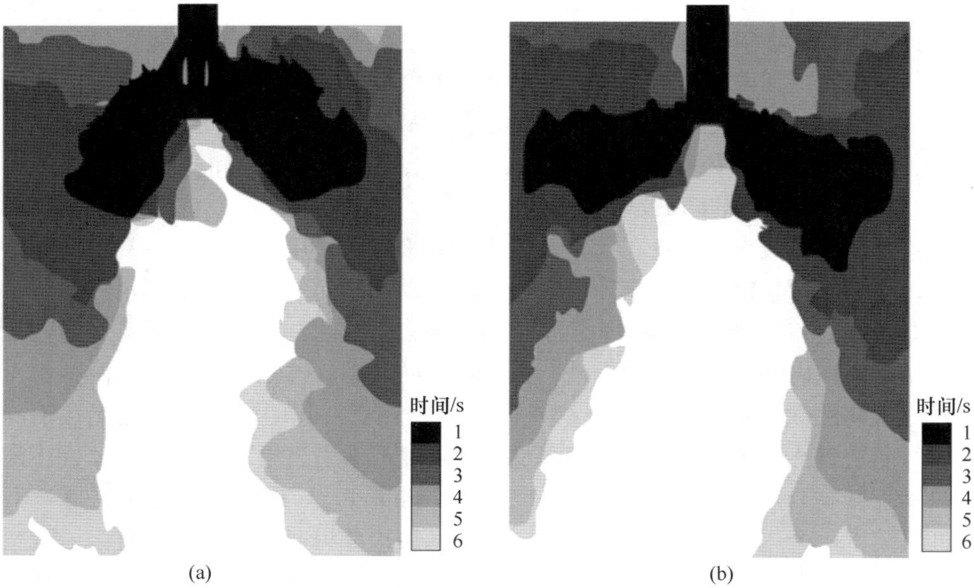

图 3-12　不同水口条件时结晶器内的流动形态[66]（拉坯速度为 1.6 m/min）

（a）“自制动”水口；（b）传统双侧开水口

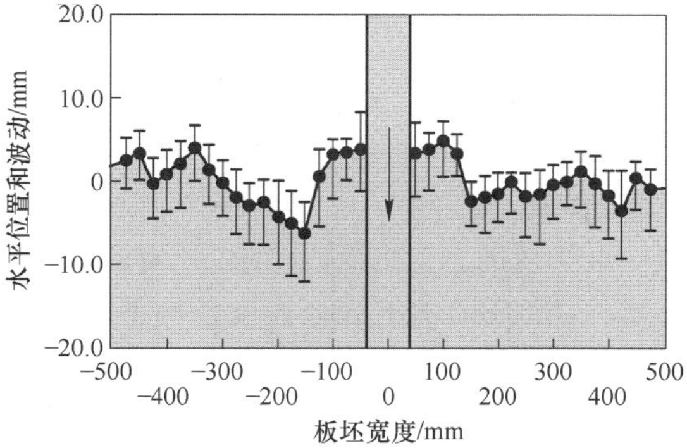

(a)

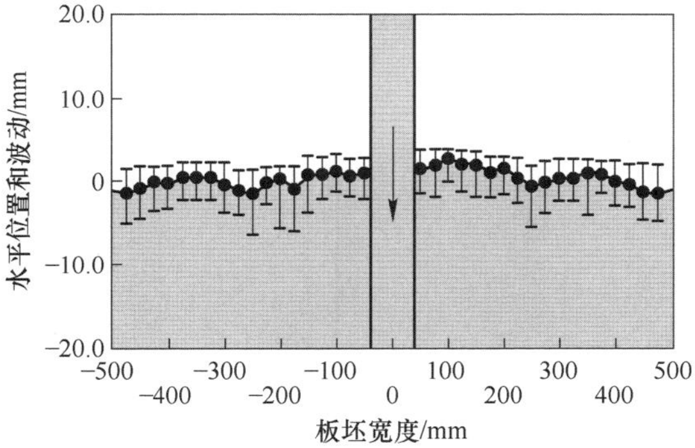

(b)

图 3-13 不同水口条件时结晶器液面波动[66]（拉坯速度为 1.6 m/min）
（a）传统双侧开水口；（b）“自制动”水口

B 水口浸入深度对液面波动的影响

Zhang 等[67]发现在水口内部存在三种流态，即气泡乳化流、环形流和中部集中流。环形流使结晶器流股不对称，液面波动剧烈，容易引起卷渣导致连铸坯表面质量下降。不论何种水口浸入深度，水口附近的液面波动最为剧烈。随着水口浸入深度的增加，窄面、宽度 1/4 处以及水口处液面波动的变化趋势基本一致。浸入深度由 40 mm 增加至 100 mm 时，液面波动有所减弱，而继续增大浸入深度，液面开始活跃，液面波动剧烈。因此，单从液面波动情况考虑，该连铸条件下，水口的浸入深度最佳值为 100 mm。

C 滑板抖动对液面波动的影响

连铸过程对钢液流量的控制有两种方式：塞棒和滑板。Liu 等[65]认为滑板位置变化越大液面波动越剧烈。因此，实际生产中要对滑板的位置严格控制，尽量减少由于钢液的冲击带来的滑板开度的变化。如果滑板位置变化，钢液的流量会发生变化，直接影响到钢液从水口射出时的速度，进一步影响钢液对窄面的冲击，引起上回流强度的变化，从而使液面的活跃度发生变化。

D 拉坯速度对液面波动的影响

万晓光等[68]认为低拉坯速度下，无论何种结构的水口，在窄面处和宽度1/4处的液面波动相差不大。随着拉坯速度升高，“凹底”水口条件下结晶器宽度1/4处和窄面处液面波动均比“凸底”大。“凹底”水口条件下结晶器弯月面较活跃，有利于结晶器内保护渣的熔化进而改善结晶器润滑。拉坯速度增加使钢液对窄面的冲刷力明显增大，但是在相同拉坯速度条件下，“凹底”对窄面的冲刷力小于“凸底”。Wang 等[34]也得出了类似的结论。

3.1.2.5 结晶器内气液两相流

A 吹气对水口内流动的影响

实际连铸过程中常常浇铸若干炉次后就必须更换水口，原因是水口结瘤严重，减小了水口出口截面积，改变了水口出口形状，造成钢通量减小，结晶器内流场不对称，严重影响铸坯质量。这种情况在以铝为脱氧剂时尤为明显。此外，在浇铸过程中水口内压力下降形成负压也是造成水口结瘤的一个重要因素[69]，原因是水口内的负压会将高熔点的氧化物吸入水口难以排出。随着浇铸炉次的增加，高熔点氧化物积累得越来越多形成结瘤，水口内负压还会导致溶解在钢液中的合金元素析出造成合金元素收得率降低。除了采用钙处理将高熔点夹杂物改性之外[70-71]，在水口内吹入氩气也是减少水口结瘤的方法之一[72]，另外吹氩也能弥补水口内的压降。图 3-14 为由中间包液面至水口出口处钢液静压力的变化，可以看到，单相流时钢液由塞棒进入水口时静压下降高于气液两相流。结晶器吹氩主要有三种方式：一是在滑板处设置吹气孔[73]，二是在中间包底部长水口上部设置吹气孔，三是在塞棒芯部加工吹气孔。氩气从塞棒底部吹入被钢液流带入水口，从水口底部的出口和钢液一起进入结晶器。图 3-15 为气体从塞棒进入水口形成的气液两相流。

Thomas 等[74]认为气泡在水口中有四种运动模式：当钢液流量和吹气量都较小时，进入水口的气泡分散不连续地随着钢液向下运动，形状为圆形，且水平方向可以运动至离壁面较远的位置；当吹气量较小，而增大钢液流量时，进入水口的气泡同样是分散不连续的，但是由于水平方向受到的压力大于垂直方向受到的压力，气泡变为椭圆形，贴着壁面随钢液向下运动但还未与壁面接触；继续增大钢液流量时，气泡便会沿着壁面向下爬行，但此时由于吹气量小，还可区分出每个气泡；若此时增大吹气量，可以看到大量气泡沿着壁面向下运动，形成一个连续的气柱。

B 吹气对结晶器内流动的影响

Thomas 等[74]认为吹气会使上回流的涡心往水口方向移动，冲击深度更浅，下回流的涡心上移。Liu 等[75]利用基于多尺寸的数量平衡模型（Population

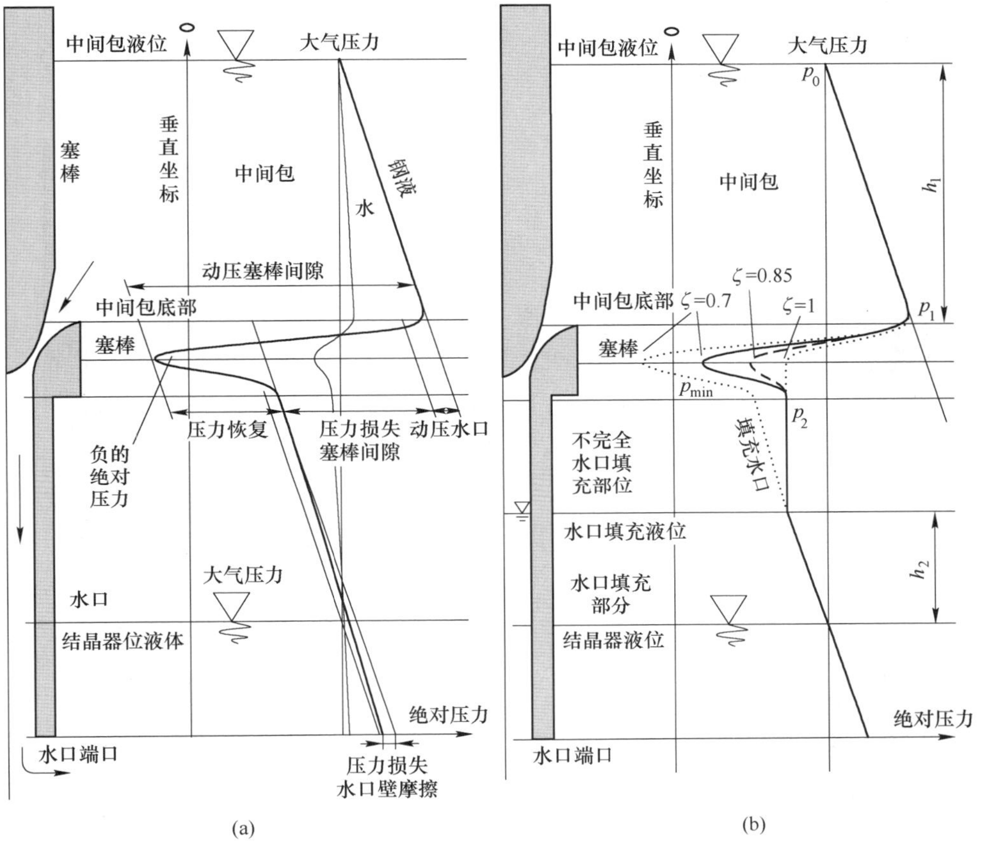

图 3-14 中间包液面至水口出口处钢液静压力的变化[69]

(a) 单相流；(b) 气液两相流

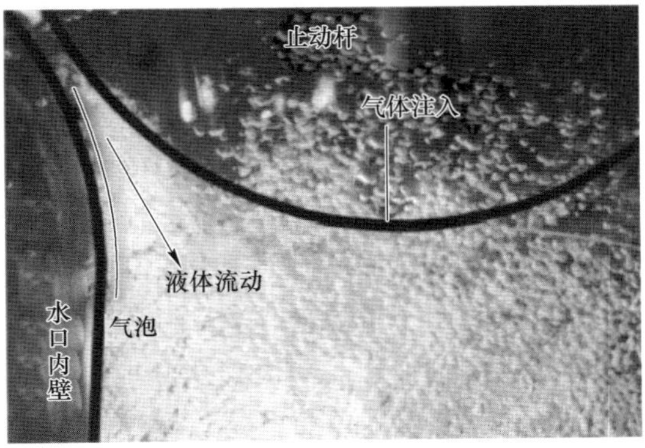

图 3-15 气体从塞棒进入水口形成气液两相流[69]

Ballance Model）研究在吹氩情况下结晶器内两相流动，并用 1/4 水模型实验验证。气液两相流股从水口射出后由于受到浮力的作用，流股分为 A、B 两股，A 股夹带着气泡从液面逸出，B 股冲击窄面分为上下两股，如图 3-16 所示。

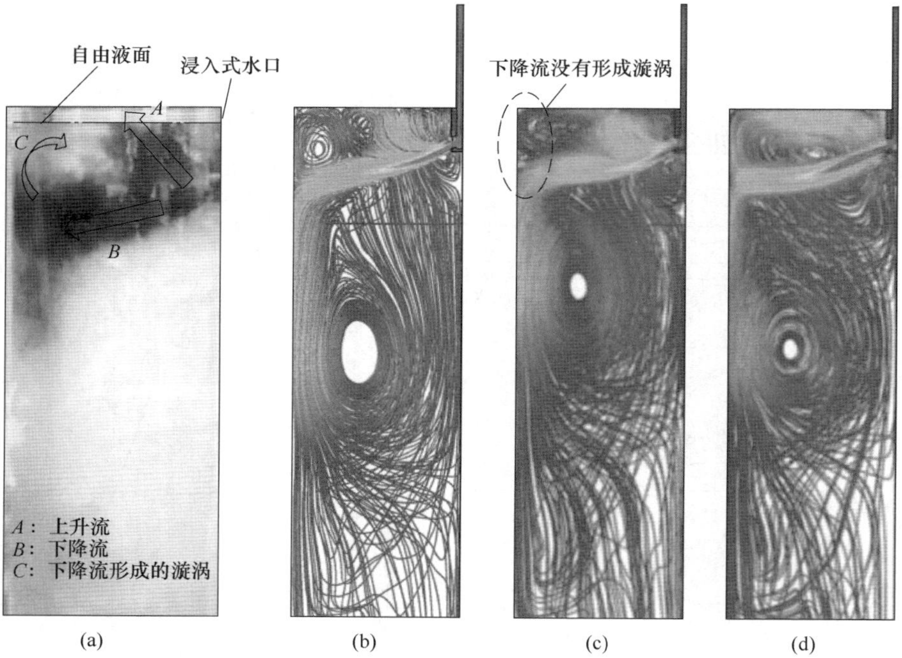

图 3-16 吹气条件下结晶器流场形态[75]
（a）1/4 水模型实验；（b）MUSIG 模型；（c）单尺寸模型 0.5 mm；（d）单尺寸模型 3 mm

彩图资源

C 气泡在结晶器内的行为

Thomas 等[76]研究发现随着吹气量的增加，结晶器内气泡尺寸也在增大。Bai 等[77]认为相同吹气量下，气泡尺寸越大，射流角度越小，吹气量和气泡尺寸的变化对垂直方向射流角度的影响大于水平方向。Liu 等[75]利用水模型实验和大涡模拟研究了气泡进入结晶器后的行为特征。图 3-17（a）~（c）为不同直径的气泡在结晶器内的分布。从图中可以看出，直径 3000 μm 的气泡集中在距水口 250 mm 以内，原因是气泡尺寸越大所受浮力越大，从水口射出后大尺寸气泡很快上浮逸出。该尺寸的气泡在水口两侧分布较为均匀，左侧为 52.40%，右侧为 47.60%。直径 1000 μm 的气泡由于直径变小所受的浮力减小，可以运动至距水口 600 mm 的位置。该尺寸的气泡在水口两侧分布不均匀，左侧为 63.50%，右侧为 36.50%。直径 100 μm 的小尺寸气泡在结晶器整个宽度方向上分布比较均匀，

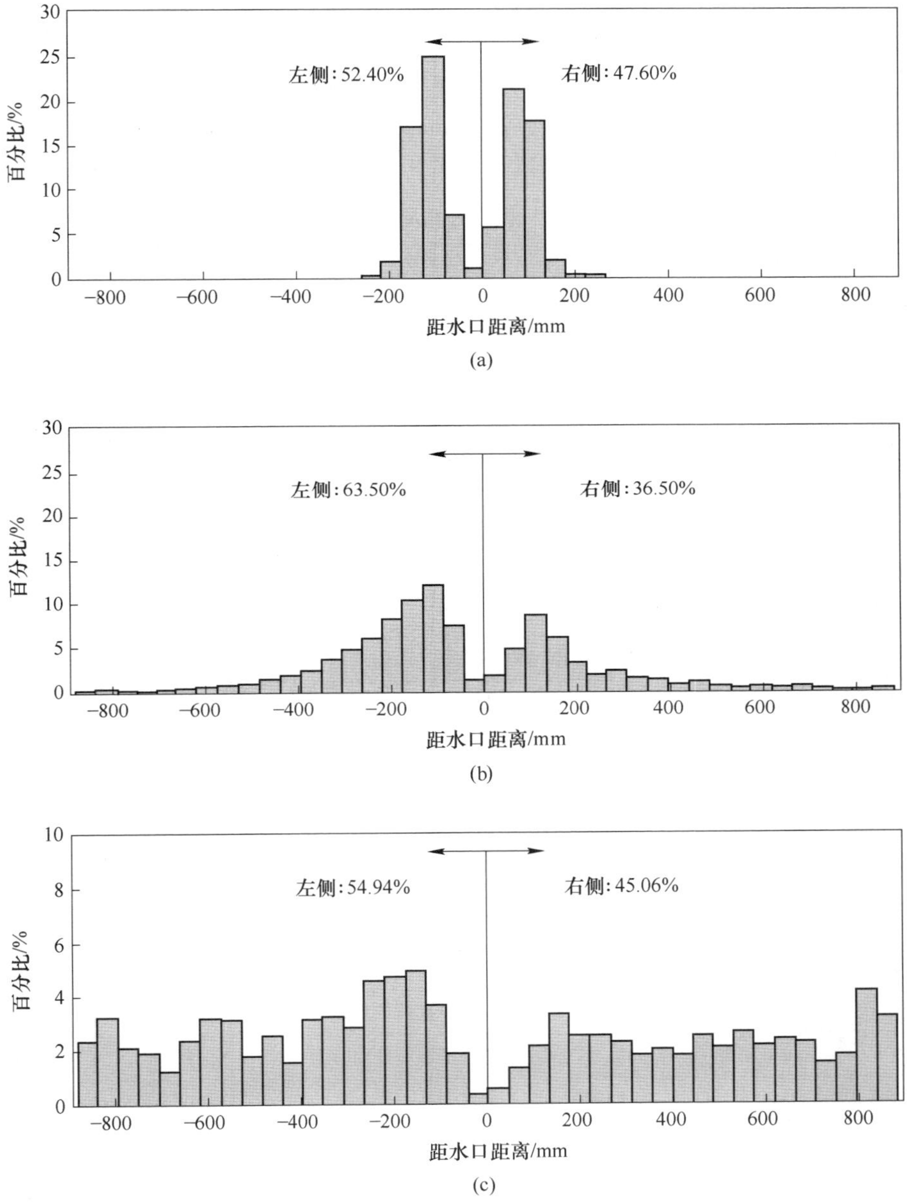

图 3-17 不同直径的气泡在结晶器内的分布[75]

(a) $d=3000$ μm; (b) $d=1000$ μm; (c) $d=100$ μm

左侧为 54.94%，右侧为 45.06%，说明该尺寸气泡可以被流股带至结晶器较深的部位，在结晶器内停留时间较长，部分可能被凝固前沿捕获而留在铸坯中形成缺陷。气液两相流从水口射出后，大尺寸的气泡很快上浮逸出，而小尺寸的气泡随着流股可以达到结晶器较深的位置，距开始吹入气体 100 s 后结晶器内还有相当数量的小气泡。

表 3-4 总结了自 1958 年苏联学者 Afanaseva 首次采用水模型实验模拟连铸结晶器内钢液流动以来，近 60 年国内外学者采用水模型研究连铸过程的典型结果。

表 3-4　利用水模型研究结晶器内钢液流动汇总

年份	学者	主要研究内容	文献
1958 年	Afanaseva 等	直通式水口下结晶器内流动流态	[12]
1971 年	Mills 等	浸入式水口结构优化	[13]
1972 年	Szekely 等	水模型优化结晶器内流场，验证数学模型	[14]
1987 年	Heaslip 等	结晶器内流场，压力分布	[15]
1994 年	Gupta 等	连铸过程结晶器液面扰动现象	[17]
1996 年	Gupta 等	结晶器内非对称流现象；液面添加油相对液面形状的影响	[19]
1998 年	雷洪等	水口吹氩对液面波动的影响	[78]
2000 年	Iguchi 等	水平吹气气液两相流动	[79]
2001 年	Thomas 等	结晶器内流动流速测量	[80]
2002 年	Lawson 等	结晶器内流动的振荡性	[26]
2002 年	李宝宽等	结晶器内涡流现象	[81]
2003 年	Thomas 等	结晶器内流体流动	[39]
2004 年	Yuan 等	PIV 研究结晶器内湍流	[52]
2005 年	Li 等	结晶器液面涡流	[44]
2007 年	Shen 等	结晶器液面波动	[82]
2008 年	Zhang 等	水口内流态，水口堵塞对结晶器内流动的影响	[47]
2009 年	Chaudhary 等	论述水模型实验与实际连铸的差异	[2]
2009 年	Watanabe 等	大尺寸气泡在水口外壁液面处的行为	[83]
2010 年	Jeon 等	流场的振动与液面波动	[64]
2011 年	Zhang 等	新型“自制动”与传统水口对液面波动的影响	[66]
2013 年	Jin 等	考虑坯壳凝固对结晶器内流动的影响	[84]
2014 年	Liu 等	气液两相流，不同尺寸气泡在结晶器内分布	[85]
2014 年	Kalter 等	结晶器宽厚比对流场的影响	[86]
2015 年	Ramos 等	水口出口形状对结晶器内流动的影响	[41]
2016 年	Morales 等	水口内湍流对结晶器内湍流的影响	[87]

续表 3-4

年份	学者	主要研究内容	文献
2018 年	刘启龙等	气体流量及水口底部形状对板坯结晶器内流场影响的水模型试验	[94]
2019 年	安文等	电磁搅拌下板坯连铸结晶器内的瞬态三相流动	[95]
2023 年	高煜等	基于 PIV 技术的结晶器液面波动指数优化	[96]

3.2 数 学 模 拟

数值模拟是指用数学模型使现象或过程再现，即把所研究的现象用数学模型表示出来，然后在数字计算机上对模型进行数值试验。模拟过程不直接使用物理实体，只需考虑输入、输出变量，通过数学模型与计算机便可方便地进行[88]。因此，数学模拟具有以下优点：（1）可以大幅度地改变各种参数的取值范围，使新设计的效果与优缺点在实施之前被充分预演，从而扬长避短，获得最理想的方案。（2）给定一批原始数据后，数学模拟所进行的一次计算就相当于物理模拟中的一次试验。因此，数学模拟可使试验时间大为缩短，人力、物力大为节省。

连铸结晶器内的钢液流动是一个复杂的三维湍流流动，其中包含诸多复杂现象，包括水口和结晶器内的湍流、气泡和夹杂物的运动、多相流、电磁力对钢液流动的影响、传热、界面现象、钢渣反应以及溶质元素的转移与偏析等[30]。总体而言，目前湍流数值模拟方法可以分为直接数值模拟方法（DNS）和非直接数值模拟方法。直接数值模拟方法是直接用瞬时的 N-S 方程对湍流流动进行计算。该方法最大的好处是无需对湍流流动做任何简化或近似，理论上可以得到相对精确的计算结果，但是 DNS 对计算机内存空间及计算速度要求非常高，故科技工作者多采用非直接数值模拟的方法模拟三维湍流流动，即不直接计算湍流的脉动特性，而是设法对湍流流动做某种程度的近似和简化处理。图 3-18 为三维湍流数值模拟方法及相应的湍流模型[89]。

美国学者 Szekely 是结晶器传输过程数值模拟的先驱。1970 年，他基于势流理论模拟了圆坯结晶器内钢液的流动和传热行为，1973 年基于一方程模型对上述传输过程进行了更为深入的探讨。1990 年，美国学者 Thomas 采用 k-ε 双方程研究了不同水口参数和不同拉坯速度下，板坯连铸机内钢液的稳态流动行为。由于对 N-S 方程进行了时间平均，抹平了湍流流动的细节，因此，传统的 k-ε 双方程只能模拟在浸入式水口偏心条件下液面漩涡的形成，不能模拟在浸入式水口对中条件下液面漩涡的形成。然而大涡模拟（LES）采用非稳态的 N-S 方程直接模

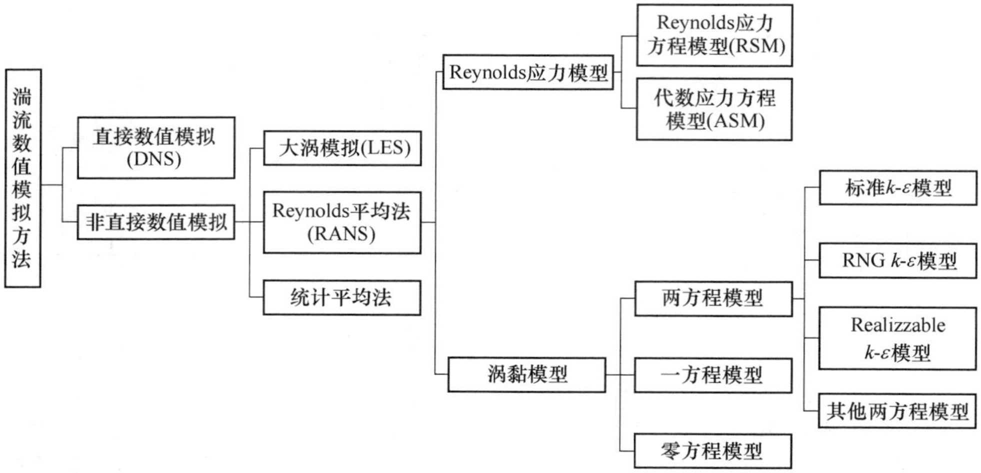

图 3-18　三维湍流数值模拟方法及相应的湍流模型[89]

拟大尺度涡，通过亚格子模式近似地计算小涡对大涡的影响，能给出在浸入式水口对中条件下液面漩涡的整个动态形成过程。2000 年以来，国内外学者开始采用大涡模拟研究板坯连铸机内钢液的瞬态流动行为。大涡模拟是结晶器湍流数值模拟中最具发展潜力的技术，但是大涡模拟对计算机的内存和计算速度的要求很高，目前仅限于在实验室进行结晶器内钢液流动的计算，还未在钢液流动和凝固的耦合计算方面应用。

3.2.1　基本假设

板坯连铸结晶器内钢液流场的数值模拟研究多采用非直接数值模拟，其基本假设为[27]：

（1）结晶器内钢液流动是稳定黏性不可压缩流动。

（2）不考虑密度梯度、温度梯度引起的流动。

（3）不考虑结晶器锥度、凝固坯壳、振动对流场的影响。

（4）忽略结晶器液面保护渣，结晶器液面视为钢液和空气的交界面。

（5）钢液上表面为自由滑移边界。

3.2.2　控制方程

基于以上假设，板坯连铸结晶器内三维湍流数值模拟常用模型及控制方程如下[89]。

（1）连续性方程：

$$\frac{\partial(\rho u)}{\partial x}+\frac{\partial(\rho v)}{\partial y}+\frac{\partial(\rho w)}{\partial z}+\frac{\partial\rho}{\partial t}=0 \tag{3-2}$$

（2） Navier-Stokes 方程：

$$\frac{\partial(\rho u)}{\partial t}+\frac{\partial(\rho uu)}{\partial x}+\frac{\partial(\rho uv)}{\partial y}+\frac{\partial(\rho uw)}{\partial z}=\frac{\partial}{\partial x}\left(\mu\frac{\partial u}{\partial x}\right)+\frac{\partial}{\partial y}\left(\mu\frac{\partial u}{\partial y}\right)+\frac{\partial}{\partial z}\left(\mu\frac{\partial u}{\partial z}\right)-\frac{\partial p}{\partial x}+S_u \tag{3-3}$$

$$\frac{\partial(\rho v)}{\partial t}+\frac{\partial(\rho vu)}{\partial x}+\frac{\partial(\rho vv)}{\partial y}+\frac{\partial(\rho vw)}{\partial z}=\frac{\partial}{\partial x}\left(\mu\frac{\partial v}{\partial x}\right)+\frac{\partial}{\partial y}\left(\mu\frac{\partial v}{\partial y}\right)+\frac{\partial}{\partial z}\left(\mu\frac{\partial v}{\partial z}\right)-\frac{\partial p}{\partial x}+S_v \tag{3-4}$$

$$\frac{\partial(\rho w)}{\partial t}+\frac{\partial(\rho wu)}{\partial x}+\frac{\partial(\rho wv)}{\partial y}+\frac{\partial(\rho ww)}{\partial z}=\frac{\partial}{\partial x}\left(\mu\frac{\partial w}{\partial x}\right)+\frac{\partial}{\partial y}\left(\mu\frac{\partial w}{\partial y}\right)+\frac{\partial}{\partial z}\left(\mu\frac{\partial w}{\partial z}\right)-\frac{\partial p}{\partial x}+S_w \tag{3-5}$$

式中，S_u、S_v、S_w 是动量守恒方程的广义源项。

（3） 标准 k-ε 模型控制方程：

$$\frac{\partial(\rho k)}{\partial t}+\frac{\partial(\rho k u_i)}{\partial x_i}=\frac{\partial}{\partial x_j}\left[\left(\mu+\frac{\mu_i}{\sigma_k}\right)\frac{\partial k}{\partial x_j}\right]+G_k-\rho\varepsilon \tag{3-6}$$

$$\frac{\partial(\rho\varepsilon)}{\partial t}+\frac{\partial(\rho\varepsilon u_i)}{\partial x_i}=\frac{\partial}{\partial x_j}\left[\left(\mu+\frac{\mu_i}{\sigma_\varepsilon}\right)\frac{\partial\varepsilon}{\partial x_j}\right]+\frac{C_{1\varepsilon}}{k}G_k-C_{2\varepsilon}\rho\frac{\varepsilon^2}{k} \tag{3-7}$$

（4） LES 控制方程：

$$\frac{\partial}{\partial t}(\rho\bar{u}_i)+\frac{\partial}{\partial x_j}(\rho\,\bar{u}_i\,\bar{u}_j)=-\frac{\partial\bar{p}}{\partial x_i}+\frac{\partial}{\partial x_i}\left(\mu\frac{\partial\bar{u}_i}{\partial x_j}\right)-\frac{\partial\tau_{ij}}{\partial x_j} \tag{3-8}$$

$$\frac{\partial\rho}{\partial t}+\frac{\partial}{\partial x_i}(\rho\bar{u}_i)=0 \tag{3-9}$$

（5） VOF 模型方程：

$$\frac{\partial f_i}{\partial t}+\left[\frac{\partial}{\partial x_i}(f_i\mu_i)\right]=0 \tag{3-10}$$

目前，对于结晶器内钢液流动的数值模拟主要采用雷诺时均法和大涡模拟法，湍流模型主要采用 k-ε 双方程模型和雷诺应力模型。

3.2.3 计算方法

以目前应用最为普遍的湍流模型 k-ε 双方程模型为例，其数值模拟的求解过程如下（见图 3-19）。

（1）输入计算所需的常量，如流体的密度、黏度、计算区域尺寸等；
（2）在计算区域内生成计算用网格；
（3）对方程中各物理量（如有效黏度、压力、速度等）赋初始值；
（4）求解动量方程，得到带星号的速度场；
（5）求解压力校正方程，得到校正压力；
（6）进行压力校正，得到压力场；
（7）进行速度校正，得到速度场；
（8）求解 k-ε 双方程，得到湍动能和湍动能耗散率的分布；
（9）计算各点的有效黏度；
（10）返回步骤（4），直至得到收敛解。

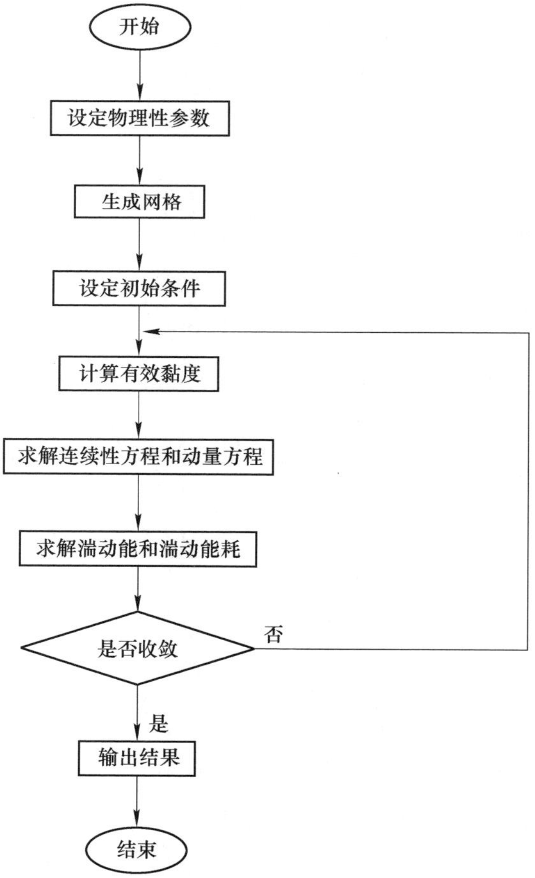

图 3-19　数值模拟的计算流程

所有的计算均采用 FORTRAN 语言编程。在流场计算中，收敛判断标准的选择十分重要。一般采用两个判据：一个是连续性方程中的质量源项的残差小于 10^{-7}，另一个是关键物理量的守恒。在流场计算中可选取进出口流体流量差小于 0.1%。

应注意的是，每当程序运行一段时间后，应保存一次中间计算结果。这样既可在线检查计算的进度，又可在停电等事故造成计算中断的情况下进行续算。计算结束后，应检查是否满足收敛条件，并记录本次计算所使用的松弛因子、迭代次数等参数，为下次计算参数的选择提供依据。

3.2.4 计算结果

Thomas 等[28]使用 k-ε 湍流模型计算了水口出口角度、拉坯速度和结晶器宽度对流场的影响，计算结果与水模型实验结果符合较好。图 3-20 为不同水口出口角度下结晶器流场的计算结果与水模型实验结果对比。

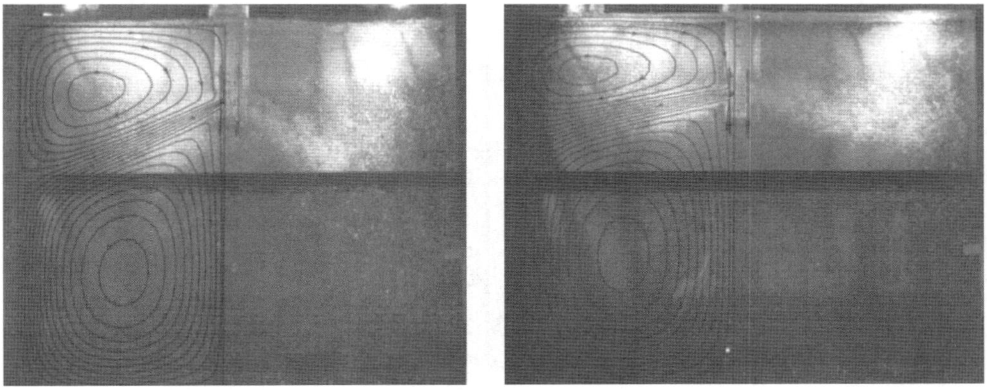

(a) (b)

图 3-20 不同水口出口角度下结晶器内部流场计算结果与实验结果对比[28]

（a）水口出口角度-15°；（b）水口出口角度+15°

彩图资源

Singh 等[90]利用大涡模拟研究了电磁制动对结晶器流场的影响，结果显示添加磁场后水口两侧流场更加对称，液面流速由未加磁场时的 0.5 m/s 降至0.1 m/s，液面波动值由 ±12 mm 降至 ±1 mm，结果如图 3-21 所示。

Liu 等[91]利用基于多尺寸组合法的入口平衡模型研究在吹氩情况下结晶器内两相流动，并用 1/4 水模型实验验证，气液两相流股从水口射出后由于受到浮力的作用，流股分为 A、B 两股，A 股夹带着气泡从液面逸出，B 股冲击窄面分为上下两股，结果如图 3-22 所示。利用 MUSIG 模型计算的流场与水模型结果相吻合。

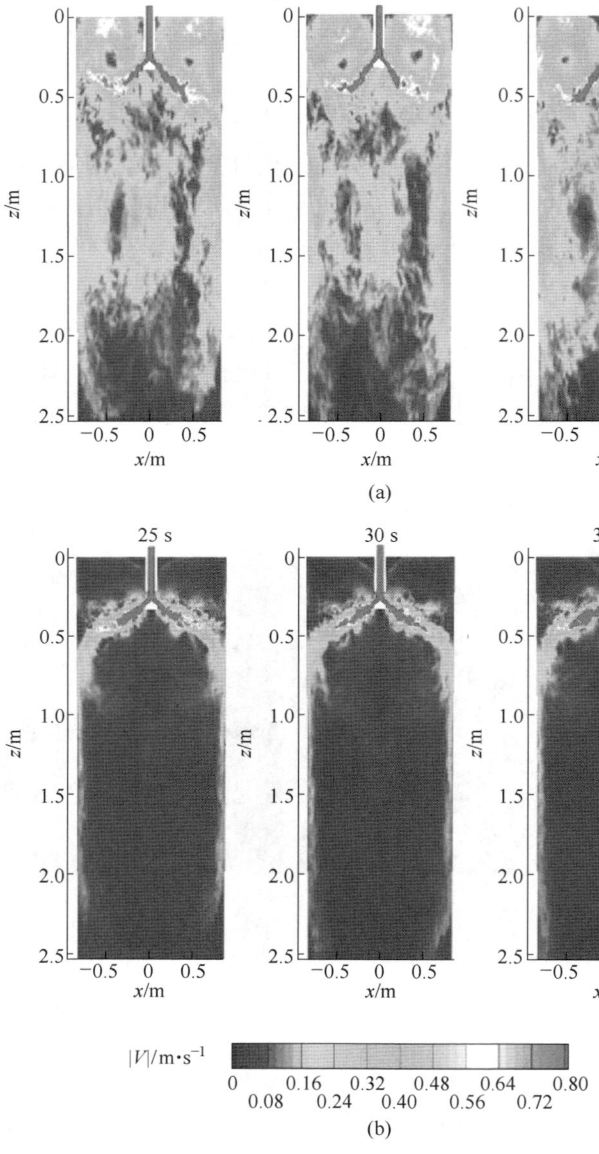

图 3-21　结晶器流场 LES 计算结果[90]

（a）无电磁制动；（b）有电磁制动

彩图资源

Najjar 等[40]运用 FIDAP 模型模拟研究了水口结构对结晶器内部流场的二维和三维流态的影响，射流角度主要受水口出口角度控制，相同水口出口角度时出口面积越大、出口壁越薄射流角度越大，如图 3-23 和图 3-24 所示。

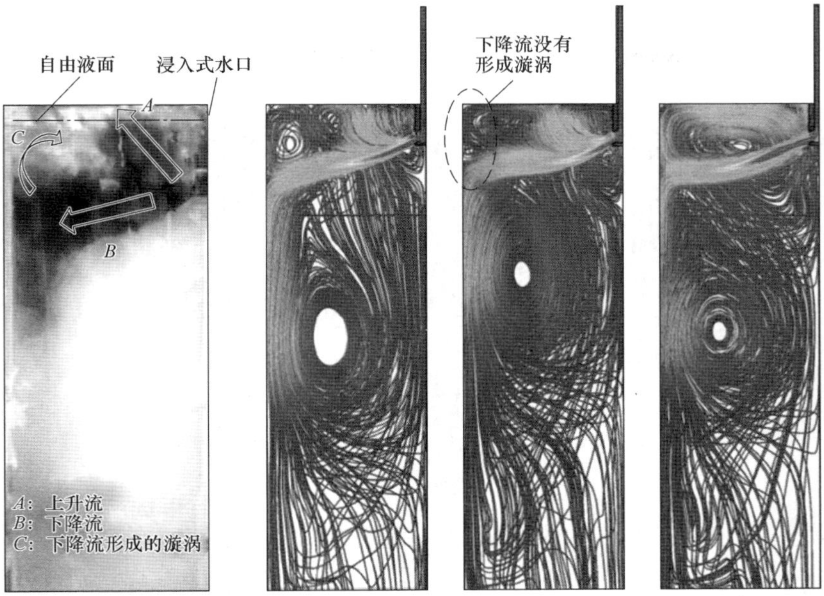

图 3-22 结晶器流场形态[91]
(a) 1/4 水模型实验；(b) MUSIG 模型；(c) 单尺寸模型 0.5 mm；(d) 单尺寸模型 3 mm

彩图资源

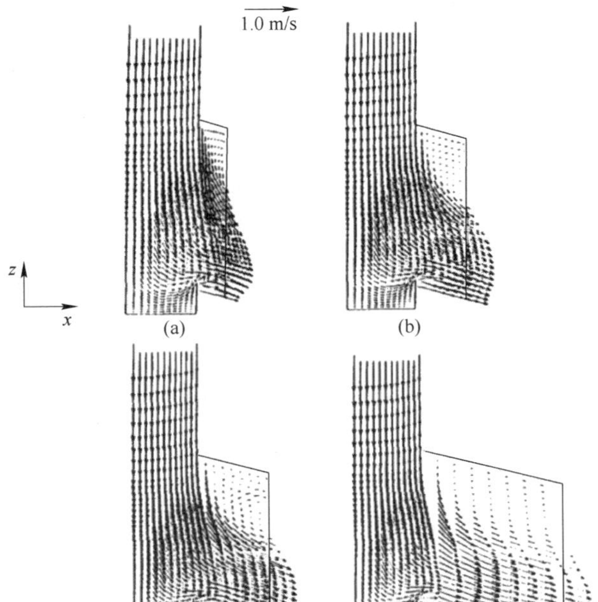

图 3-23 水口出口壁厚对射流角度的影响[40]
(a) 12 mm；(b) 25.5 mm；(c) 38 mm；(d) 76 mm

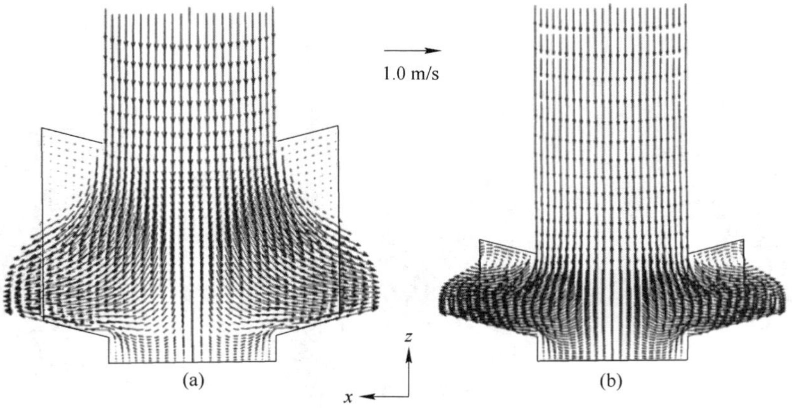

图 3-24　水口出口高度对射流角度的影响[40]
（a）$H=90$ mm；（b）$H=45$ mm

Bai 等[45]利用三维多相流有限元模型研究了水口堵塞对水口内部流场的影响，对比分析了直角边滑板和倒圆角滑板对结瘤物的生长方式以及对水口内部流场的影响。结果表明滑板处结瘤物的聚集程度对水口内部和水口出口的流体形态有显著影响，出口处射流由两个对称的涡流逐渐变为单个较大的涡流，且旋转方向也发生了变化，如图 3-25 所示。因此，水口堵塞情况直接影响水口内部流态，进而对结晶器内部流态造成影响。

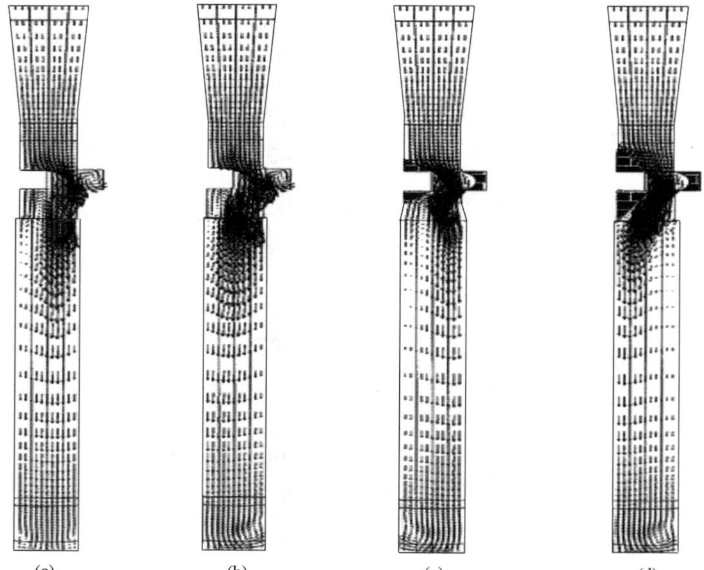

图 3-25　滑板边部结构以及结瘤物聚集程度对水口内部流态的影响[45]
（a）锐边；（b）圆边；（c）初始堵塞；（d）初始堵塞加剧

Zhang 等[47]通过对连续性方程和 N-S 方程求解，模拟水口堵塞条件对夹杂物去除及流场的影响。结果表明水口堵塞使水口两侧流股不对称，堵塞一侧夹杂物运行距离更长并且更容易留在坯壳内造成铸坯质量下降。图 3-26 为水口堵塞和未堵塞结晶器内部流场对比。

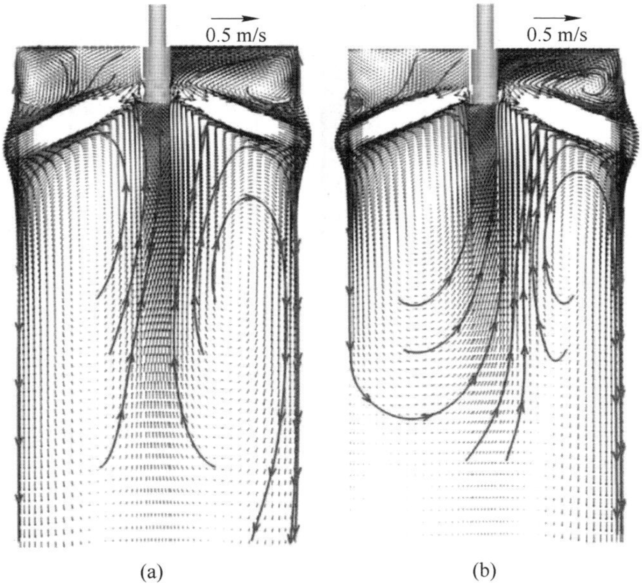

图 3-26 结晶器内部流场对比[47]

（a）水口未堵塞；（b）水口堵塞

Thomas 等[74]用标准 k-ε 模型研究了气泡对结晶器内部流场的影响。研究发现气泡影响了结晶器上部流态及冲击深度，如图 3-27 所示。在文献［76］中，Thomas 等利用水模型实验、数值模拟以及工业实验研究了气泡在连铸结晶器中的行为规律，并用高速摄像机记录和总结出氩气泡保护水口内壁以及防止水口被高熔点氧化铝夹杂物堵塞的机理。气泡在水口中有四种运动模式，如图 3-28 所示。随着吹气量的增加，气泡尺寸也在相应的增大，如图 3-29 所示。

Bai 等[77]利用三维有限元模型研究滑板控流水口内部稳态两相流特征，对吹气量、拉坯速度、滑板开度、水口出口角度以及出口形状对结晶器内部流体形态进行了研究。图 3-30 为气泡尺寸与射流角度的关系。如图 3-30 所示，相同吹气量下，气泡尺寸越大，射流角度越小，吹气量和气泡尺寸的变化对垂直方向射流角度的影响大于水平方向。图 3-31 为水口出口角度与射流角度的关系，其中角度为正值代表角度向下。由图 3-31 可以发现，随着水口出口角度逐渐增大（由负变正），垂直方向射流角度呈线性递增，而水平方向射流角度缓慢递减。当水口出口角度增大至 15°左右时，水平方向射流角度急剧减小。

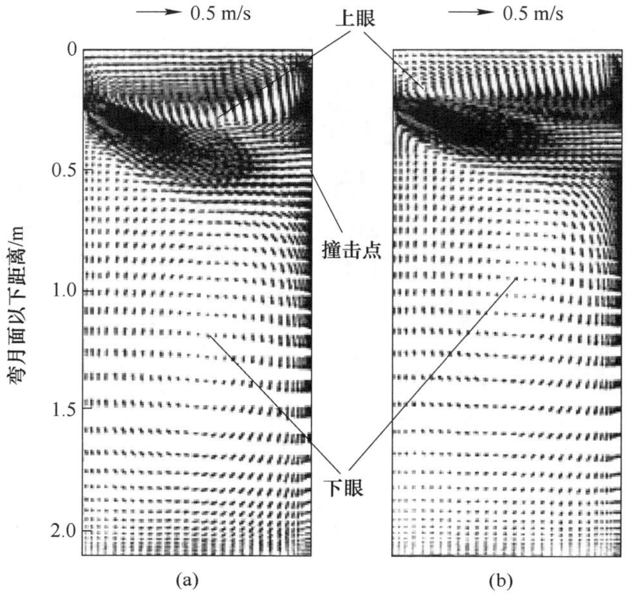

图 3-27　气泡对结晶器内部流态的影响[74]

（a）未吹气；（b）气泡直径 3mm，含量 3%

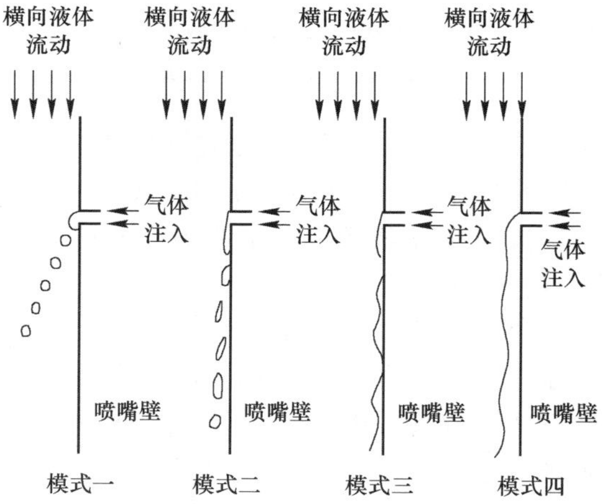

图 3-28　气泡在水口内部的四种运动模式

Liu 等[85]利用水模型实验和大涡模拟研究了吹气条件下板坯连铸结晶器内暂态非对称流和涡流的特征。水模型实验结果显示在下回流区域流体形态呈非对称流，但不稳定，一段时间后恢复为对称流。在水口两侧首次观察到同时出现双涡

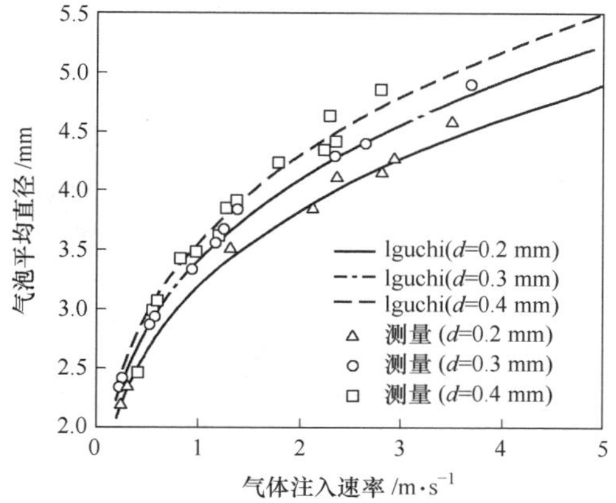

图 3-29 吹气量与气泡直接的关系

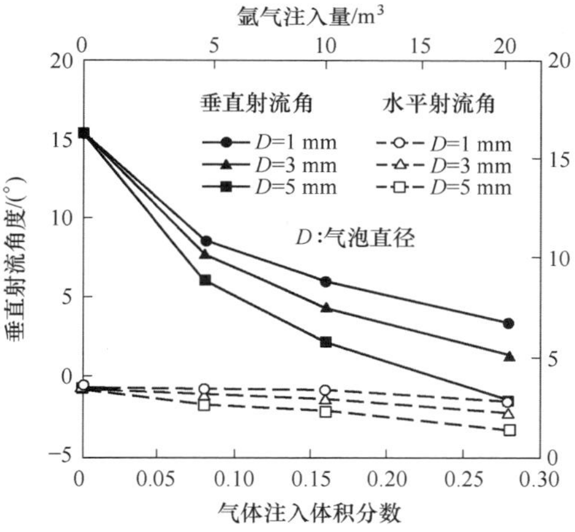

图 3-30 气泡尺寸与射流角度的关系[77]

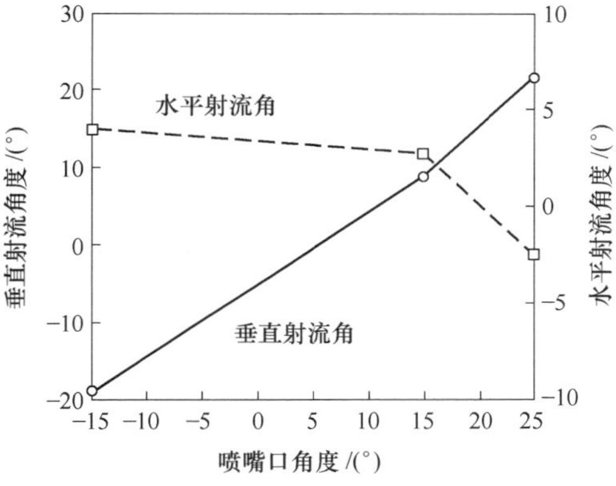

图 3-31 水口出口角度与射流角度的关系[77]

流，即便水口、结晶器等结构和操作条件保证严格对称，涡流也无法避免，漩涡的产生具有随机性，如图 3-32 和图 3-33 所示。

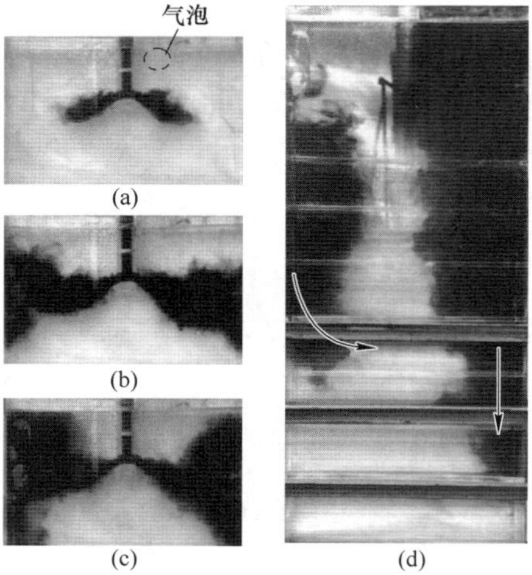

图 3-32　吹气条件下不同时刻流体形态[85]

（a）0.8 s；（b）1.5 s；（c）4 s；（d）20 s

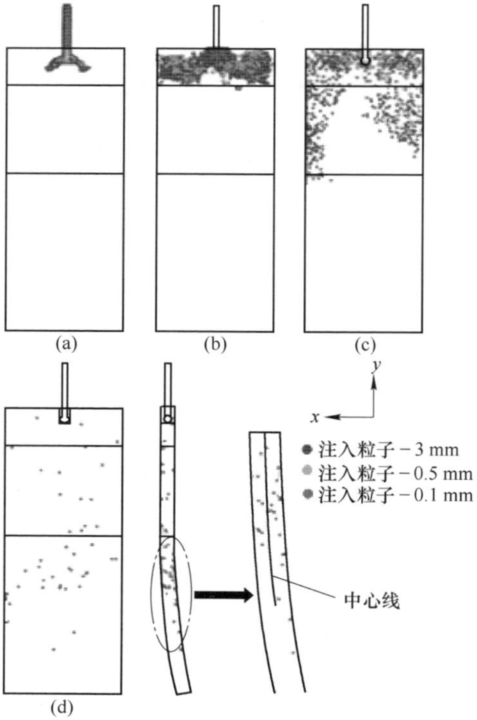

图 3-33　不同时刻气泡分布[85]

（a）0.5 s；（b）3 s：（c）20 s；（d）100 s

彩图资源

Chaudhary 等[92]利用三维稳态 k-ε 有限元模型模拟研究了塞棒未对中条件对流场的影响。研究发现塞棒未对中致使流股不对称，是水口附近产生漩涡的主要诱因。图 3-34 为塞棒对中与未对中塞棒底部速度场对比，图 3-35 为塞棒对中与未对中水口出口速度场对比。

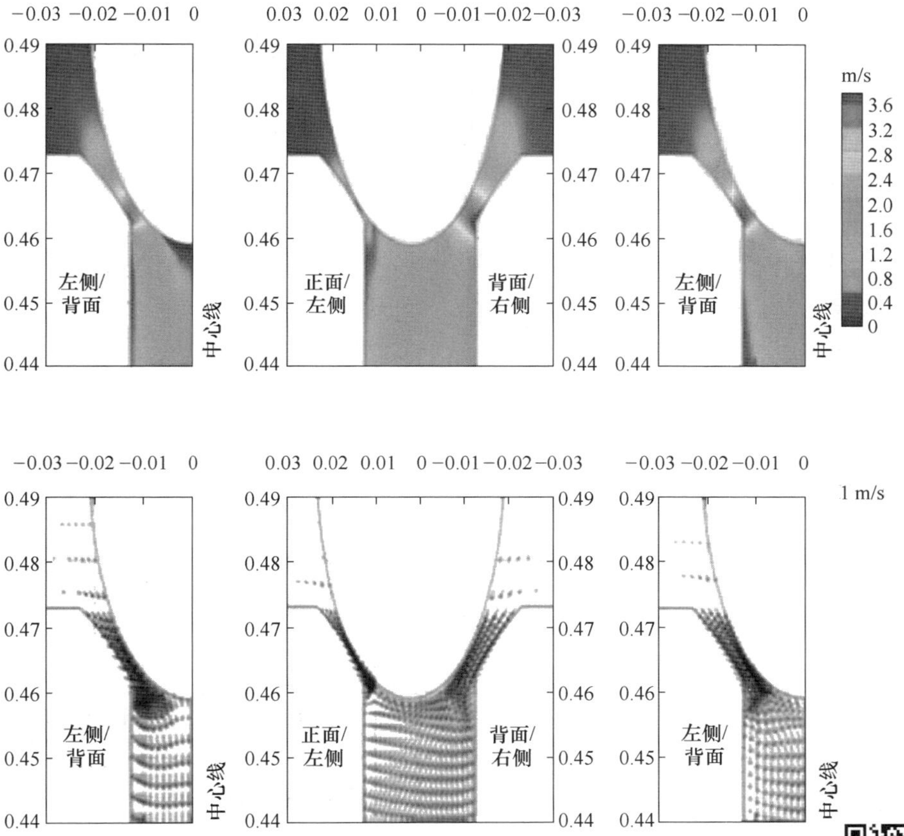

(a) (b) (c)

图 3-34 塞棒底部速度场对比[92]

（a）塞棒对中；（b）塞棒向左偏 2 mm 正视图；（c）塞棒向左偏 2 mm 侧视图

彩图资源

Li 等[93]利用低雷诺数 k-ε 湍流模型对电磁制动对薄板坯结晶器内部涡流的影响进行了研究。结果表明，增大线圈电流会使流股流速降低、自由液面波振幅较小，涡流减少，但不会消失，如图 3-36 和图 3-37 所示。

表 3-5 为近年来国内外学者利用数值模拟研究水口结构、浸入深度、拉坯速度、吹氩等工艺参数对结晶器液面波动、流场、传热、卷渣以及夹杂物去除的影响规律的成果总结。

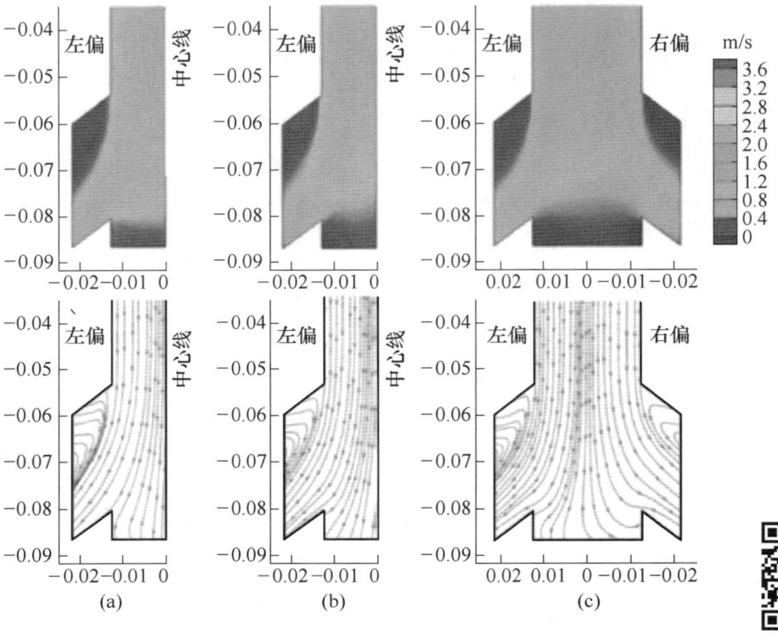

彩图资源

图 3-35　水口出口速度场对比[92]

（a）塞棒对中；（b）塞棒向左偏 2 mm 正视图；（c）塞棒向左偏 2 mm 侧视图

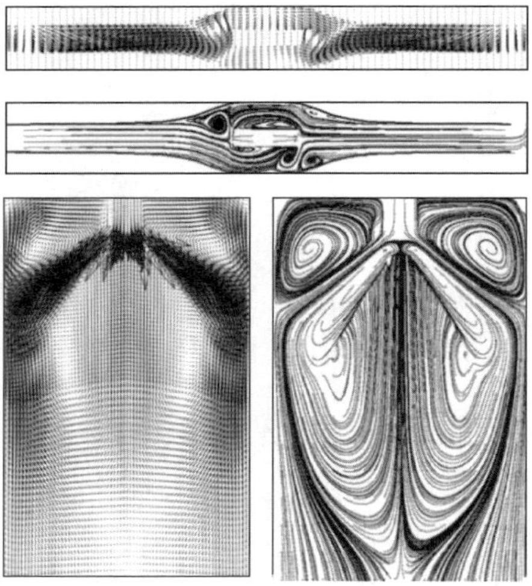

图 3-36　未加磁场时结晶器内部流场[93]

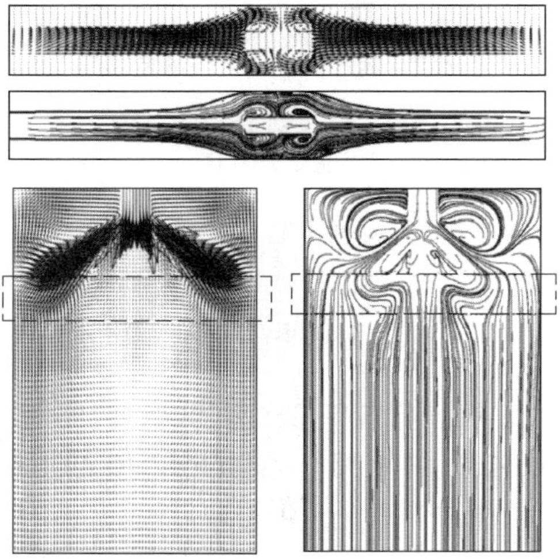

图 3-37　线圈电流 $I=250$ A 时结晶器内部流场[93]

表 3-5 结晶器相关数值模拟研究汇总

作者	研究内容	主 要 结 论	年份	参考文献
Thomas 等	气泡对流场的影响	气泡影响结晶器上部流态及冲击深度	1994 年	[74]
Najjar 等	水口结构对流场的影响	射流角度主要受水口出口角度控制，相同水口出口角度时出口面积越大，出口壁越薄射流角度越大	1995 年	[40]
Panaras 等	自由液面波动	自由液面波的振幅与动压头有关	1998 年	[29]
Bai 等	水口堵塞、吹氩、拉坯速度对流场的影响	水口堵塞初期会使流量增大，据此可发现水口堵塞条件	2001 年	[45]
Dash 等	钢液进入水口时的速度对自由液面波动吸卷气泡的影响	吸卷气泡的钢液临界速度为 2 m/s	2004 年	[61]
Li 等	电磁制动对薄板坯结晶器内部涡流的影响	增大线圈电流会使流股流速降低，自由液面波振幅较小，涡流减少，但不会消失	2006 年	[93]
Ojeda 等	提出热流模型用于研究结晶器弯月面处行为	该模型可以量化液面波动与保护渣消耗量的关系	2007 年	[63]
Zhang 等	水口堵塞条件对夹杂物去除及流场的影响	水口堵塞一侧夹杂物运行距离更长，更容易留在坯壳内造成铸坯质量下降	2008 年	[47]
Chaudhary 等	塞棒未对中对流场的影响	塞棒未对中致使流股不对称，是水口附近产生漩涡的主要诱因	2011 年	[92]

参 考 文 献

[1] 左东启. 模型试验的理论和方法 [M]. 北京：中国水力水电出版社，1984：37-40.

[2] Chaudhary R, Rietow B T, Thomas B G. Differences between physical water models and steel continuous casters: A theoretical evaluation [J]. Materials Science & Technology Conference and Exhibition. 2009: 25-29.

[3] Irons G A, Guthrie I L. Bubble formation at nozzles in pig iron [J]. Materials Transactions B, 1978, 9 (1): 101-110.

[4] Iguchi M, Chihara T, Takanashi N. X-ray fluoroscopic observation of bubble characteristics in a molten iron bath [J]. ISIJ International, 1995, 35 (11): 1354-1361.

[5] Chevrier V F, Cramb A. X-ray fluoroscopy observations of bubble formation and separation at a metal-slag interface [J]. Metallurgical Materials Transactions B, 2000, 31 (3): 537-540.

[6] Timmel K, Eckert S, Gerbeth G. Experimental modeling of the continuous casting process of steel

using low melting point metal alloys—the LIMMCAST program [J]. ISIJ International, 2010, 50 (8): 1134-1141.

[7] 沈国勇．低熔点合金的性能、用途和发展 [J]. 机械工程材料, 1981 (4): 29-33.

[8] Shevchenko N, Boden S. Chimney formation in solidifying Ga-25wt pct in alloys under the influence of thermosolutal melt convection [J]. Metallurgical Materials Transactions A, 2013, 44 (8): 3797-3808.

[9] Timmel K, Eckert S, Gerbeth G. Experimental investigation of the flow in a continuous-casting mold under the influence of a transverse, direct current magnetic field [J]. Metallurgical Materials Transactions B, 2011, 42 (1): 68-80.

[10] Timmel K, Shevchenko N. Visualization of liquid metal two-phase flows in a physical model of the continuous casting process of steel [J]. Metallurgical Materials Transactions B, 2015, 46 (2): 700-710.

[11] Chaudhary R, Thomas B G, Vanka S P. Effect of electromagnetic ruler braking (EMBr) on transient turbulent flow in continuous slab casting using large eddy simulations [J]. Metallurgical Materials Transactions B, 2012, 43 (3): 532-553.

[12] Afanaseva K I, Iventsov T P. Flow patterns in continuous casting process [J]. Stal, 1958, 18 (7): 599-604.

[13] Mills N T, Barnhardt L F. Development of submerged entry tundish nozzles for strand casting steel slabs [J]. JOM, 1971, 23 (11): 37-43.

[14] Szekely J, Yadoya R. The physical and mathematical modeling of the flow field in the mold region in continuous casting systems: Part Ⅰ. model studies with aqueous systems [J]. Metallurgical Transactions, 1972, 3 (10): 2673-2680.

[15] Heaslip L J, Sommerville I D, Mclean A. Model study of fluid flow and pressure distribution during sen injection-potential for reactive metal additions during continuous casting [J]. Iron Steel Maker, 1987, 14 (8): 49-64.

[16] Gupta D, Subramaniam S, Lahiri A K. Study of fluid flow and residence-time distribution in a continuous slab casting mould [J]. Steel Research International, 1991, 62 (11): 633-641.

[17] Gupta D, Lahiri A K. Water-modeling study of the surface disturbances in continuous slab caster [J]. Metallurgical and Materials Transactions B, 1994, 25 (2): 227-233.

[18] Gupta D, Lahiri A K. Water model study of the flow asymmetry inside a continuous slab casting mold [J]. Metallurgical Materials Transactions B, 1996, 27 (5): 757-764.

[19] Gupta D, LahiriA K. Cold model study of the surface profile in a continuous slab casting mold: Effect of second phase [J]. Metallurgical and Materials Transactions B, 1996, 27 (4): 695-697.

[20] Gupta D, Chakraborty S. Asymmetry and oscillation of the fluid flow pattern in a continuous casting mould: A water model study [J]. ISIJ International, 1997, 37 (7): 654-658.

[21] Zhang L F, Taniguchi S, Cai K. Fluid flow and inclusion removal in continuous casting tundish [J]. Metallurgical Materials Transactions B, 2000, 31 (2): 253-266.

[22] Zhang L F. Fluid flow, heat transfer and inclusion motion in a four-strand billet continuous casting tundish [J]. Steel Research International, 2005, 76 (11): 784-796.

[23] Zhang L F, Zhi J J, Mu J N, et al. Effect of thermal buoyancy on fluid flow and inclusion motion in tundish without flow control devices Part Ⅰ: Fluid flow [J]. Journal of Iron and Steel Research International, 2005, 12 (4): 20-27.

[24] Zhang L F. Transient fluid flow phenomena in continuous casting tundishes [J]. Steel Technology, 2010, 7 (7): 55-69.

[25] Ling H T, Zhang L F, Li H. Mathematical modeling on the growth and removal of non-metallic inclusions in the molten steel in a two-strand continuous casting tundish [J]. Metallurgical Materials Transactions B, 2016, 47 (5): 2991-3012.

[26] Lawson N J, Davidson M R. Oscillatory flow in a physical model of a thin slab casting mould with a bifurcated submerged entry nozzle [J]. Journal of Fluids Engineering, 2002, 124 (2): 535-543.

[27] Harry D H , Parrott R G. Numerical simulation of injection mold filling [J]. Polymer Engineering & Science Polymer Engineering, 1970, 10 (4): 209-214.

[28] Thomas B G, Mika L J, Najjar F M. Simulation of fluid flow inside a continuous slab-casting machine [J]. Metallurgical Transactions B, 1990, 21 (2): 387-400.

[29] Panaras G A, Theodorakakos A, Berggeles G. Numerical investigation of the free surface in a continuous steel casting mold model [J]. Metallurgical Materials Transactions B, 1998, 29 (5): 1117-1193.

[30] Thomas B G , Zhang L F. Mathematical modeling of fluid flow in continuous casting [J]. Transactions of the Iron Steel Institute of Japan, 2007, 41 (10): 1181-1193.

[31] Ling H T, Li F, Zhang L F. Investigation on the effect of nozzle number on the recirculation rate and mixing time in the RH process using VOF + DPM model [J]. Metallurgical Materials Transactions B, 2016, 47 (3): 1950-1961.

[32] Zhang L F. Mathematical simulation of fluid flow in gas-stirred liquid systems [J]. Modelling Simulation in Materials Science Engineering, 2000, 8 (4): 463.

[33] Wang Q Q, Zhang L F, Seetharaman S. Detection of non-metallic inclusions in centrifugal continuous casting steel billets [J]. Metallurgical Materials Transactions B, 2016, 47 (3): 1594-1612.

[34] Wang Y F, Zhang L F. Transient fluid flow phenomena during continuous casting: Part Ⅰ—Cast Start [J]. ISIJ International, 2010, 50 (12): 1777-1782.

[35] Wang Y F, Zhang L F. Fluid flow-related transport phenomena in steel slab continuous casting strands under electromagnetic brake [J]. Metallurgical and Materials Transactions B, 2011, 42 (6): 1319-1351.

[36] Wang Q Q, Zhang L F. Influence of FC-Mold on the Full Solidification of Continuous Casting Slab [J]. JOM, 2016, 68 (8): 2170-2179.

[37] Wang S D, Zhang L F, Wang Q Q. Effect of electromagnetic parameters on the motion and

entrapment of inclusions in FC-mold continuous casting strands [J]. Metallurgical Research Technology, 2016, 113 (2): 205.

[38] Torres-Alonso E, Morales R D, Garcia-Hernandez S. Influence of straight nozzles on fluid flow in mold and billet quality [J]. Metallurgical and Materials Transactions B, 2008, 39 (6): 840-852.

[39] Thomas B G. Fluid flow in the mold [J]. Making, Shaping and Treating of Steel, 2003, 5 (3): 1-40.

[40] Najjar F M, Thomas B G, Hershey D E. Numerical study of steady turbulent flow through bifurcated nozzles in continuous casting [J]. Metallurgical and Materials Transactions B, 1995, 26 (4): 749-765.

[41] Ramos I C, Morales R D. The role of submerged entry nozzle port shape on fluid flow turbulence in a slab mold [J]. Metallurgical and Materials Transactions B, 2015, 46 (3): 1314-1325.

[42] Chaudhary R, Lee G I, Thomas B G, et al. Transient mold fluid flow with well- and mountain-bottom nozzles in continuous casting of steel [J]. Metallurgical and Materials Transactions B, 2008, 39 (6): 870-884.

[43] Ramos I C, Morales R D, Garcia-Hernandez S. Effects of immersion depth on flow turbulence of liquid steel in a slab mold using a nozzle with upward angle rectangular ports [J]. ISIJ International, 2014, 54 (8): 1797.

[44] Li B K, Tsukihashi F. Vortexing flow patterns in a water model of slab continuous casting mold [J]. Transactions of the Iron Steel Institute of Japan, 2006, 45 (1): 30-36.

[45] Bai H, Thomas B G. Effects of clogging, argon injection, and continuous casting conditions on flow and air aspiration in submerged entry nozzles [J]. Metallurgical and Materials Transactions B, 2001, 32 (4): 707-722.

[46] Long M J, Zuo X J, Zhang L F, et al. Kinetic modeling on nozzle clogging during steel billet continuous casting [J]. Transactions of the Iron Steel Institute of Japan, 2010, 50 (5): 712-720.

[47] Zhang L F, Wang Y F, Zuo X J. Flow transport and inclusion motion in steel continuous-casting mold under submerged entry nozzle clogging condition [J]. Metallurgical and Materials Transactions B, 2008, 39 (4): 534-550.

[48] Eckert S, Cramer A, Gerbeth G. Velocity measurement techniques for liquid metal flows [J]. Magnetohydrodynamics: Historical evolution and trends, 2007: 275-294.

[49] Rietow B, Thomas B G. Using nail board experiments to quantify surface velocity in the CC mold AISTech Proceedings [J]. AISTech 2008, 2008: 1-11.

[50] Xu D, JonesJr W K, Evans J W. The use of particle image velocimetry in the physical modeling of flow in electromagnetic or direct-chill casting of aluminum: Part I. Development of the physical model [J]. Metallurgical and Materials Transactions B, 1998, 29 (6): 1281-1288.

[51] Zhang L F. Investigation on the fluid flow and mixing phenomena in a Ruhrstahl-Heraeus (RH) steel degasser using physical modeling [J]. JOM, 2014, 66 (7): 1227-1240.

[52] Yuan Q, Vanka S P , Thomas B G. Computational and experimental study of turbulent flow in a 0. 4-scale water model of a continuous steel caster [J]. Metallurgical and Materials Transactions B, 2004, 35 (5): 967-982.

[53] Solorio-Diaz G, Morales R D, Ramos-Banderas A. Effect of a swirling ladle shroud on fluid flow and mass transfer in a water model of a tundish [J]. International Journal of Heat Mass Transfer, 2005, 48 (17): 3574-3590.

[54] Lee S J, Kim S, Koh M S, et al. Flow field analysis inside a molten Zn pot of the continuous hot-dip galvanizing process [J]. ISIJ International, 2002, 42 (4): 407-413.

[55] Westerweel J. Fundamentals of digital particle image velocimetry [J]. Measurement Scienceand Technology, 1997, 8 (12): 1379.

[56] Haam S J, Brodkey R S. Motions of dispersed beads obtained by particle tracking velocimetry measurements: Part Ⅱ [J]. International Journal of Multiphase Flow, 2000, 26 (9): 1419-1438.

[57] Ren L, Zhang L F, Wang Q Q. Nail board experiments to investigate level characteristic in slab continuous casting mold [J]. Iron and Steel Research International, 2016, 51 (2): 49-54.

[58] Liu R, Thomas B G, Sengupta J, et al. Measurements of molten steel surface velocity and effect of stopper-rod movement on transient multiphase fluid flow in continuous casting [J]. Transactions of the Iron Steel Institute of Japan, 2014, 54 (10): 2314-2323.

[59] Matsushita A, Isogami K, Temma M. Direct observation of molten steel meniscus in CC mold during casting [J]. Transactions of the Iron Steel Institute of Japan, 2006, 28 (7): 531-534.

[60] Honeyands T. Oscillation sinthinslabcaster mould flows [J]. Current Advancesin Materials and Processes, 1994, 7: 317.

[61] Dash S K, Mondal S S, Ajmani S K. Mathematical simulation of surface wave created in a mold due to submerged entry nozzle [J]. International Journal of Numerical Methods for Heat Fluid Flow, 2004, 14 (5): 606-632.

[62] Thomas B G, Jenkins M S, Mahapatra R B. Investigation of strand surface defects using mould instrumentation and modelling [J]. Ironmaking & Steelmaking, 2004, 31 (6): 485-494.

[63] Ojeda C, Thomas B G, Barco J, et al. Model of thermal-fluid flow in the meniscus region during an oscillation cycle [J]. Proceedings of AISTech, 2007, 2 (1): 269-283.

[64] Jeon Y J, Sung H J, Lee S M. Flow oscillations and meniscus fluctuations in a funnel-type water mold model [J]. Metallurgical and Materials Transactions B, 2010, 41 (1): 121-130.

[65] Liu R, Thomas B G, Kalra L. Slide-gate dithering effects on transient flow and mold level fluctuations [C]. Proceedings of AISTech, 2012: 1351-1364.

[66] Zhang L F, Chen Y F. A novel design of the submerged entry nozzle for slab continuous casting process [J]. AISTech, 2011: 1647-1658.

[67] Zhang L F, Yang S, Cai K. Investigation of fluid flow and steel cleanliness in the continuous casting strand [J]. Metallurgical and Materials Transactions B, 2007, 38 (1): 63-83.

[68] 万晓光，韩传基，蔡开科．连铸板坯结晶器浸入式水口试验研究 [J]. 钢铁，2000，35

(9): 20-23.

[69] Thumfart M, Javurek M. Low pressure effects in SEN-Stopper region in continuous casting [J]. Steel Research International, 2015, 86 (1): 25-32.

[70] Li F, Ren Q, Li Y C, et al. Influence of calcium treatment and protective casting on steel cleanliness during continuous casting process [J]. Steel Making, 2016, 32 (3): 18-23.

[71] Zhang L F, Li F, Fang W. Thermodynamic investigation for the accurate calcium addition during calcium treatment of molten steels [J]. Steel Making, 2016, 32 (2): 1-8.

[72] Zhang L F, Aoki J, Thomas B G. Inclusion removal by bubble flotation in continuous casting mold [J]. Metallurgical and Materials Transactions B, 2006, 37 (3): 361-379.

[73] Wang Y F, Dong A P, Zhang L F. Effect of slide gate and EMBr on the transport of inclusions and bubbles in slab continuous casting strands [J]. Steel Research International, 2011, 82 (4): 428-439.

[74] Thomas B G, Huang X, Sussman R C. Simulation of argon gas flow effects in a continuous slab caster [J]. Metallurgical and Materials Transactions B, 1994, 25 (4): 527-547.

[75] Liu Z Q, Li L M, Qi F S, et al. Population balance modeling of polydispersed bubbly flow in continuous-casting using multiple-size-group approach [J]. Metallurgical and Materials Transactions B, 2015, 46 (1): 406-420.

[76] Thomas B G, Dennisov A, Bai H. Behavior of argon bubbles during continuous casting of steel [J]. Steelmaking Conference Proceedings, 1997: 375-384.

[77] Bai H, Thomas B G. Turbulent flow of liquid steel and argon bubbles in slide-gate tundish nozzles: Part Ⅱ. Effect of operation conditions and nozzle design [J]. Metallurgical and Materials Transactions B, 2001, 32 (2): 269-284.

[78] 雷洪，朱苗勇，汪湜泉．水口吹氩对结晶器弯月面波动的影响 [J]. 中国有色金属学报，1998, 8 (2): 468-471.

[79] Iguchi M, Kasai N. Water model study of horizontal molten steel-Ar two-phase jet in a continuous casting mold [J]. Metallurgical and Materials Transactions B, 2000, 31 (3): 453-460.

[80] Thomas B G, Yuan Q, Sivaramakrishnan S, et al. Comparison of four methods to evaluate fluid velocities in a continuous slab casting mold [J]. ISIJ International, 2001, 41 (10): 1262-1271.

[81] 李宝宽，李东辉．连铸结晶器内钢液涡流现象的水模型观察和数值模拟 [J]. 金属学报，2002, 38 (3): 315-320.

[82] Shen B, Shen H, Liu B. Instability of fluid flow and level fluctuation in continuous thin slab casting mould [J]. ISIJ International, 2007, 47 (3): 427-432.

[83] Watanabe T, Iguchi M. Water model experiments on the effect of an argon bubble on the meniscus near the immersion nozzle [J]. Transactions of the Iron Steel Institute of Japan, 2009, 49 (2): 182-188.

[84] Jin X, Chen D F, Xie X. Investigation on water model for fluid flow in slab continuous casting

mold with consideration of solidified process [J]. Steel Research International, 2013, 84 (1): 31-39.

[85] Liu Z Q, Li B K, Jiang M F. Transient asymmetric flow and bubble transport inside a slab continuous-casting mold [J]. Metallurgical and Materials Transactions B, 2014, 45 (2): 675-697.

[86] Kalter R, Tummers M J, Righolt B W. Aspect ratio effects on fluid flow fluctuations in rectangular cavities [J]. Metallurgical and Materials Transactions B, 2014, 45 (6): 2186-2193.

[87] Morales R D, Calderon-Ramos I. Influence of turbulent flow sin the nozzleon melt flow withina slab moldand stability of the metal [J]. Metallurgical and Materials Transactions B, 2016, 47 (3) 1866-1881.

[88] 干勇，仇圣桃，萧泽强．连续铸钢过程数学物理模拟 [M]. 北京：冶金工业出版社，2001：17-18.

[89] 王福军．计算流体动力学分析：CFD 软件原理与应用 [M]. 北京：清华大学出版社，2004：116-142.

[90] Singh R, Thomas B G, Vanka S P. Large eddy simulations of double-ruler electromagnetic field effect on transient flow during continuous casting [J]. Metallurgical and Materials Transactions B, 2014, 45 (3): 1098-1115.

[91] Liu Z, Li L, Qi F, et al. Population balance modeling of polydispersed bubbly flow in continuous-casting using multiple-size-group approach [J]. Metallurgical and Materials Transactions B, 2015, 46 (1): 406-420.

[92] Chaudhary R, Lee G G, Thomas B G. Effect of stopper-rod misalignment on fluid flow in continuous casting of steel [J]. Metallurgical and Materials Transactions B, 2011, 42 (2): 300-315.

[93] Li B K, Tsukihashi F. Effects of electromagnetic brake on vortex flows in thin slab continuous casting mold [J]. ISIJ International, 2006, 46 (12): 1833-1838.

[94] 刘启龙，仇圣桃，占树华. 气体流量及水口底部形状对板坯结晶器内流场影响的水模型试验 [J]. 特殊钢，2018，39 (2)：1-5.

[95] 安文，刘中秋，李向. 电磁搅拌下板坯结晶器内的瞬态三相流动 [C] //中国金属学会. 第十二届中国钢铁年会论文集，北京：冶金工业出版社，2019.

[96] 高煜，王振东，单庆林. 基于 PIV 技术的结晶器液面波动指数优化 [J]. 连铸，2023 (5)：35-38，50.

4 连铸结晶器内钢液流动控制研究

宽板坯连铸结晶器的宽度通常大于1600 mm，与普通板坯连铸结晶器相比，即使在相同的水口结构和连铸条件下，两者内部钢液的流动行为也有很大的差异，不能简单地将普通板坯的生产经验应用在宽板坯的生产中。但是，不论是宽板坯还是普通板坯，其结晶器内的钢液流动行为的研究方法是相通的，即数值模拟和物理模拟。数值模拟是把所研究的现象用数学模型表示出来，然后在计算机上对模型进行数值试验。物理模拟则是在按相似准则构成的实验室设备上再现某个现象，可对所研究的过程进行直接实验。本章首先讨论了宽板坯连铸结晶器水模型的建立，以此为研究对象利用 PIV 技术分析了其内部中心面（平行于宽面）的湍流特征，包括速度、脉动速度、湍动能及耗散率、涡度、应力率、雷诺应力和静压力，分析了流场的对称性。随后分析了结晶器液面波动和吹气对流体流动的影响，在实验结果的基础上优选出适合宽板坯连铸的最佳水口结构、水口浸入深度及拉坯速度。

4.1 连铸结晶器水模型的建立

4.1.1 相似原理

由于水和钢液的运动黏度相当，结晶器内流场的物理模拟实验常用水的流动来模拟钢液的流动。模型与原型之间要满足相似性，表现为以下五个方面[1]：

（1）几何相似：模型与原型的边界具有相同的形状，相同的方位，以及对应点的尺寸具有相同的比例。

（2）运动相似：模型与原型内流场对应点的速度方向一致，大小之比相同。

（3）动力相似：模型与原型内流场对应点的作用力之比相同，各力的方向对应一致。

（4）物性相似：模型与原型内流场对应点流体性质相似，如密度之比为常数，黏度之比为常数等。

（5）相似准数相等：相似准数为由描述自然现象的不同物理量所组成的无量纲的综合数群，具有特定的物理意义和性质。相似现象表现为相似准数在数值上相等。

4.1.2 相似准数

结晶器中钢液的流动，是钢液在重力的作用下从中间包经浸入式水口进入结晶器，然后经结晶器冷却生成坯壳拉出结晶器。结晶器内的钢水流动主要受惯性力、重力以及黏性力的作用。根据相似原理，需要对结晶器内钢液流动做理想化处理，在结晶器内流体视为不可压缩黏性流体的稳态等温流动。结晶器模拟时需根据所模拟的物理现象选择要考虑的相似准数，式（4-1）~式(4-3）依次为雷诺准则（Re）、弗鲁德数准则（Fr）和韦伯准则（We）。对于单相流，结晶器内流体主要受到惯性力、黏性力和重力的作用。因此，模型和原型需同时满足 Re 数和 Fr 数相等。但是，若要同时满足这两个相似准数，必须建立 1∶1 的水模型。由于水和钢液的运动黏度很接近，两者的运动行为很相似。当结晶器内流动为完全湍流时，雷诺数的影响可以忽略不计，只需满足 Fr 数即可。因此，在保证湍流状态下，结晶器的尺寸可以在原型的基础上按照几何相似缩小。而模拟钢渣界面现象时，必须考虑表面张力的影响。因此，理论上建立水模型还需考虑 We 数。但是，若要同时满足 We 数和 Fr 数，模型和原型的相似比需满足 1∶1.67[2]。由于实际的钢渣界面现象非常复杂，钢渣界面受钢渣反应、多相流、钢渣黏度比和密度比变化、钢渣界面张力、液渣乳化、气泡穿越钢渣界面等诸多因素的综合影响，水-油模型界面无法完全包含这些现象，因此单纯满足几何相似对于水模型来说意义不大。

雷诺准数（Reynolds）：

$$Re=\frac{\rho Vl}{\eta}=\frac{(\rho l^3)\left(\frac{V^2}{l}\right)}{\eta\left(\frac{V}{l}\right)l^2}=\frac{\text{质量}\times\text{加速度}}{\text{剪切力}\times\text{面积}}=\frac{\text{惯性力}}{\text{黏性力}} \tag{4-1}$$

弗鲁德准数（Froude）：

$$Fr=\frac{V^2}{gl}=\frac{(\rho l^3)\left(\frac{V^2}{l}\right)}{(\rho l^3)g}=\frac{\text{质量}\times\text{加速度}}{\text{质量}\times\text{重力加速度}}=\frac{\text{惯性力}}{\text{重力}} \tag{4-2}$$

韦伯准数（Weber）：

$$We=\frac{\rho V^2 l}{\sigma}=\frac{(\rho l^3)\left(\frac{V^2}{l}\right)}{\sigma l}=\frac{\text{质量}\times\text{加速度}}{\text{表面张力}}=\frac{\text{惯性力}}{\text{表面张力}} \tag{4-3}$$

式中，ρ 为流体密度，kg/m^3；V 为流体流速，m/s；l 为特征长度，m；η 为流体黏度，Pa·s；g 为重力加速度，m/s^2；σ 为流体表面张力，N/m。

基于以上原因，研究水模型实验时建立模型的准则通常为：

（1）模型与原型几何相似。

（2）模型与原型的 *Fr* 数相等。

（3）保证模型内流体流动为湍流流动。

4.1.3　实验模型的建立

某钢厂宽板坯连铸结晶器断面为 2040 mm×200 mm，生产钢种为 SUS304 不锈钢，拉坯速度为 0.85m/min。在相似原理的理论基础上，拟建立原型和模型比例为 4∶1 的水模型。模型与原型需满足式（4-2），经式（4-4）~式（4-6）的推导，可以计算出模型与原型的拉坯速度之比为 0.5，水模型的拉坯速度为 0.425 m/min。水口内流体流速是根据单位时间结晶器内流体通量等于水口内流体通量计算的，原型水口内流速为 1.50 m/s，水模型水口内流速为 0.83 m/s。至此，可以利用式（4-1）计算水口内的 *Re* 数，式中的特征长度 l 此处为水口内径，所需参数列于表 4-1。经计算，原型水口内 *Re* 数为 1.39×10^5，1/4 比例水模型水口内 *Re* 数为 1.45×10^4。对于管流流动，$Re\geqslant 8000\sim12000$ 时一定为湍流。因此，结晶器水口内为湍流流动，*Re* 数的影响可以忽略，这时只需考虑 *Fr* 数即可。因此，建立1∶4 的宽板坯连铸结晶器水模型来模拟研究钢液的流动是可行的。

$$Fr_m = Fr_p \tag{4-4}$$

$$\frac{V_m^2}{gl_m} = \frac{V_p^2}{gl_p} \Rightarrow \frac{V_m^2}{l_m} = \frac{V_p^2}{l_p} \tag{4-5}$$

$$\frac{V_m}{V_p} = \sqrt{\frac{l_m}{l_p}} = \sqrt{\frac{1}{4}} = \frac{1}{2} \tag{4-6}$$

式中，下标 m 代表水模型对应的物理量；下标 p 代表原型对应的物理量。

表 4-1　计算水口内 *Re* 数所需参数

参　数	结晶器原型	1/4 比例水模型
结晶器断面/mm×mm	2040×200	510×50
拉坯速度/m · min^{-1}	0.85	0.425
水口内径/mm	70	17.5
水口内流速/m · s^{-1}	1.50	0.83
流体密度/kg · m^{-3}	6932（1490 ℃）	998（20 ℃）
流体黏度/Pa · s	5.23×10^{-3}（1490 ℃）	1.00×10^{-3}（20 ℃）

图 4-1 为宽板坯结晶器水模型的结构与尺寸。按照相似比，宽和厚分别为 510 mm 和 50 mm，而水模型的长度是参考了 Gupta 等[3]的研究结果，根据原型长度 900 mm 按照相似比计算后又延长了 225 mm，水模型的有效长度为 450 mm，

整个模型采用透明有机玻璃制成。由于水模型下部采用三孔道的出水方式，势必对结晶器的流态造成影响，所以在有效长度末端设置一个多孔隔板来减弱底部涡流的影响。挡板距底部出水孔 100 mm。图 4-2 所示为宽板坯结晶器水模型实验装置图，打开塞棒，水流进入水口，从水口底部两侧出口注入结晶器，之后穿过多孔挡板经 3 个管道排出结晶器，计量泵将从结晶器排出的水流抽至中间包参与循环来近似模拟连铸过程。该系统配备了一台空气压缩机作为气源模拟吹氩，浮子流量计和涡轮流量计用于检测气体流量和水流流量。

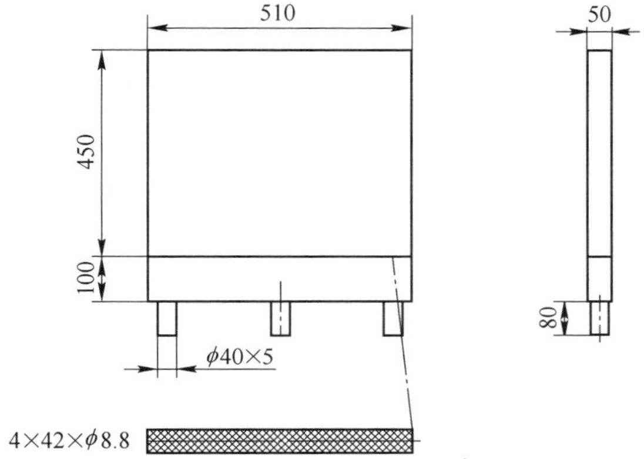

图 4-1　宽板坯结晶器水模型结构与尺寸（单位：mm）

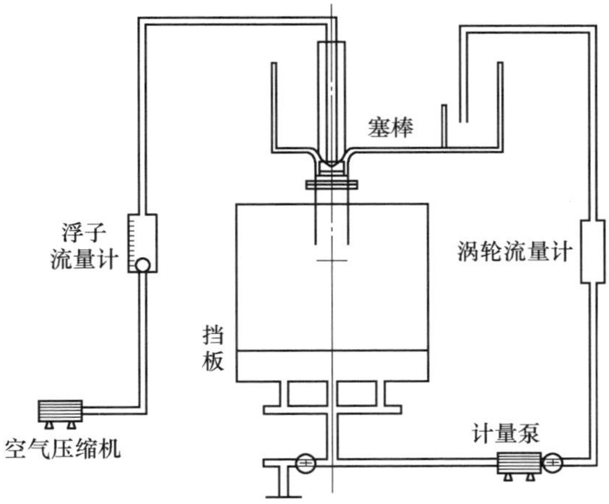

图 4-2　宽板坯结晶器水模型实验装置图

4.2　PIV 技术分析结晶器内湍流特征

当流体流动由层流转变为湍流后，流动特征将发生本质变化。流动变为无序的混乱状态，速度等流动特性都会随机变化。湍流流动是一种高度非线性的复杂流动，通常利用数值方法进行模拟。但是由于数值模拟是一种离散近似的计算方法，依赖于物理上合理、数学上适用、适合于在计算机上进行计算的离散的有限数学模型，其计算结果有一定的误差。数值模拟需要物理模型实验来提供一些流动参数从而对建立的数学模型进行验证。本节利用 PIV 技术测量得到了宽板坯连铸结晶器内平行于宽面中心面的速度场，并根据测量的速度值对结晶器内的湍流特征实现了可视化。

4.2.1　PIV 技术简介

PIV（Particle Image Velocimetry）作为先进的流体测量技术，结合了激光技术、计算机技术和数字图像处理技术，是一种非接触式的测量方法，可以实现定性定量测量，且具有很高的精度和分辨率，可视化很强，能随时反映流场的结果。图 4-3 为 PIV 技术的工作原理及设备组成，设备包括激光器电源、激光发射器、同步控制器、计算机以及 CCD 相机。PIV 的基本原理为：在流场中散播示踪粒子，用脉冲激光片光源照射所测流场区域，通过连续两次或多次曝光，粒子的图像被记录在 CCD 相机上，摄取该区域粒子图像的帧序列，并记录相邻两帧图像序列之间的时间间隔，进行图像相关分析识别示踪粒子图像的位移，从而得到流体的速度场。PIV 的软件平台为 Insight4G，该平台包括图像采集、显示和速度计算处理，以及速度场分析处理软件，能够控制范围广泛的硬件并快速分析结果。

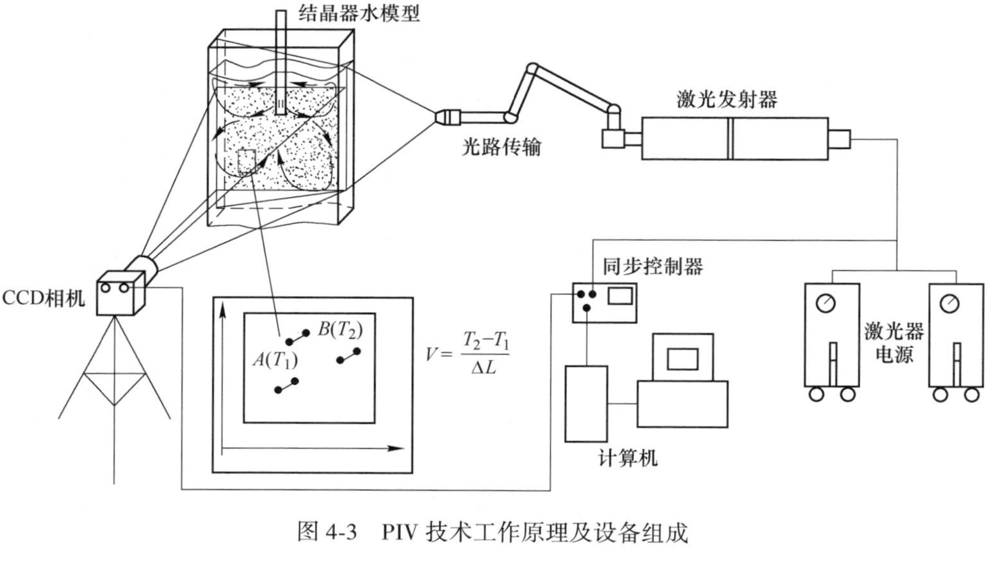

图 4-3　PIV 技术工作原理及设备组成

4.2.2 实验条件

本实验借助 PIV 测量结晶器内流速，激光发射器采用北京镭宝光电技术有限公司生产的脉冲固体激光器系统（型号 Vlite380），电荷耦合器件（CCD）采用美国 TSI 公司生产的相机（型号 63062），运用 Insight4G 软件对图像分析处理。设备安装完毕，将 Insight4G 软件的拍摄模式设为序列模式，数量设置为 100，激光脉冲频率为 1.92 Hz，即连续抓拍时间为 52 s 左右，激光延迟选择 400 μs，PIV 曝光选择 410 μs，计算速度矢量时两帧时间间隔 1200 μs。表 4-2 为 PIV 控制软件 Insight4G 的参数设置。表 4-3 列出了结晶器原型与水模型的连铸条件。图 4-4 所示为本节水模型实验过程使用的浸入式水口结构及尺寸。

表 4-2 Insight4G 软件参数设置

模式	激光延迟/μs	ΔT/μs	PIV 曝光时间/μs	激光频率/Hz	CCD 曝光时间/s
序列	400	1200	410	1.92	52

表 4-3 结晶器原型与水模型连铸条件

参　数	结晶器原型	1/4 水模型
断面尺寸/mm×mm	200×2040	50×510
工作液位/mm	100	25
水口浸入深度/mm	160	50
水口内径/mm	70	17.5
水口长度/mm	870	217.5
拉坯速度/m · min^{-1}	0.85	0.5

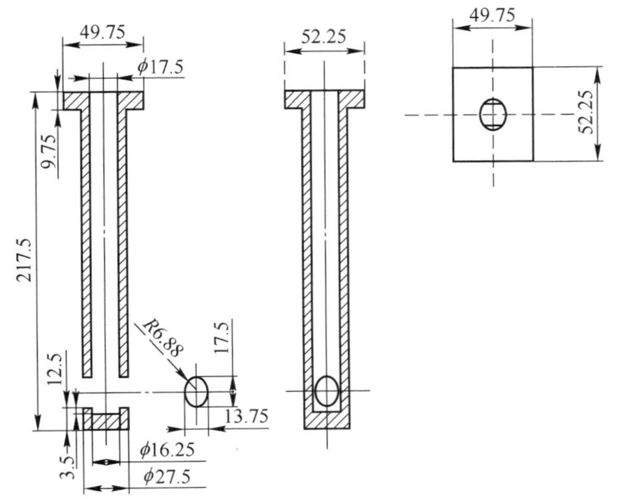

图 4-4 水模型实验所用浸入式水口结构及尺寸（单位：mm）

4.2.3 中心面（平行于宽面）的特征分布

4.2.3.1 二维速度场分布

PIV 测量得到的二维速度文件包含四列：第一列为 x 坐标，正方向为水平向右；第二列为 y 坐标，正方向为垂直向上；第三列为 x 方向的速度 $\boldsymbol{u}$；第四列为 y 方向的速度 $\boldsymbol{v}$，合速度 $\boldsymbol{V}$ 大小由式（4-7）计算得到，方向为 x、y 方向速度矢量和的方向，单位为 m/s。

$$\boldsymbol{V} = \sqrt{\boldsymbol{u}^2 + \boldsymbol{v}^2} \tag{4-7}$$

图 4-5 为宽板坯连铸结晶器内平行于宽面的中心面上瞬时速度场随时间的变化，可以看到，不同时刻结晶器内的流动略有差异。在 0 s 时，如图 4-5（a）所示，水口左侧流股流速略大于右侧，且在左侧窄面的冲击位置高于右侧；在 5.72 s 时，如图 4-5（b）所示，水口右侧流股流速略大于左侧，左侧流股还未到达窄面就分为上回流和下回流，致使水口左侧液面流速大于右侧；在 21.32 s 时，如图 4-5（c）所示，水口右侧流股流速略大于左侧，在左侧的下回流区，流股在到达结晶器底部前发生了分流，致使结晶器左侧下回流出现两个环流，该种流态还未发现有文献报道；在 24.96 s 时，如图 4-5（d）所示，此时刻的流态与 5.72 s 时的流态类似，区别在于两个时刻水口两侧出现的情形正好相反；在 29.64 s 时，如图 4-5（e）所示，此时刻流态与 21.32 s 时的流态类似，区别在于结晶器右侧下回流发生了分流现象，致使右侧下回流出现两个环流；在 30.68 s 时，如图 4-5（f）所示，虽然流股出水口时左侧流速略大于右侧，但两侧流股撞击窄面时的流速和位置相差不大，致使两侧上回流和下回流速度大小相差不大，以结晶器宽度中心线为对称中心，两侧流股流态和流速均对称，为对称流态。由此可见，宽板坯连铸结晶器内流态可以分为对称流和非对称流，而非对称流的情形又可分为：0 s 时因射流角度不对称引起的冲击窄面位置不对称流，5.72 s 或 24.96 s 时因一侧流股冲击窄面前发生分流而引起的液面流速不对称流；21.32 s 或 29.64 s 时因一侧下回流在到达结晶器底部前分流形成两个环流的不对称流。

图 4-6 所示为宽板坯连铸结晶器内平行于宽面的中心面内速度场云图和 52 s 内的时均值，其中图 4-6（a）为速度云图和矢量图。可以看到，该条件下宽板坯连铸结晶器内流股从水口射出后以相同的速度和角度冲击窄面，形成上回流和下回流。其中上回流沿着窄面向上运动，冲击窄面弯月面后速度方向转为水平指向水口，结晶器两侧上回流在水口处相遇，大小相等方向相反，形成上回流的两个涡流。流股冲击窄面后形成的下回流沿着窄面向下运动，直至触碰结晶器底部的缓冲隔板方向转为水平，两侧流股在结晶器底部中心处相遇一起向结晶器上部运动，形成下回流的两个涡流。图 4-6（b）为宽板坯连铸结晶器内平行于宽面的中心面上 52 s 内的时均速度流线图。可以看到，只要连铸条件及水口结构控制得

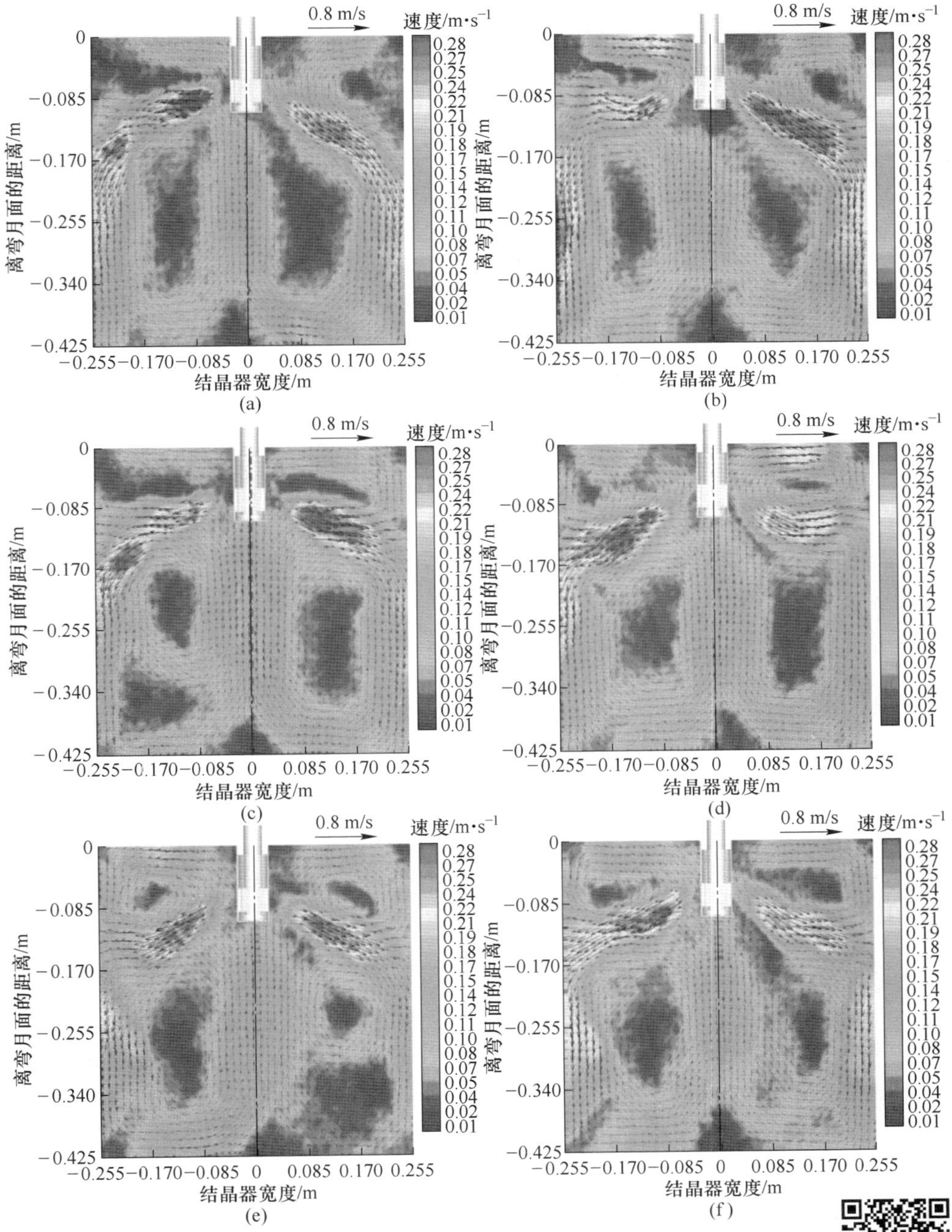

图 4-5 宽板坯连铸结晶器内瞬时速度场随时间变化

(a) 0 s; (b) 5.72 s; (c) 21.32 s; (d) 24.96 s; (e) 29.64 s; (f) 30.68 s

彩图资源

当，宽板坯连铸结晶器内流态为双环流，且上回流的两个涡心和下回流的两个涡心以结晶器宽度中心线为对称中心互相对称。分析宽板坯连铸结晶器内瞬时流态和时均流态可以发现，由于湍流的随机性，即使严格控制结构对称，结晶器内不同时刻的流态也并非理想的对称流，而是以一定的周期在几种流态中反复转换。由于在水口左侧出现的情形在水口右侧也会出现，因此时均流态为对称流。

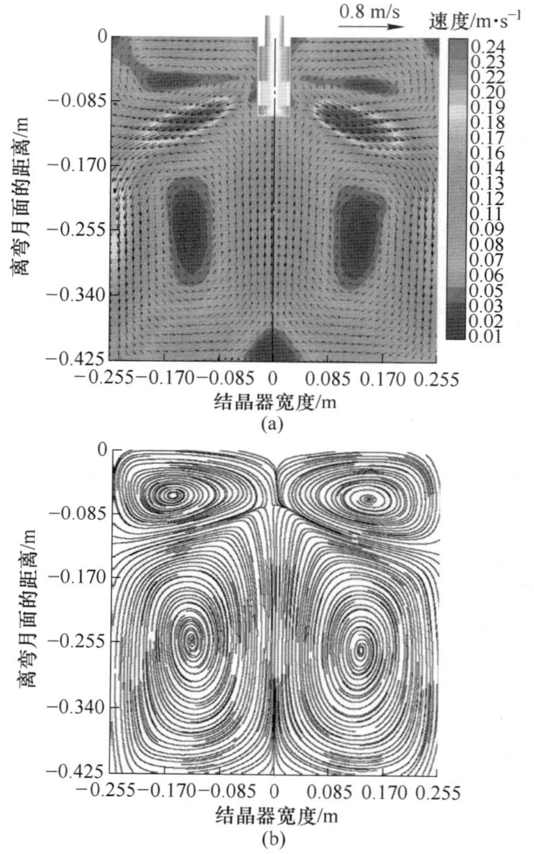

彩图资源

图 4-6　宽板坯连铸结晶器内平行于宽面的中心面速度场分布

（a）速度云图和矢量图；（b）52 s 时均速度流线图

4.2.3.2　脉动速度分布

湍流的无序性表现在湍流内某一点的速度随时间的变化，图 4-7 为在湍流状态下测得的某特定点的实测速度（′代表脉动值，−代表对时间的平均值），可以看到速度值的脉动性很强。湍流的脉动现象对工程设计有直接影响，例如压力的脉动增大了建筑物上承受风载的瞬时载荷而引起建筑物的有害振动。而对于结晶器内钢液流动，水口两侧出口湍流速度的脉动直接影响着流场的对称性和液面波动。因此，结晶器内湍流脉动速度的研究很有必要。

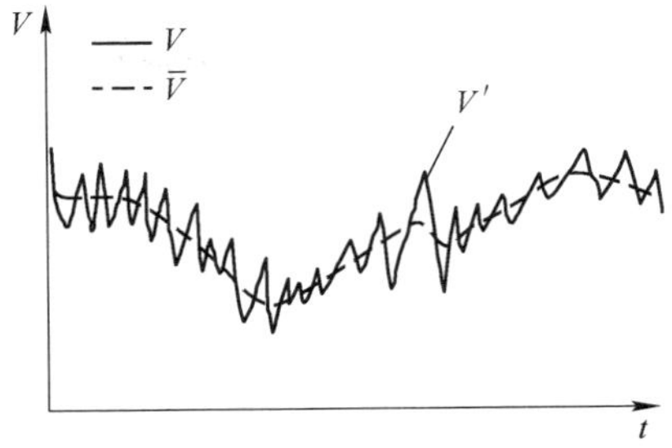

图 4-7 湍流状态下某特定点的实测速度[4]

为了研究脉动速度的影响，利用 Reynolds 平均法[4]将脉动值分离出来，即把湍流运动看作由两个流动叠加而成，一是时间平均流动，二是瞬时脉动流动。即湍流速度的瞬时值、时均值以及脉动值之间有式（4-8）的关系，湍流瞬时速度等于脉动速度和时均速度之和。如果将瞬时速度分解为 x 方向的速度 $\boldsymbol{u}$ 和 y 方向的速度 $\boldsymbol{v}$ 。那么对应的就有 x 方向的脉动速度 $\boldsymbol{u}'$ 和 y 方向的脉动速度 $\boldsymbol{v}'$，其相互关系如式（4-9）和式（4-10）所示。得到湍流的瞬时速度和时均速度后，就可以对湍流的脉动速度加以研究。PIV 的优势在于可以测量一定时间内整个平面内湍流的瞬时速度场，那么整个平面内湍流速度对时间的平均值也可以得到，这样可以将整个平面内湍流的瞬时脉动运动分离出来。

$$\boldsymbol{V} = \boldsymbol{V}' + \overline{\boldsymbol{V}} \tag{4-8}$$

$$\boldsymbol{u} = \boldsymbol{u}' + \overline{\boldsymbol{u}} \tag{4-9}$$

$$\boldsymbol{v} = \boldsymbol{v}' + \overline{\boldsymbol{v}} \tag{4-10}$$

图 4-8（a）~（f）为不同时刻宽板坯连铸结晶器内平行于宽面的中心面上 x 方向的脉动速度 $\boldsymbol{u}'$ 云图，水平向右为正方向。云图中红色代表此刻在 x 方向上湍流向右脉动，蓝色代表此刻在 x 方向上湍流向左脉动。从云图中可以看到不同时刻结晶器内不同位置湍流的强弱，其中主流股的上半部分和下半部分脉动速度方向相反，而在水口两侧虽然速度方向相反，但是速度可能向同一方向脉动，如图 4-8（a）和（b）所示。另外，主流股上半部分和下半部分速度脉动方向也可能发生变化，如图 4-8（d）和（e）所示。

图 4-9（a）~（f）为不同时刻宽板坯连铸结晶器内平行于宽面的中心面上 y 方向的脉动速度 $\boldsymbol{v}'$ 云图，垂直向上为正方向。云图中红色代表此刻在 y 方向上湍流向上脉动，蓝色代表此刻在 y 方向上湍流向下脉动。水口两侧流股在 y 方向上的流动方向是一致的，但是速度的脉动方向有时却相反，如图 4-9（b）所示。有时同时向上脉动，如图 4-9（c）所示，有时同时向下脉动，如图 4-9（f）所示。

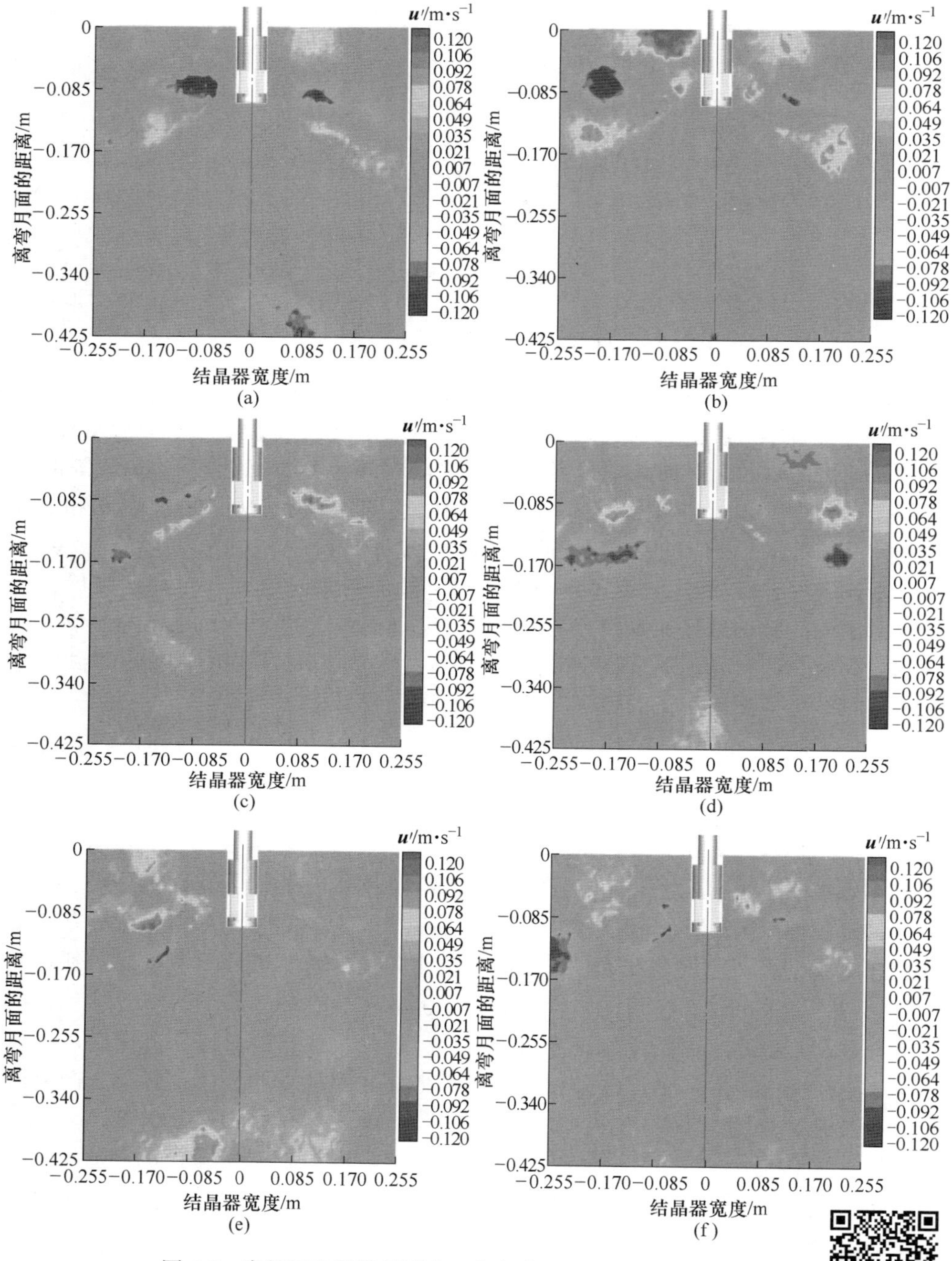

图 4-8　宽板坯连铸结晶器内 x 方向脉动速度 $\boldsymbol{u}'$ 随时间的变化

(a) 0 s; (b) 5.72 s; (c) 21.32 s; (d) 24.96 s; (e) 29.64 s; (f) 30.68 s

彩图资源

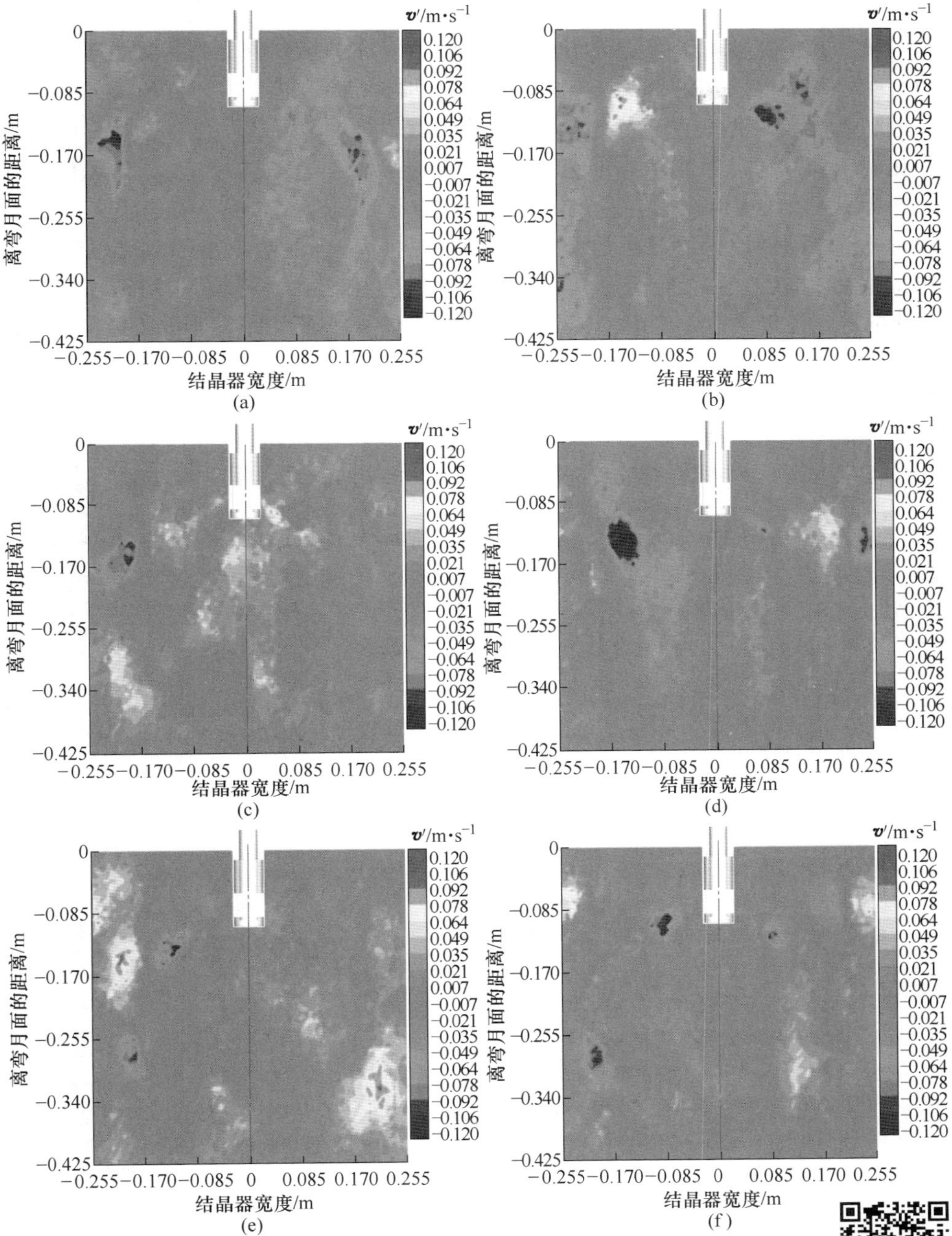

图 4-9 宽板坯连铸结晶器内 y 方向脉动速度 $\boldsymbol{v}'$ 随时间的变化

(a) 0 s; (b) 5.72 s; (c) 21.32 s; (d) 24.96 s; (e) 29.64 s; (f) 30.68 s

彩图资源

图 4-10（a）~（f）为不同时刻宽板坯连铸结晶器内平行于宽面的中心面上 x 方向和 y 方向合脉动速度 V' 云图及矢量图，其大小为 x 方向脉动速度和 y 方向脉动速度的平方根，方向为 x 方向脉动速度和 y 方向脉动速度的矢量和的方向。云图中红色代表速度脉动较大，蓝色代表速度脉动较小。可以发现，主流股中速度的脉动较大，水口两侧液面的速度方向虽然相反，但是速度的脉动方向有时同向，如图 4-10（b）所示。结晶器液面速度的脉动是造成液面非稳态流以及液面瞬时波动剧烈的原因。结晶器两侧流股速度的脉动也会对流场的对称性造成影响，为保护渣卷入钢液创造了有利条件，不利于生产表面质量合格的铸坯。由于湍流的脉动流动具有随机性，因此其脉动速度是无法预测的，但可以测量。本节利用 PIV 技术测量得到的宽板坯连铸结晶器内的瞬时速度和时均速度计算得出脉动速度，为进一步研究宽板坯连铸结晶器内湍流特征提供了可能性。

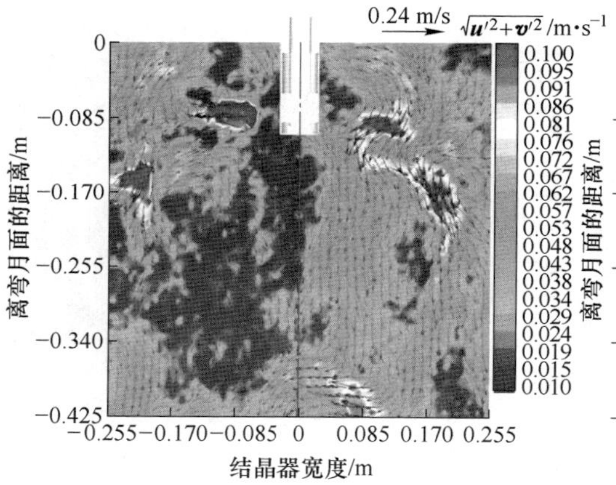

(a)

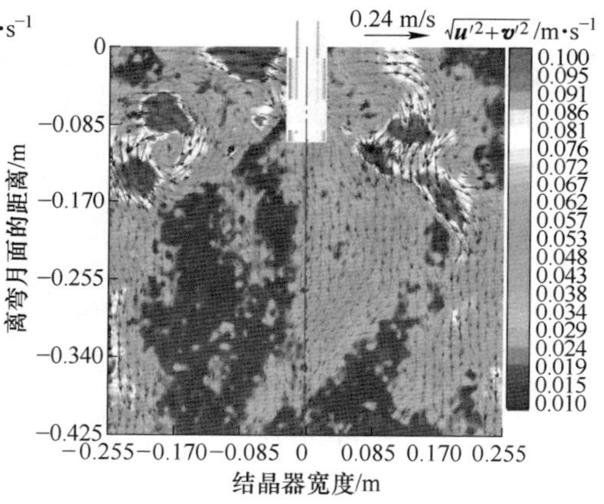

(b)

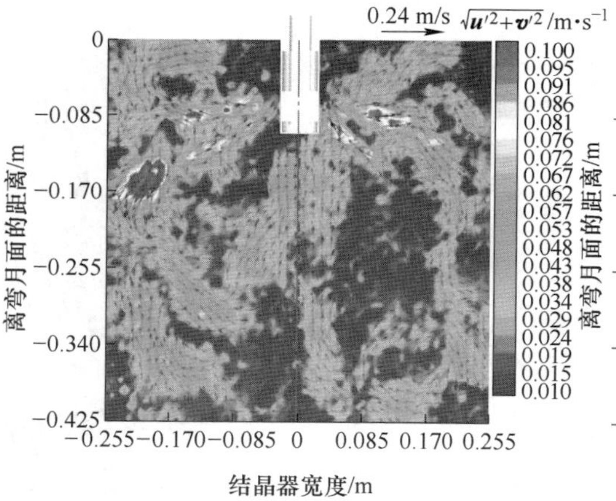

(c)

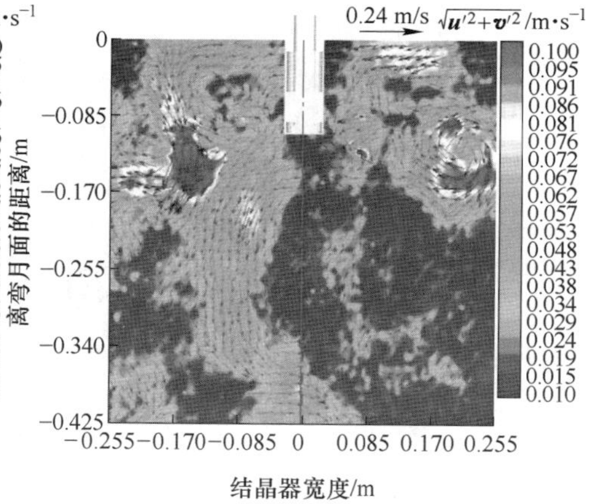

(d)

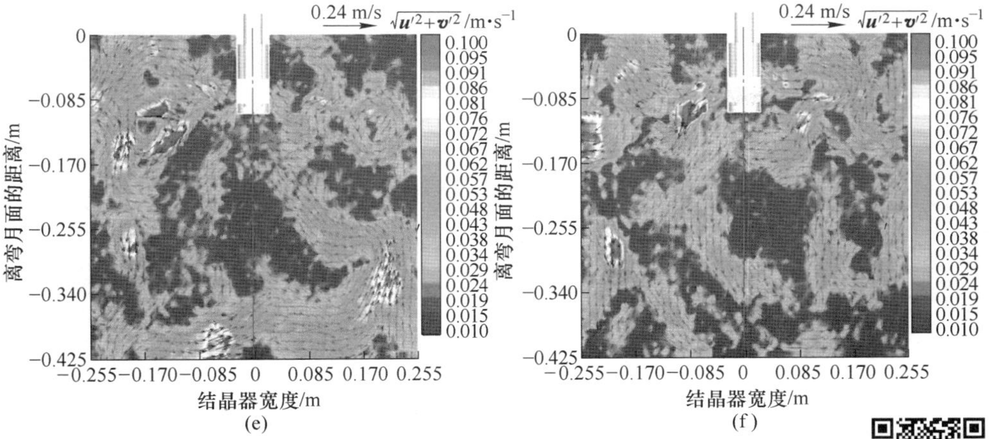

图 4-10　宽板坯连铸结晶器内 $\sqrt{u'^2+v'^2}$ 随时间的变化

(a) 0 s; (b) 5.72 s; (c) 21.32 s; (d) 24.96 s; (e) 29.64 s; (f) 30.68 s

彩图资源

4.2.3.3　湍流动能及其耗散速率分布

结晶器内的钢液流动是一个复杂的三维湍流流动，湍流速度在空间上存在着随机涨落，从而形成了显著的速度梯度，在钢液黏性力作用下通过内摩擦不断地将湍流动能转化为分子运动的动能。这里涉及两个概念：湍流动能和湍流动能耗散速率。湍流动能是指湍流速度涨落方差与流体质量乘积的1/2，是衡量湍流发展或衰退的指标，其定义为式（4-11）。需要指出的是，由于连铸过程采用双侧开水口，因此结晶器内的流动主要受 x（平行于宽面的水平方向）和 y（平行于宽面的垂直方向）两个方向的速度的影响，因此 PIV 测量采用二维模式，测量面为平行于宽面的中心面，即 x 和 y 两个方向的二维速度，z 方向的速度忽略不计，也就是式（4-11）中 w' 为零。湍流动能耗散速率是指在分子黏性作用下由湍流动能转化为分子热运动动能的速率，通常以单位质量流体在单位时间内损耗的湍流动能来衡量，其计算方法如式（4-12）所示[5]。

$$k = \frac{1}{2} \times (u'^2 + v'^2 + w'^2) \tag{4-11}$$

$$\varepsilon = \left| \frac{\mathrm{d}k}{\mathrm{d}t} \right| \tag{4-12}$$

式中，k 为湍流动能，m^2/s^2；ε 为湍动能耗散率，m^2/s^3；u'，v'，w' 分别为 x、y、z 方向上的脉动速度，m/s。

图 4-11 所示为不同时刻宽板坯连铸结晶器内平行于宽面的中心面上的湍流动能分布云图。可以看到，结晶器内各位置处的湍流动能在不停地变化，湍流动能较大的部位集中在主流股区、结晶器液面宽度 1/4 处以及下回流贴近壁面的区域。

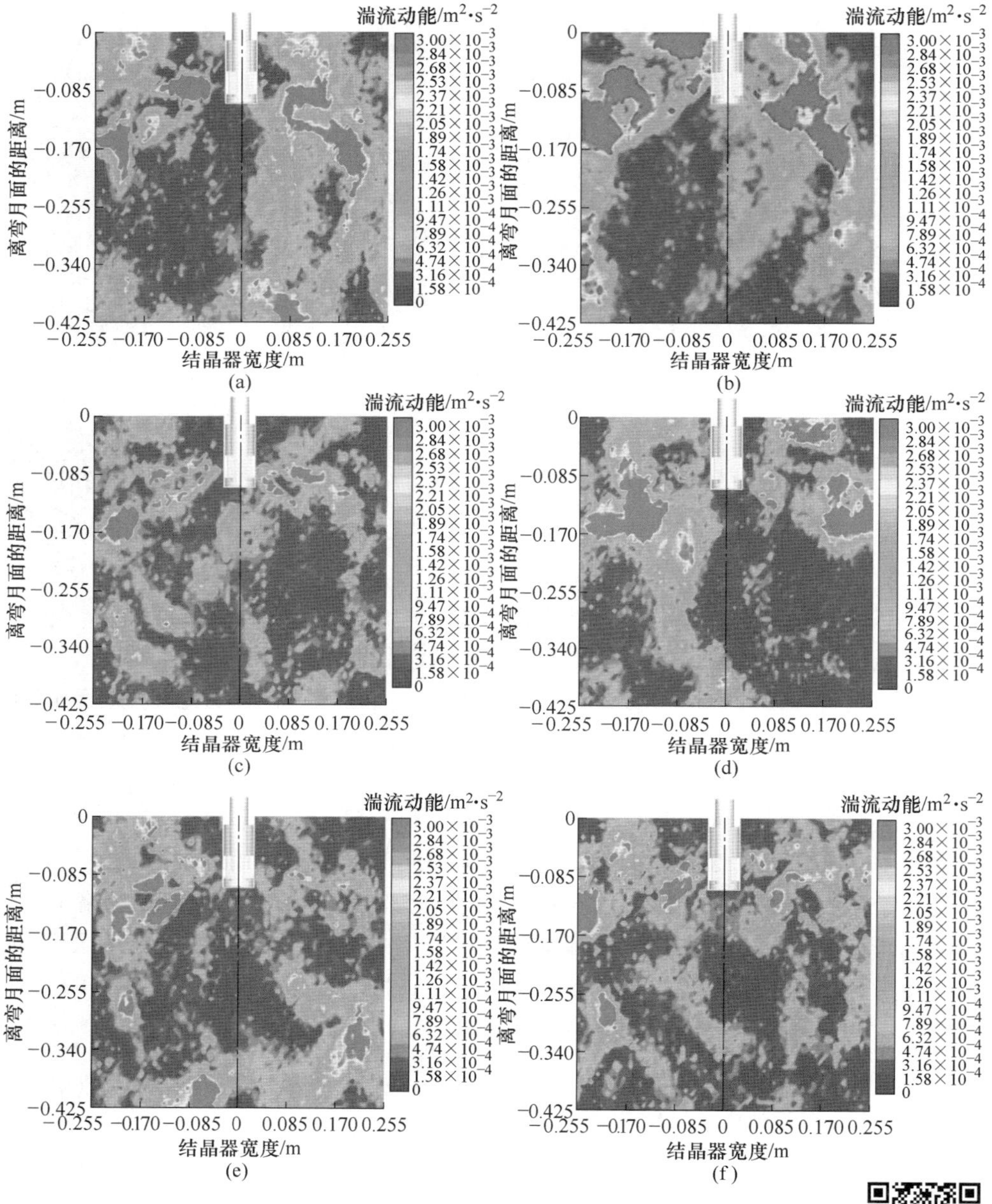

图 4-11　宽板坯连铸结晶器湍流动能 k 随时间的变化

(a) 0 s; (b) 5.72 s; (c) 21.32 s; (d) 24.96 s; (e) 29.64 s; (f) 30.68 s

彩图资源

图 4-12 为宽板坯连铸结晶器内平行于宽面的中心面上的湍流动能在 52 s 内的时均分布云图。可以看到，结晶器内的湍流起源于水口出口，在撞击窄面前得到充分发展，撞击窄面后上回流湍流动能有所减弱，流股由窄面运动

至水口的过程中，湍流动能先增大后减小，在结晶器宽度 1/4 附近达到最大值。主流股撞击窄面后，下回流湍动能逐渐减弱，但是由于主流股源源不断的动能补充，结晶器内的湍流动能不会完全衰退。

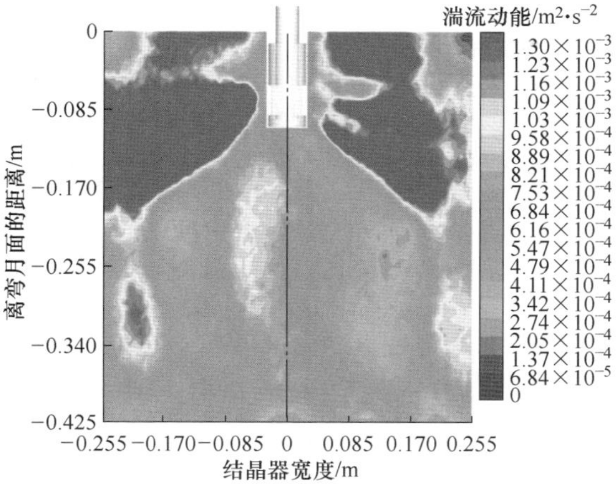

彩图资源

图 4-12 宽板坯连铸结晶器内湍流动能 k 在 52 s 内的时均值

图 4-13 所示为不同时刻宽板坯连铸结晶器内平行于宽面的中心面上的湍流动能耗散速率分布云图。可以看到，湍流从水口起源，由于分子黏性力的作用，在运动过程中湍流动能逐渐转化为分子热运动动能，湍流动能越大的位置其转化为分子热运动动能的速率越快，也就是湍动能耗散速率越大。图 4-14 为宽板坯连铸结晶器内平行于宽面的中心面上的湍流动能耗散速率在 52 s 内的时均分布云图。可以看到，流股由水口射出至撞击窄面的过程中，由于分子黏性力的作用，湍流动能转化为分子热运动的速率很大，即这个过程中湍流动能耗散很明显，与普通板坯连铸结晶器相比，宽板坯连铸结晶器内湍流动能主要耗散于流股运动至窄面的过程中。

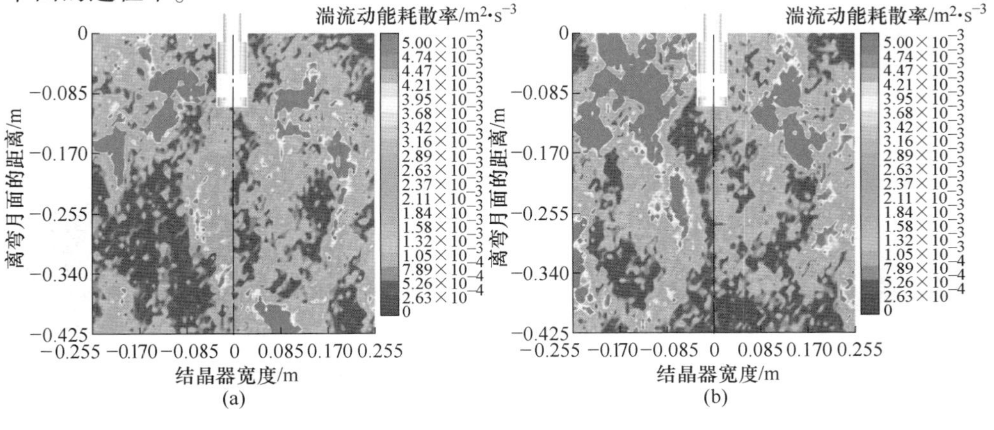

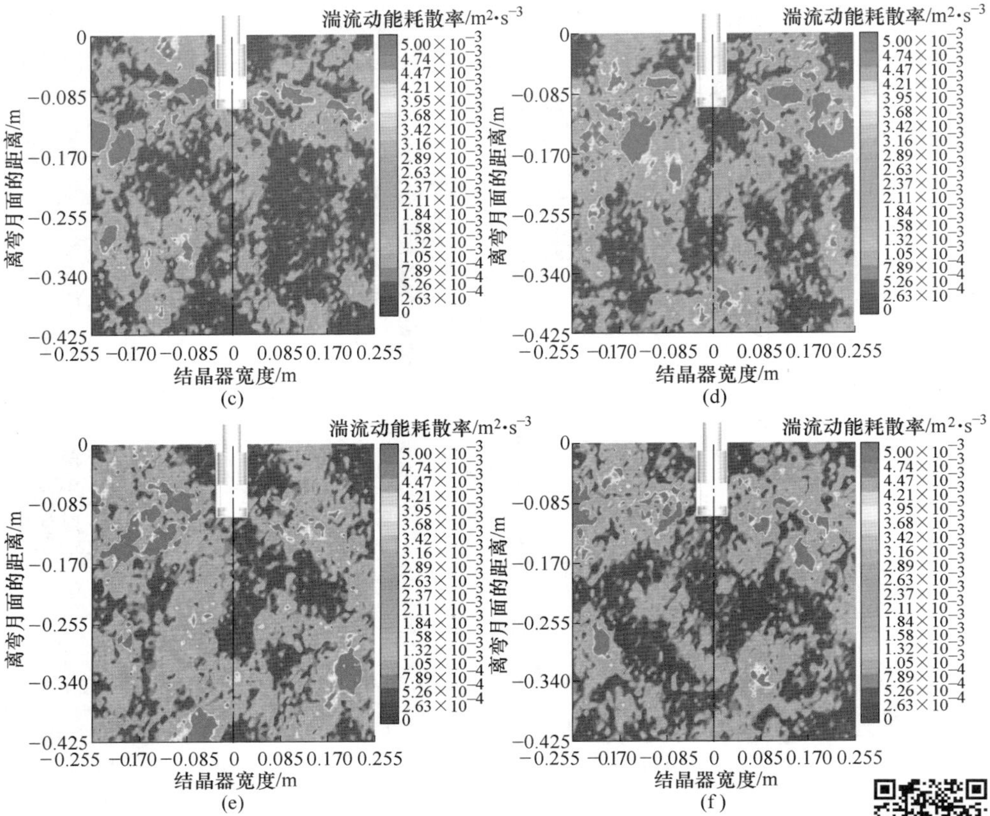

图 4-13　宽板坯连铸结晶器湍流动能耗散率 ε 随时间变化

(a) 0 s; (b) 5.72 s; (c) 21.32 s; (d) 24.96 s; (e) 29.64 s; (f) 30.68 s

彩图资源

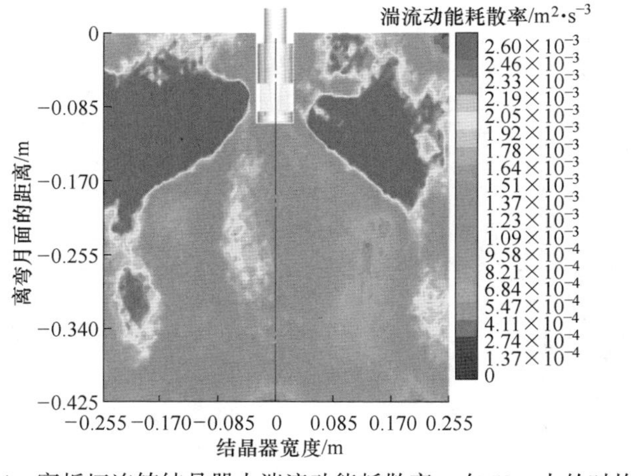

彩图资源

图 4-14　宽板坯连铸结晶器内湍流动能耗散率 ε 在 52 s 内的时均值

4.2.3.4 涡度分布

通常采用“涡度”描述流体微团旋转运动的强弱程度及其方向。涡度是速度场的旋度，是一个向量场。对于二维流体而言，其涡度向量垂直于流体平面。涡度的计算方法如式（4-13）所示。

$$w_z = \frac{\mathrm{d}v}{\mathrm{d}x} - \frac{\mathrm{d}u}{\mathrm{d}y} = \frac{v_{i+1,j} - v_{i-1,j}}{x_{i+1,j} - x_{i-1,j}} - \frac{u_{i,j+1} - u_{i,j-1}}{y_{i,j+1} - y_{i,j-1}} \tag{4-13}$$

式中，w_z为涡度，s^{-1}；$u_{i,j+1}$为节点 i，$j+1$（坐标 x_i，y_{j+1}）处 x 方向瞬时速度分量，m/s；$v_{i+1,j}$为节点 $i+1$，j（坐标 x_{i+1}，y_j）处 y 方向瞬时速度分量，m/s。

图 4-15 为不同时刻宽板坯连铸结晶器内平行于宽面的中心面内涡度分布云图。可以看到，结晶器内有 4 个大尺度的涡，分别为两个上环流和两个下环流，其尺寸由结晶器边界尺寸决定。涡度有正负，规定其旋转轴垂直于 xy 平面向里为负，用蓝色表示；垂直于 xy 平面向外为正，用红色表示。涡度的正负可以根据右手定则来判断：伸出右手，使四指握拳方向为涡流旋转方向，则拇指所指方向为涡度的方向。不同时刻，结晶器内 4 个主要的涡流区涡度的方向不变，但是大小有所变化。

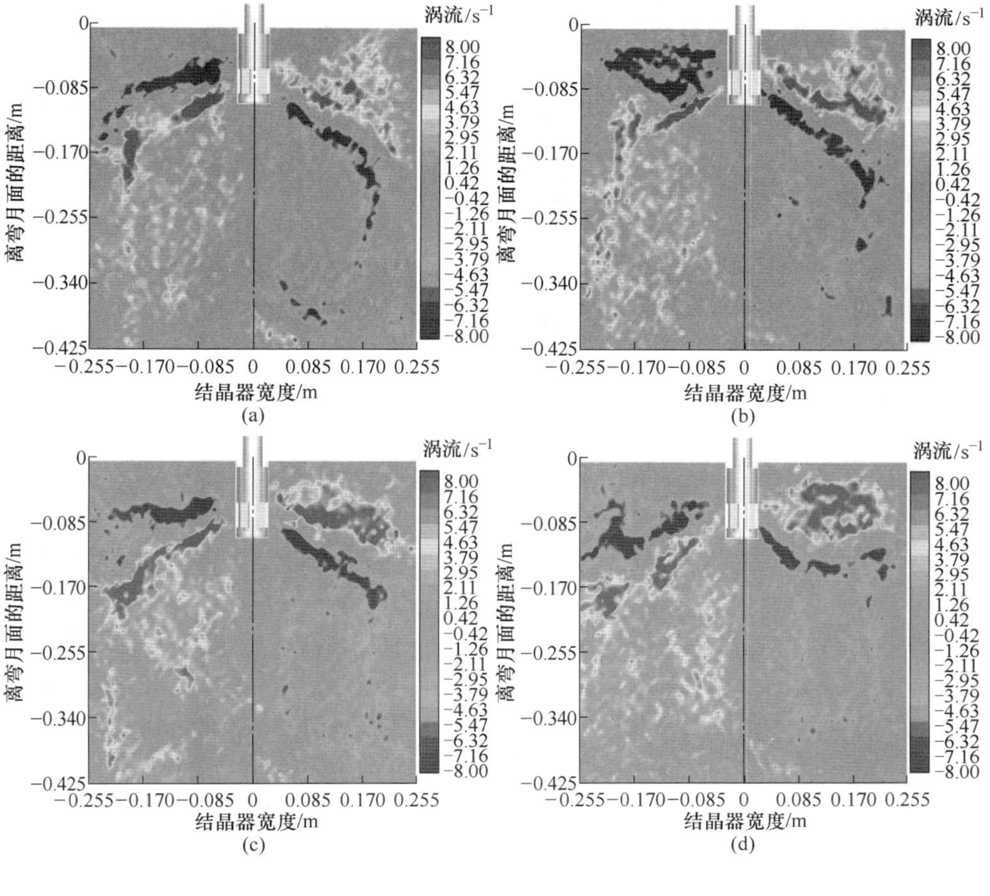

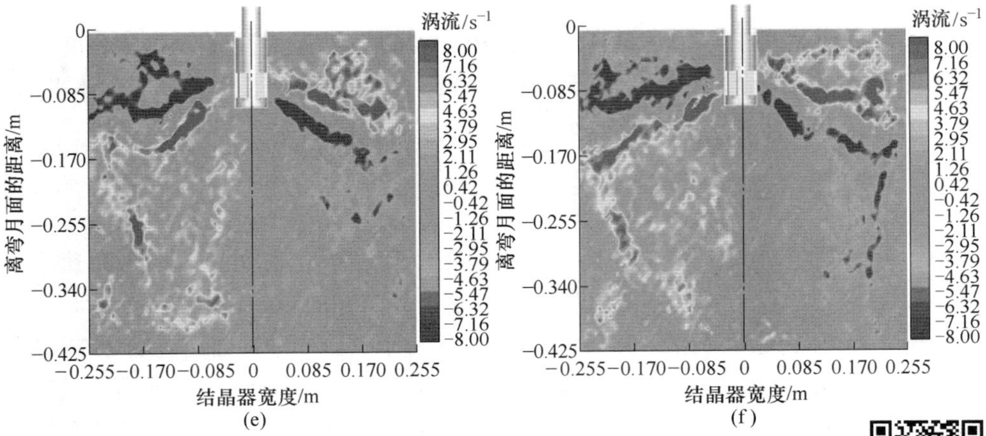

图 4-15　宽板坯连铸结晶器湍流涡度随时间变化

(a) 0 s；(b) 5.72 s；(c) 21.32 s；(d) 24.96 s；(e) 29.64 s；(f) 30.68 s

彩图资源

图 4-16 为宽板坯连铸结晶器内平行于宽面的中心面内涡度在 52 s 内的时均值。可以看到，在结晶器内对称分布着 4 个大尺度的涡，其能量由主流股提供，随着大尺度的涡分解为较小尺度，能量也由大尺度的涡传递给小尺度的涡。结晶器的两个上回流，涡度的大小相等方向相反；同样，结晶器内左右两侧的下回流，左侧涡流方向为逆时针，右侧涡流方向为顺时针，左右两侧涡度的方向相反。

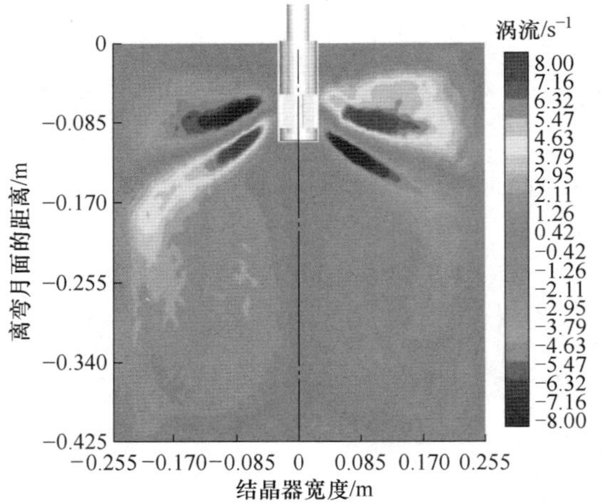

彩图资源

图 4-16　宽板坯连铸结晶器内湍流涡度在 52 s 内的时均值

湍流带有旋转流动结构，即湍流涡[4]。从物理结构上看，可以把湍流看成是由各种不同尺度的涡叠合而成的流动，这些涡的大小和旋转轴的方向分布是随机的[6]。大尺度的涡主要由流动的边界条件决定，即主要受惯性力影响而存在。小尺度的涡主要受黏性力的影响，其尺寸可能只有流场尺度的千分之一。大尺度的涡破裂后形成小尺度的涡，较小尺度的涡破裂后形成更小尺度的涡。在充分发展的湍流区域内，大尺度的涡不断地从主流获得能量，通过涡间的相互作用，能量逐渐向小尺寸的涡传递。最后，由于流体黏性的作用，小尺度的涡不断消失，机械能耗散为流体的热能。同时由于边界条件的作用、扰动及速度梯度的作用，新的漩涡又不断产生，这就构成了湍流运动。在流体力学中，大尺度的涡又叫含能尺度。在含能尺度范围内近似包含总湍流动能，单位时间内由含能尺度向小尺度传递的能量为 ε，利用式（4-14）可以估算含能尺度的量级。小尺度的涡又叫耗散区尺度，其特征量只有湍动能耗散率 ε 和流体的黏度 ν，可以用式（4-15）估算。图 4-17 为结晶器内不同尺度涡的分布。其中，图 4-17（a）为大尺度的涡

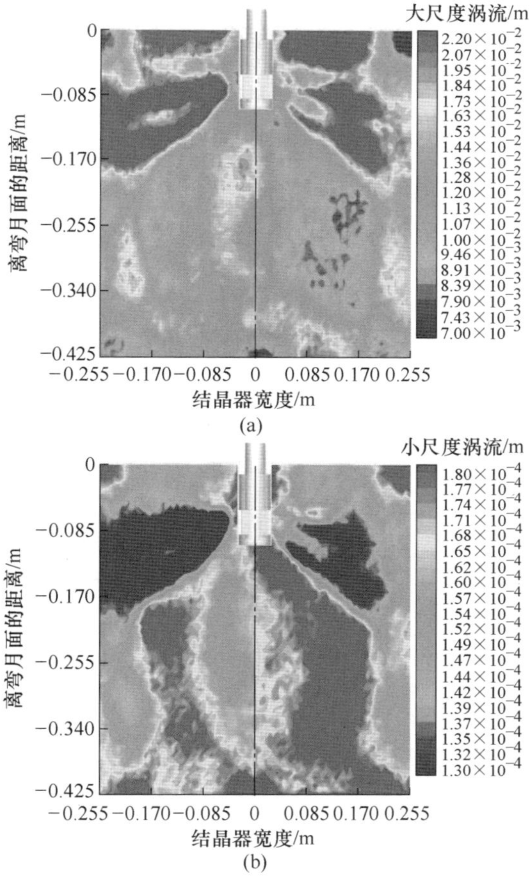

彩图资源

图 4-17　结晶器内不同尺度涡的分布

（a）大尺度的涡；（b）小尺度的涡

分布。可以看到，结晶器内大尺度的涡主要分布在上部，即主流股区和上回流区。图 4-17（b）为小尺度的涡分布。可以看到，结晶器内小尺度的涡主要分布在下部，即下回流的涡流区域。

$$L = \frac{k^{\frac{3}{2}}}{\varepsilon} \tag{4-14}$$

$$\eta = \left(\frac{\nu^3}{\varepsilon}\right)^{\frac{1}{4}} \tag{4-15}$$

式中，L 为大尺度的涡量级，m；k 为湍流动能，m^2/s^2；ε 为湍流动能耗散率，m^2/s^3；η 为小尺度的涡量级，m；ν 为流体运动黏度，m^2/s。

4.2.3.5　应力率分布

湍流内部由于流体相对运动而产生应力，相对运动越大，单位时间内产生的应力也越大。由于结晶器内的涡流是由许多大小不同的漩涡组成，大尺寸的涡作用于小尺寸的涡，小尺寸的涡作用于更小尺寸的涡，其相互之间产生的应力率由式（4-16）计算得到，应力的方向与涡流旋转轴的方向相反。

$$\varepsilon_z = \frac{\mathrm{d}v}{\mathrm{d}x} + \frac{\mathrm{d}u}{\mathrm{d}y} = \frac{v_{i+1,j} - v_{i-1,j}}{x_{i+1,j} - x_{i-1,j}} + \frac{u_{i,j+1} - u_{i,j-1}}{y_{i,j+1} - y_{i,j-1}} \tag{4-16}$$

式中，ε_z为应力率，s^{-1}；$u_{i,\,j+1}$为节点 i，$j+1$（坐标 x_i，y_{j+1}）处 x 方向瞬时速度分量，m/s；$v_{i+1,\,j}$为节点 $i+1$，j（坐标 x_{i+1}，y_j）处 y 方向瞬时速度分量，m/s。

图 4-18 所示为不同时刻宽板坯连铸结晶器内平行于宽面的中心面内应力率分布云图。可以看到，由于结晶器内有 4 个大尺度的涡流，在相应涡流区域产生了较大的应力率，应力的方向与涡流旋转轴的方向相反。

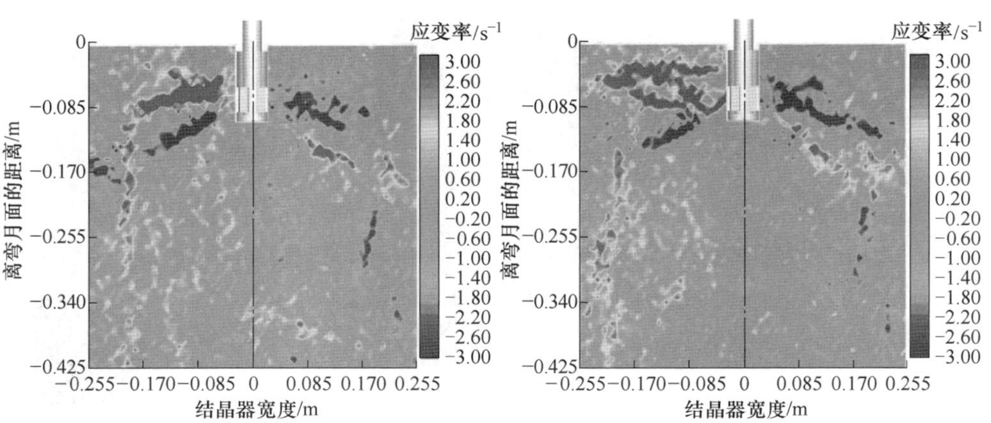

(a)　　(b)

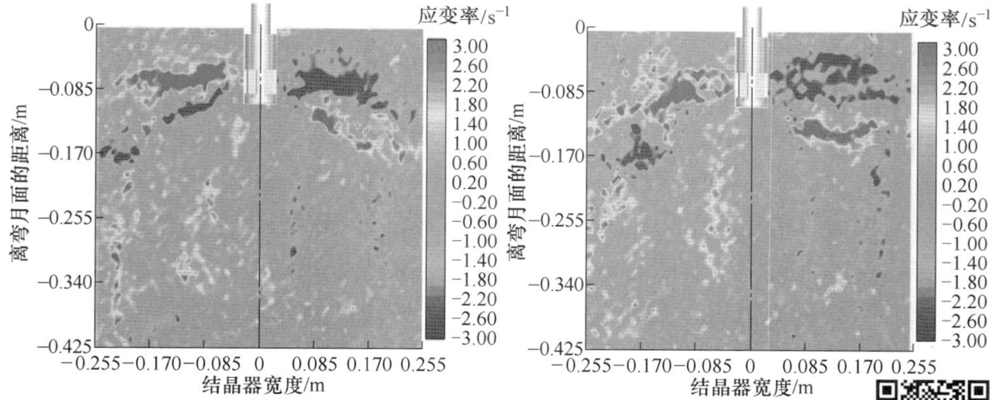

(c) (d)

彩图资源

图 4-18　宽板坯连铸结晶器中心面湍流应力率随时间变化

(a) 0 s；(b) 5.72 s；(c) 21.32 s；(d) 24.96 s

图 4-19 所示为宽板坯连铸结晶器内平行于宽面的中心面内应力率在 52 s 内的时均值。可以看到，水口两侧主流股区域流体所受的应力大小相等、方向相反，由于两个下回流尺寸较大，流体主要受惯性力的作用，下回流区域内应力率相对较小；而上回流由于尺寸相对较小，流体主要受黏性力的作用，上回流区域内应力率相对较大。

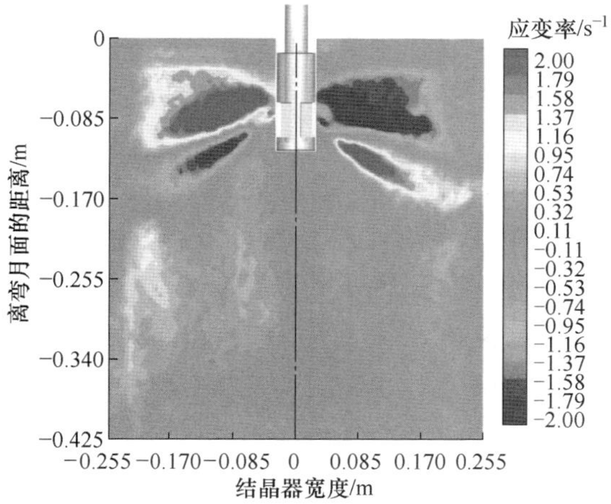

图 4-19　宽板坯连铸结晶器内应力率在 52 s 内的时均值

彩图资源

4.2.3.6　雷诺应力分布

前文提到，利用雷诺时均法可以将湍流分解为脉动流动和时均流动。由于湍流的脉动而产生的正应力和切应力统称为雷诺应力。由于连铸过程采用双侧开水口，因此结晶器内的流动主要受 x（平行于宽面的水平方向）和 y（平行于宽面的垂直方向）两个方向速度的影响。因此，PIV 技术测量采用二维模式，测量面为平行于宽面的中心面，即 x 和 y 两个方向上的二维速度。本文计算的宽板坯连铸结晶器内雷诺应力为垂直于 xy 平面的应力，即湍流正应力，其方向与涡流旋转轴的方向相反，与应力率的方向相同。雷诺应力的计算方法如式（4-17）所示，式（4-18）和式（4-19）分别为节点 i，j 处 x 方向和 y 方向的脉动速度分量的计算公式。

$$\rho(-u'v')_{i,j,\mathrm{avg}} = \frac{1}{N}\rho\sum -u'_{i,j}v'_{i,j} \tag{4-17}$$

$$u'_{i,j} = u_{i,j} - \overline{u}_{i,j} \tag{4-18}$$

$$v'_{i,j} = v_{i,j} - \overline{v}_{i,j} \tag{4-19}$$

式中，$u'_{i,j}$为节点 i，j(坐标 x_i，y_j) 处 x 方向脉动速度分量，m/s；$v'_{i,j}$为节点 i，j（坐标 x_i，y_j）处 y 方向脉动速度分量，m/s；$u_{i,j}$为节点 i，j（坐标 x_i，y_j）处 x 方向瞬时速度分量，m/s；$v_{i,j}$为节点 i，j（坐标 x_i，y_j）处 y 方向瞬时速度分量，m/s；上标“−”代表时均值；ρ 为 20 ℃时水的密度，取值 998 kg/m^3；N 为速度场数量，由于连续抓拍了 100 个瞬态，故 N 取值为 100。

图 4-20 为宽板坯连铸结晶器内湍流雷诺应力云图。可以看到，由于水口两侧涡流旋转方向相反，致使对称位置由于脉动流动产生的雷诺应力方向相反，流体所受雷诺应力主要集中在主流股和上回流区域内。

4.2.3.7　相对静压力分布

连铸结晶器内，被流股带至结晶器较深部位且尺寸较小的气泡、夹杂物或者被乳化的微小渣滴，在上浮过程中如果进入相对压力较小的区域，由于其尺寸较小所受浮力有限，很难继续上浮去除，随着连铸的进行以及凝固前沿的生长，这些物质很有可能被坯壳捕捉永久停留在铸坯中，进而影响铸坯质量。若进入水口出口处的负压区时，上述物质被吸入水口逐渐生长形成结瘤也会影响连铸的顺行。结晶器内平面静压力的显示，对于认识和解释微小尺寸的气泡或者夹杂物在结晶器内的停留区域有一定的指导意义。伯努利在 1726 年提出了“伯努利原理”。这是在流体力学的连续介质理论方程建立之前，水力学所采用的基本原理，

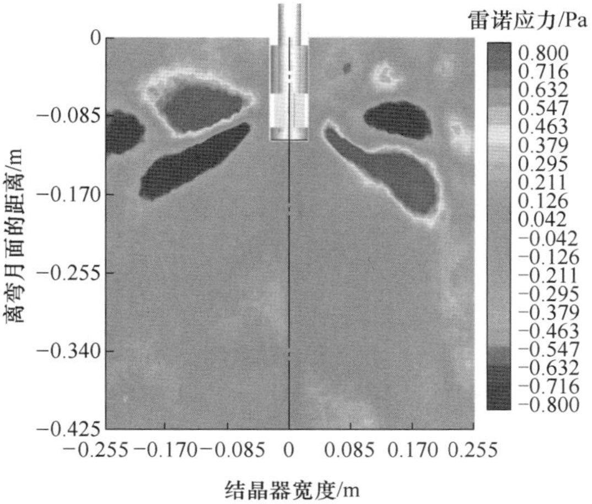

彩图资源

图 4-20 宽板坯连铸结晶器内湍流雷诺应力

其实质是流体的机械能守恒。即动能+重力势能+压力势能=常数，如式（4-20）所示。本节根据伯努利方程，结合 PIV 技术测量得到的宽板坯连铸结晶器内整个中心面的速度场，计算得到整个中心面内的瞬时相对静压力分布图和时均图。首先对伯努利方程进行变换，如式（4-21）~式（4-23）所示。

$$P + \frac{1}{2}\rho v^2 + \rho g h = C \tag{4-20}$$

$$P + \rho g h - C = -\frac{1}{2}\rho v^2 \tag{4-21}$$

$$P + \rho g h - C + P_o = P_o - \frac{1}{2}\rho v^2 \tag{4-22}$$

$$\frac{P}{P_o} + \frac{\rho g h - C + P_o}{P_o} = 1 - \frac{\rho v^2}{2P_o} \tag{4-23}$$

考虑到这里只关注流场中任一点流速与压力势能的关系，故将流场各点视为等高，则流场中任一点的流速与压力的关系如式（4-24）所示。这里采用无量纲 P/P_o 来表示流体流速与静压力的关系，该关系式满足伯努利方程的著名推论：等高流动时，流速越大，压力越小。

$$\frac{P}{P_o} = 1 - \frac{\rho v^2}{2P_o} + C \tag{4-24}$$

式中，P 为流体中某点的压强，Pa；v 为流体在某点的流速，m/s；ρ 为流体密度，kg/m^3；g 为重力加速度，m/s^2；h 为该点相对于参考面的高度，m；P_o为大气压，Pa；C 为常数。

现在只要知道宽板坯连铸结晶器内各点的速度大小，将其代入式（4-24）便可求得各点的相对静压力。图 4-21 为不同时刻宽板坯连铸结晶器内平行于宽面的中心面内相对静压力的分布，红色代表相对静压力较大的区域，蓝色代表相对静压力较小的区域。可以看到，不同时刻结晶器内不同位置处相对静压力略有差异，相对静压力较小的区域主要为主流股区，下回流贴近窄面的区域以及上回流

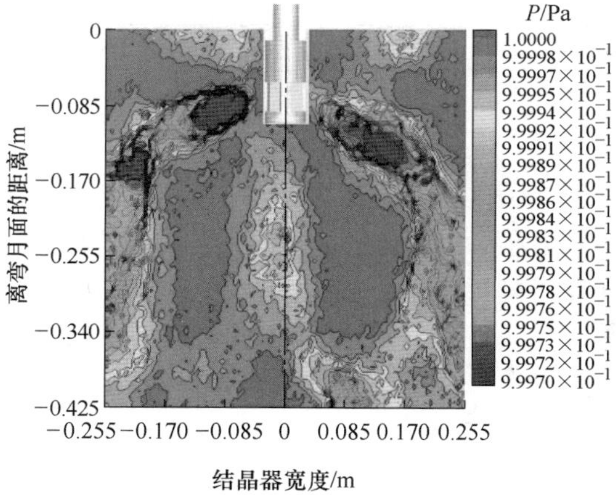

(a)

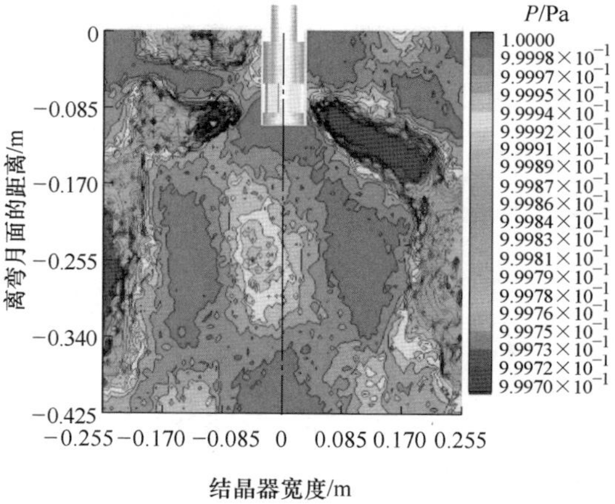

(b)

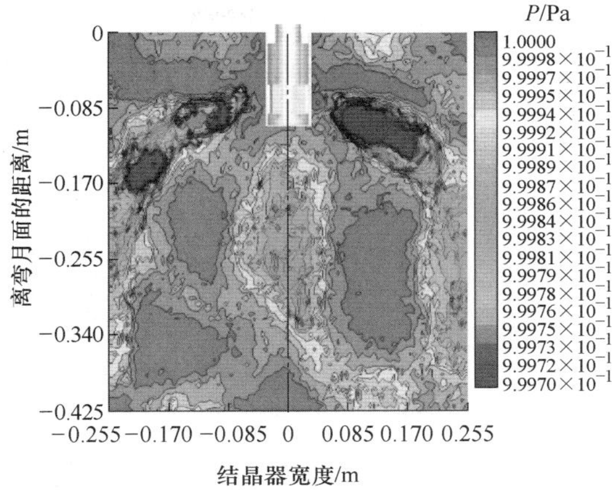

(c)

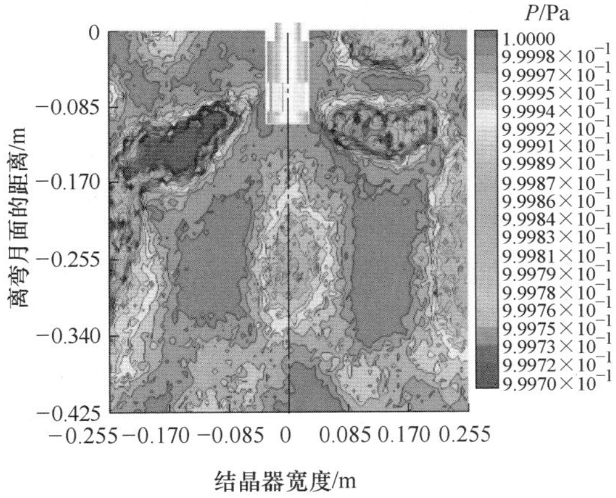

(d)

图 4-21 宽板坯连铸结晶器中心面相对静压力随时间变化

(a) 0 s；(b) 5.72 s；(c) 21.32 s；(d) 24.96 s

彩图资源

宽度 1/4 附近的区域。微小气泡、夹杂物或者乳化渣滴运动至主流股区时很难继续上浮，距离水口出口近的这些物质可能被水口内负压吸入水口聚集，离窄面近的这些物质被流股带至窄面凝固前沿被捕获。而在结晶器宽度 1/4 处附近较小的相对静压力可以将乳化的微小渣滴吸入结晶器内部，进而被主流股捕获带至水口内聚集、长大或者被窄面凝固前沿捕获。

图 4-22 为宽板坯连铸结晶器内平行于宽面的中心面内相对静压力的分布在 52 s 内的时均值。可以看到，主流股区相对静压力最小，下回流靠近窄面的区域次之。因此可以推测，微小尺寸的气泡或者夹杂物在上浮至主流股区时被主流股拦截，一部分被带至下回流靠近窄面的区域，一部分被吸入水口，这些微小尺寸的气泡或者夹杂物很难上浮去除。

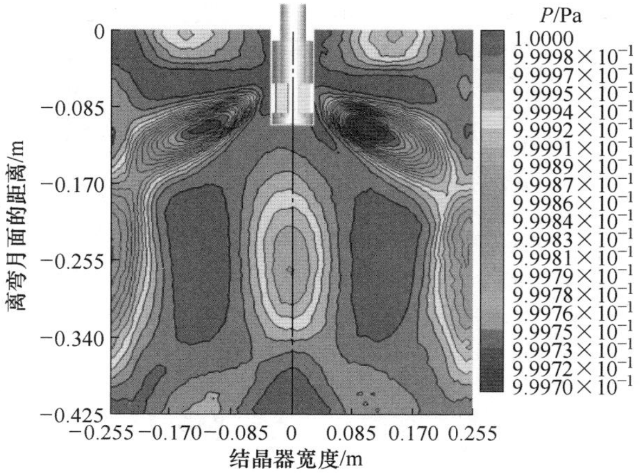

彩图资源

图 4-22　宽板坯连铸结晶器中心面相对静压力在 52 s 内的时均值

4.3　连铸结晶器内流动的对称性研究

结晶器内流场是否对称严重影响铸坯质量。若水口两侧流场不对称，会使钢液带至结晶器两侧的热量不均匀，热量大的一侧坯壳生长较慢，铸坯出结晶器时坯壳较薄；热量较小的一侧坯壳生长较快，铸坯出结晶器时坯壳较厚。另外，水口两侧流股不对称时，在流速较小的一侧容易形成漩涡，液态保护渣会被漩涡吸进结晶器内部，被凝固前沿捕获形成卷渣缺陷。影响结晶器内流动的对称性的因素有很多，最常见的有水口未对中和水口结瘤。本节将从湍流的瞬时流动、时均流动和脉动流动三个方面对结晶器内流动的对称性加以研究。

4.3.1　时均流动的对称性

第 4.2 节已经利用 PIV 技术测量得到了宽板坯连铸结晶器内 100 个瞬态(52 s)的速度场，进而可以求得其 52 s 内的时均速度场。时均速度场内对称位置的速度输出可以反映流场对称性的优劣。图 4-23 为结晶器内对称位置时均流速输出示意图。

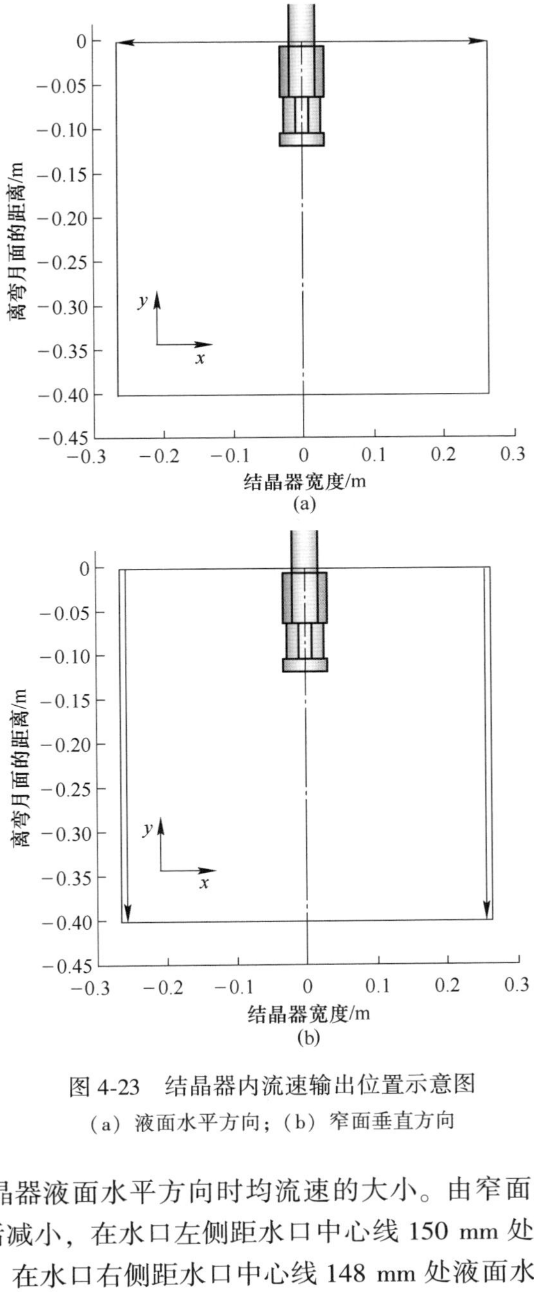

图 4-23 结晶器内流速输出位置示意图

(a) 液面水平方向；(b) 窄面垂直方向

图 4-24 为结晶器液面水平方向时均流速的大小。由窄面至水口，液面水平方向流速先增大后减小，在水口左侧距水口中心线 150 mm 处液面水平流速达到最大值 0. 13 m/s，在水口右侧距水口中心线 148 mm 处液面水平流速达到最大值 0. 14 m/s。该连铸条件下液面水平方向流速的对称性较好。

图 4-25 为结晶器两侧窄面垂直方向时均流速的大小。窄面处由液面至冲击点（本文以垂直方向速度为零的位置为冲击点），垂直方向速度方向向上，速度

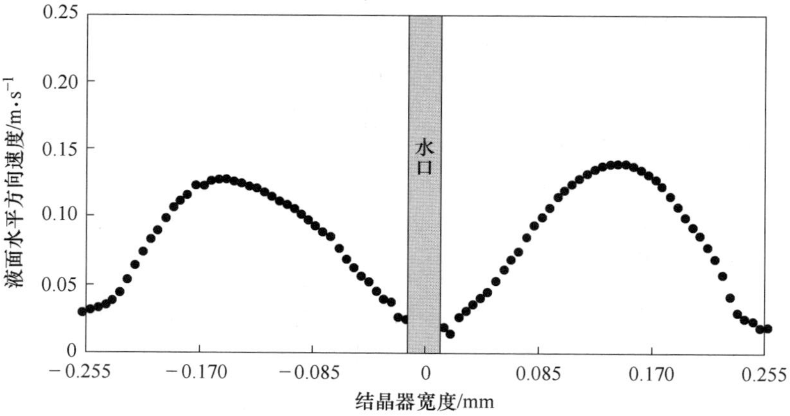

图 4-24　水口两侧液面水平方向速度分量对比

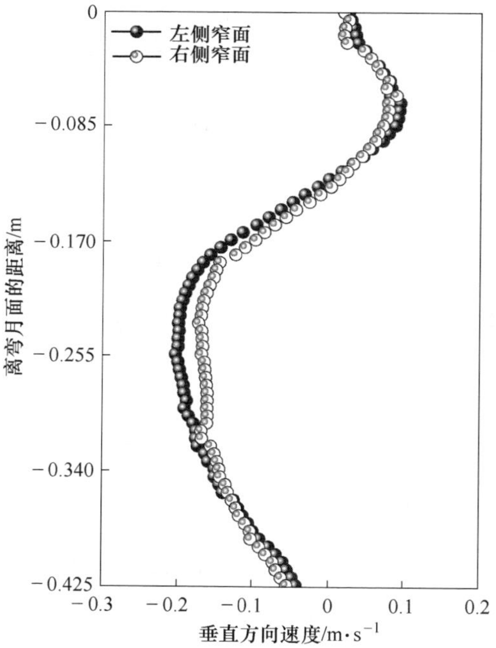

图 4-25　结晶器两侧窄面垂直方向速度分量对比

先增大后减小。左侧窄面在液面下 84 mm 处垂直方向流速达到最大值 0.09 m/s。右侧窄面在液面下 82 mm 处垂直方向流速达到最大值 0.08 m/s。由冲击点至结晶器底部，垂直方向速度垂直向下，呈先增后减的趋势。左侧窄面的冲击点在液面下 126 mm 处，在距液面 256 mm 处速度达到最大值 0.19 m/s；右侧窄面的冲击点在液面下 125 mm 处，在距液面 245 mm 处速度达到最大值 0.16 m/s。该连铸条件下，上回流的对称性要优于下回流，下回流左右两侧窄面垂直方向速度达到的最大值及其位置有偏差。

图 4-26 为水口两侧对距离结晶器几何中心线分别为 85 mm，120 mm，170 mm和 255 mm 的 4 组垂线上的速度输出。

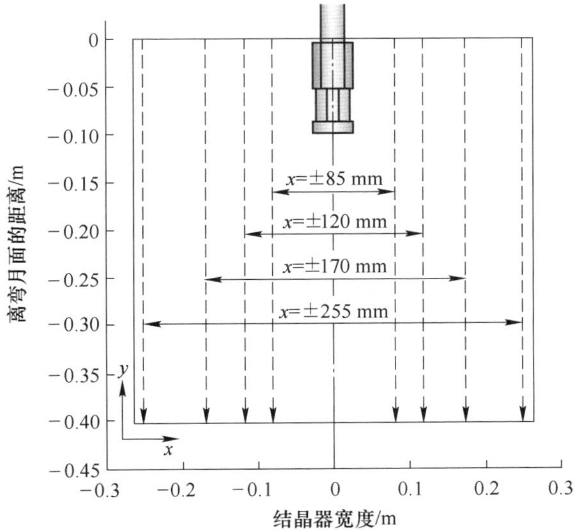

图 4-26　距离结晶器几何中心线不同距离的速度输出

图 4-27 为距离结晶器几何中心线不同距离垂线上的流速对比。随着与中心线距离的增大，垂线上速度大小变化较大。当距离中心线 85 mm 时，如图 4-27（a）所示，由液面至结晶器底部，速度先减小后增大，达到峰值后迅速减小，然后稳定在 0.06~0.10 m/s 范围内。该垂线位置从上至下依次为液面水平流、上回流涡流、主流股、下回流中上升流边缘。其中左侧主流股流速峰值为 0.22 m/s，发生在液面下 87 mm 处；右侧主流股速度峰值为 0.24 m/s，发生在液面下 90 mm处。

当距中心线 120 mm 时，如图 4-27（b）所示，由液面至结晶器底部，速度先减小后增大，达到峰值后迅速减小，在距液面 260 mm 处速度接近于零，而后速度逐渐增大至结晶器底部的 0.10 m/s 左右。该垂线位置从上至下依次为液面水平流、上回流涡心、主流股、下回流涡心以及下回流中的水平流。其中左侧主流股流速峰值为 0.24 m/s，发生在液面下 90 mm 处；右侧主流股速度峰值为 0.26 m/s，发生在液面下 91 mm 处。

当距中心线 170 mm 时，如图 4-27（c）所示，由液面至结晶器底部，速度先减小后增大，达到峰值后迅速减小，然后稳定在 0.03~0.10 m/s 范围内。该垂

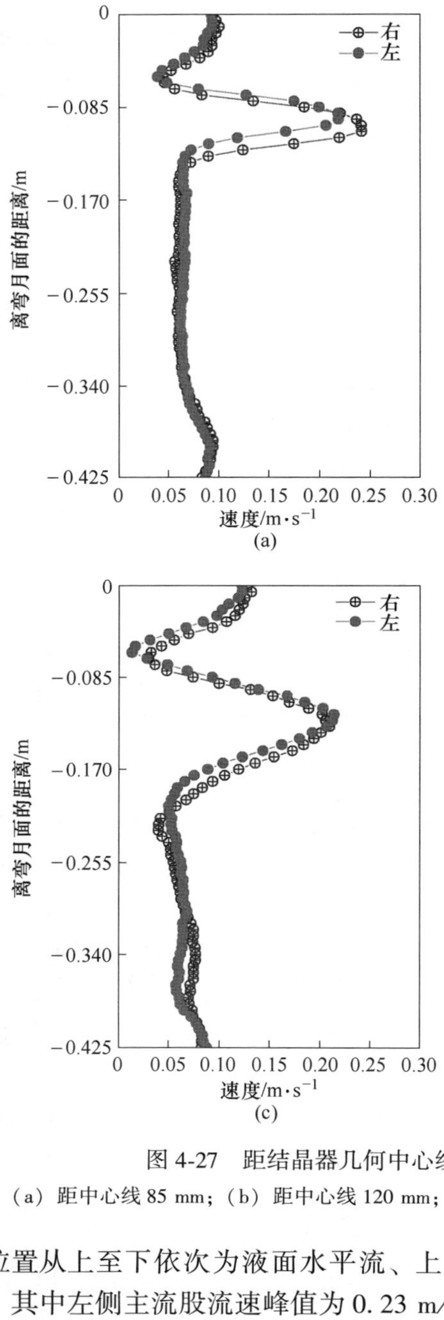

图 4-27　距结晶器几何中心线不同距离垂线上的流速对比

(a) 距中心线 85 mm；(b) 距中心线 120 mm；(c) 距中心线 170 mm；(d) 距中心线 255 mm

线位置从上至下依次为液面水平流、上回流涡心、主流股、下回流中下降流边缘。其中左侧主流股流速峰值为 0.23 m/s，发生在液面下 125 mm 处；右侧主流股速度峰值为 0.22 m/s，发生在液面下 126 mm 处。主流股自水口射出后由于重力的作用，随着距离中心线距离增大，主流股流速峰值出现的位置离液面越远。

当距中心线 255 mm 时，如图 4-27（d）所示，由液面至结晶器底部，速度出现两次先增后减的情形，两个峰值分别属于上回流中靠近窄面上升流和下回流中靠近窄面的下降流。其中左侧上升流峰值为 0.10 m/s，发生在液面下 83 mm 处；下降流峰值为 0.21 m/s，发生在液面下 255 mm 处。右侧上升流峰值为 0.08 m/s，发生在液面下 79 mm 处；下降流峰值为 0.18 m/s，发生在液面下 245 mm 处。

通过对时均速度场液面水平方向流速、窄面垂直方向流速以及距水口中心线不同距离垂线上流速等分析，定量分析了宽板坯连铸结晶器内时均速度场的对称性。通过分析，发现该连铸条件下结晶器内湍流的时均流动对称性较好。

4.3.2 瞬时流动的对称性

以结晶器静止时的液面和宽度中心线交点为原点，在结晶器内选择两组对称点，记为 P_1、P_{11} 和 P_2、P_{22}，对应坐标为（0.16，−0.08）、（−0.16，−0.08）、（0.22，−0.225）和（−0.22，−0.225），如图 4-28 所示，考察对称点处速度随时间的变化规律。

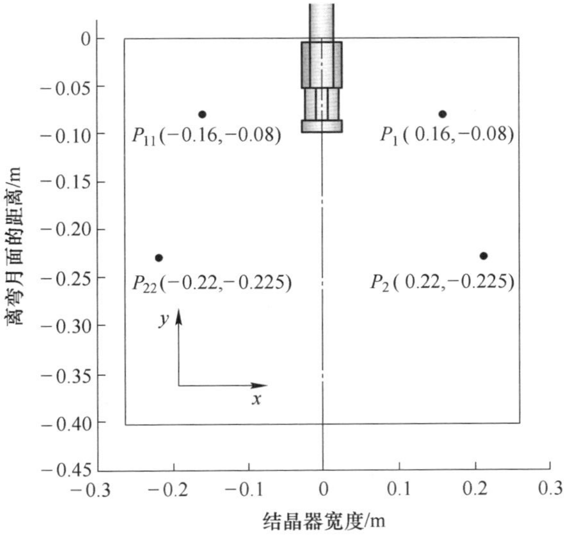

图 4-28 对称点位置瞬时速度输出示意图

图 4-29 为对称点 P_1 和 P_{11} 在 x 方向的速度 u 和 y 方向的速度 v 在测量时间内的变化。P_1 和 P_{11} 处 u 随时间的变化如图 4-29（a）所示。可以看到，两点水平方向速度方向相反，在 0~18 s 范围内，P_{11} 点水平方向的速度较其对称点 P_1 在较高水平波动，在此时间段内，两点水平方向速度不同步。在 24~30 s 范围内，P_1 水平方向速度较 P_{11} 点在较高水平波动。在 32~40 s 范围内，P_1 和 P_{11} 两对称

点速度趋于同步，但是在之后的 12 s 里 P_1 水平方向速度较 P_{11}点在较高水平波动。P_1 和 P_{11}点 v 随时间的变化如图 4-29（b）所示。可以看到，该位置垂直方向流速相对较小，水平方向流速占主导地位，垂直方向速度正负交替变化，说明该位置流股处于上下波动的湍流状态。

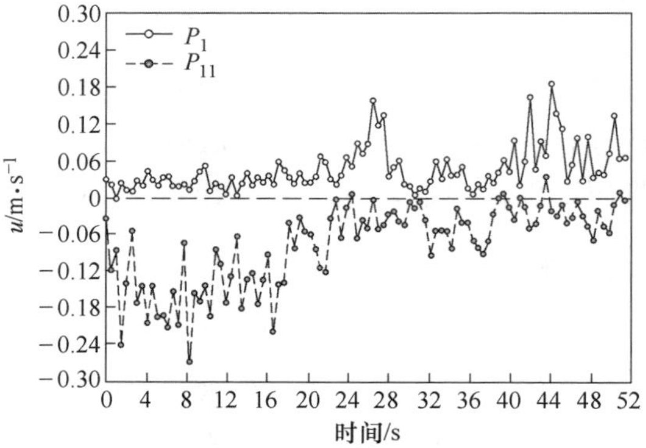

(a)

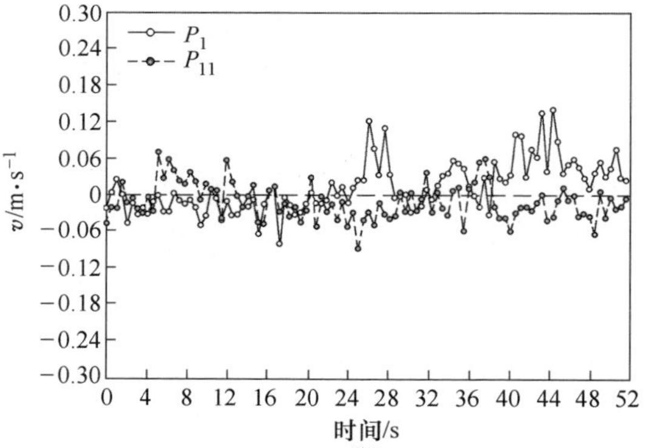

(b)

图 4-29　对称点 P_1 和 P_{11}瞬时速度随时间变化

（a）x 方向分量 u；（b）y 方向分量 v

图 4-30 为对称点 P_2 和 P_{22}在 x 方向的速度 u 和 y 方向的速度 v 在测量时间内的变化。P_2 和 P_{22}处 u 随时间的变化如图 4-30（a）所示。可以看到，由于边界条件的限制，该位置处水平方向的流动已不占主导地位，取而代之的是垂直方向的流速，如图 4-30（b）所示。对称点 P_2 和 P_{22}处水平方向流速 u 和垂直方向的流速 v 同步性均较好。

图 4-31 所示为两组对称点处瞬时速度随时间的变化，这时速度的大小受到水平方向和垂直方向的影响，哪个方向速度影响较大意味着该方向速度在该位置占主导地位。在 P_1 和 P_{11}处，如图 4-31（a）所示，此处速度波动情况与图 4-29

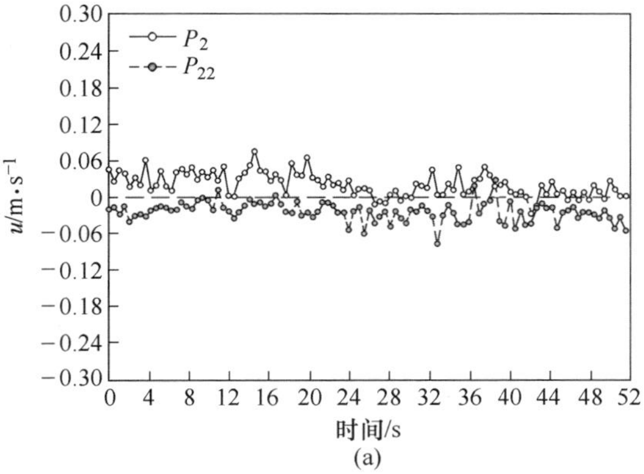

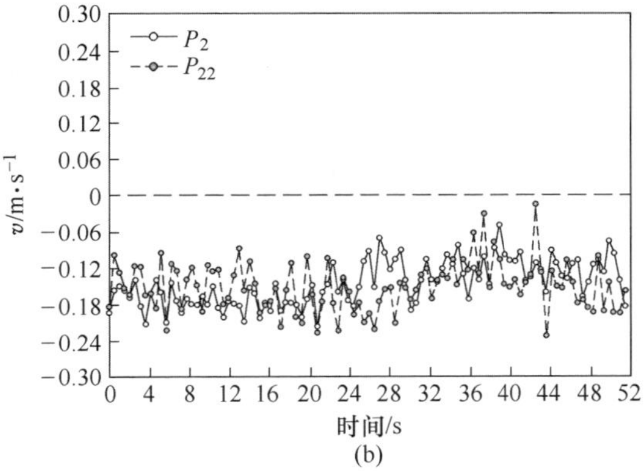

图 4-30　对称点 P_2 和 P_{22} 瞬时速度随时间变化

（a）x 方向分量 u；（b）y 方向分量 v

（a）类似，说明此处水平方向流动占主导地位，P_1 点 52 s 时均速度为 0.0601 m/s，P_{11}点 52 s 时均速度为 0.0867 m/s；在 P_2 和 P_{22}处，如图 4-31（b）所示，此处速度波动情况与图 4-30（b）类似，说明此处垂直方向流动占主导地位，P_2 点 52 s 时均速度为 0.1485 m/s，P_{11}点 52 s 时均速度为 0.1536 m/s。

通过分析，发现 P_1 和 P_{11}两处瞬时速度的同步性较差，而 P_2 和 P_{22}两处瞬时速度的同步性较好，原因是 P_1 和 P_{11}两点处于主流股上部与上回流交界的位置，该处流体流速较小主要受黏性力的作用，即使在对称的位置速度也很难同步；而 P_2 和 P_{22}两点处流体流速较大主要受惯性力的作用，因此同步性较好。

4.3.3　湍流脉动的对称性

结晶器内湍流的脉动流动部分随时间变化的分析方法与瞬时流动条件下的分析类似，同样以结晶器静止时的液面和宽度中心线交点为原点，在结晶器内选择

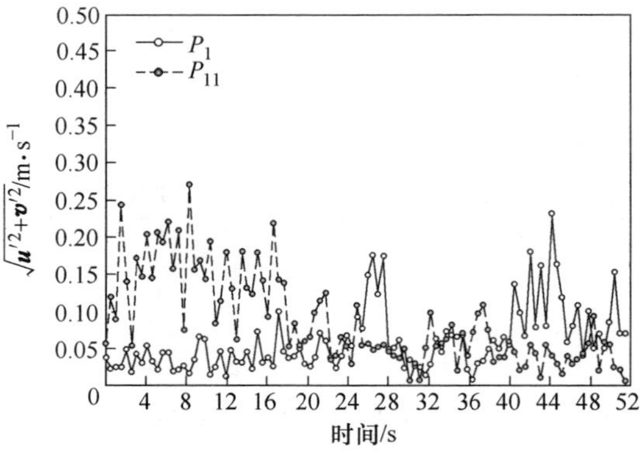

(a)

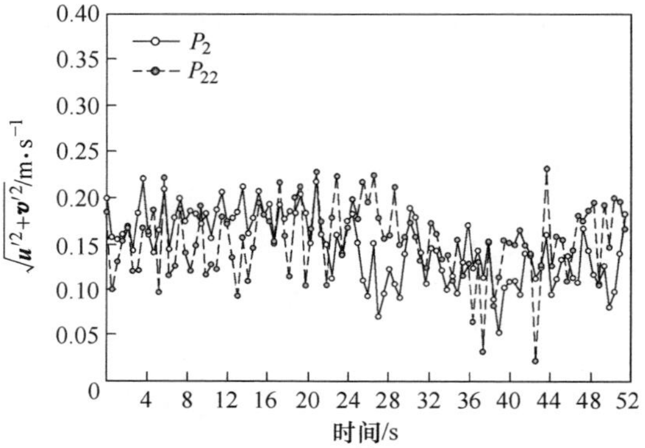

(b)

图 4-31　对称点瞬时速度随时间的变化

（a）P_1 和 P_{11}；（b）P_2 和 P_{22}

（P_1 平均速度为 0.0601 m/s，P_{11}平均速度为 0.0867 m/s；

P_2 平均速度为 0.1485 m/s，P_{22}平均速度为 0.1536 m/s）

两组对称点，记为 P_1、P_{11}和 P_2、P_{22}，对应坐标为（0.16，−0.08）、（−0.16，−0.08）、（0.22，−0.225）以及（−0.22，−0.225），如图 4-32 所示，考察对称点处脉动速度随时间的变化规律。

图 4-33 所示为对称点 P_1 和 P_{11}在 x 方向的脉动速度 $\boldsymbol{u}'$和 y 方向的脉动速度$\boldsymbol{v}'$在测量时间内的变化。P_1 和 P_{11}处 $\boldsymbol{u}'$随时间的变化如图 4-33（a）所示。可以看到，脉动速度方向具有随机性，在 0~18 s 范围内，P_{11}点水平方向的脉动速度较其对称点 P_1 在较高水平波动，在此时间段内，两点水平方向脉动速度不同步；在随后的时间内，P_1 和 P_{11}两对称点脉动速度趋于同步。P_1 和 P_{11}处$\boldsymbol{v}'$随时间的变化如图 4-33（b）所示。可以看到，该位置处垂直方向脉动速度相对较小，水平方向脉动速度占主导地位，垂直方向脉动速度正负交替变化。

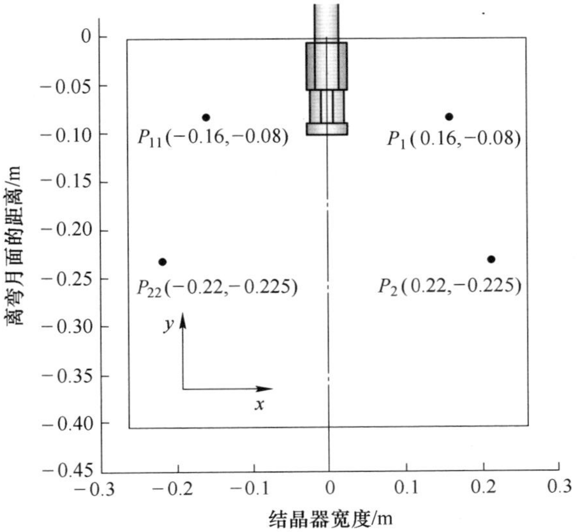

图 4-32 对称点位置脉动速度输出示意图

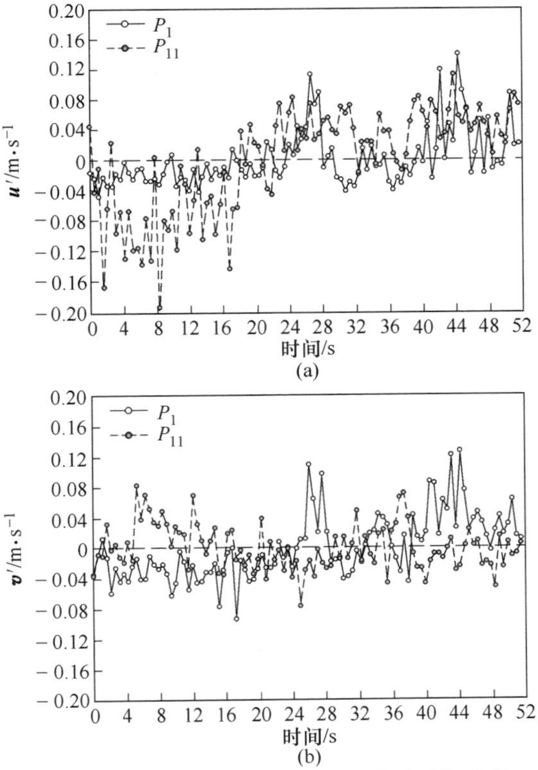

图 4-33 对称点 P_1 和 P_{11} 脉动速度随时间变化

（a）x 方向分量 $\boldsymbol{u}'$；（b）y 方向分量 $\boldsymbol{v}'$

图4-34所示为对称点 P_2 和 P_{22} 在 x 方向的脉动速度 $\boldsymbol{u}'$ 和 y 方向的脉动速度 $\boldsymbol{v}'$ 在测量时间内的变化。P_2 和 P_{22} 处 $\boldsymbol{u}'$ 随时间的变化如图4-34（a）所示。可以看到，由于边界条件的限制，该位置处水平方向的脉动已不占主导地位，取而代之的是垂直方向的脉动，如图4-34（b）所示。对称点 P_2 和 P_{22} 处水平方向脉动速度 $\boldsymbol{u}'$ 同步性较好，而垂直方向的脉动速度 $\boldsymbol{v}'$ 同步性均较差，例如在0~22 s范围内，P_2 点处流体向下脉动，而此时间段内 P_{22} 点流体处于正常的正负脉动状态，而在24~52 s范围内，P_2 点又长时间处于向上脉动状态，整个52 s范围内，P_{22} 点速度脉动范围大于 P_1 点速度的脉动范围，但是脉动速度的时均值为零。

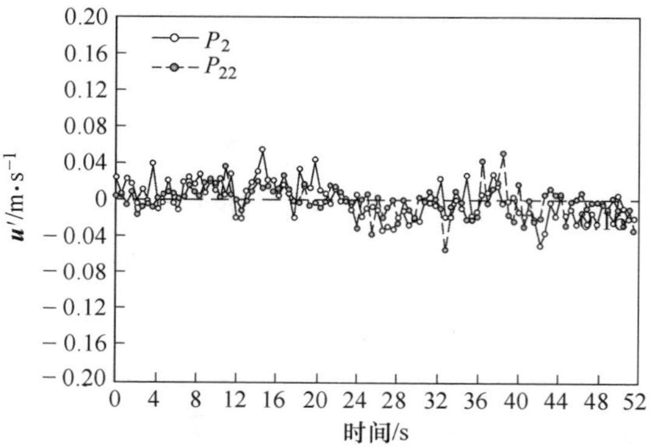

(a)

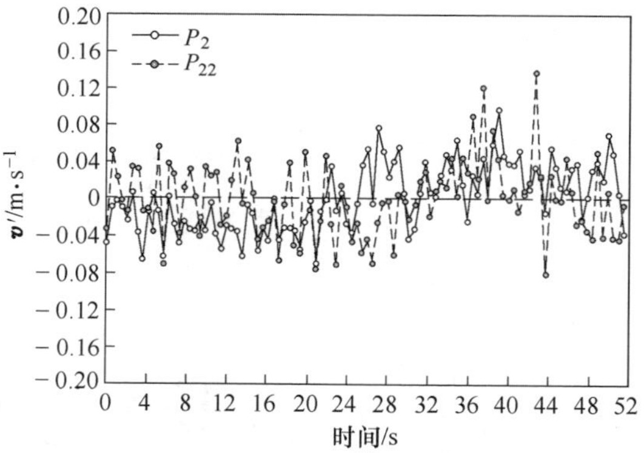

(b)

图4-34　对称点 P_2 和 P_{22} 脉动速度随时间变化

（a）x 方向分量 $\boldsymbol{u}'$；（b）y 方向分量 $\boldsymbol{v}'$

图4-35所示为两组对称点处脉动速度随时间的变化。在 P_1 和 P_{11} 处，如图4-35（a）所示，此处脉动速度波动情况与图4-33（a）类似，在0~18 s范围内，

P_{11}点水平方向的脉动速度较其对称点 P_1 在较高水平波动，在此时间段内，两点水平方向脉动速度不同步；在随后的时间内，P_1 和 P_{11}两对称点脉动速度趋于同步，说明此处水平方向脉动流动占主导地位。在 P_2 和 P_{22}处，如图 4-35（b）所示，此处脉动速度波动情况与图 4-34（b）类似，说明此处垂直方向脉动流动占主导地位。

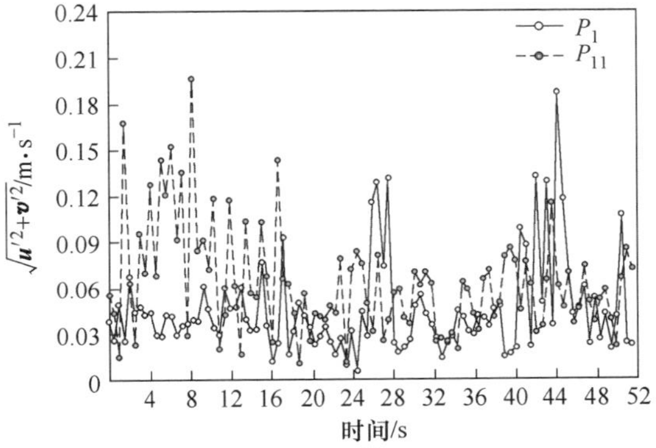

(a)

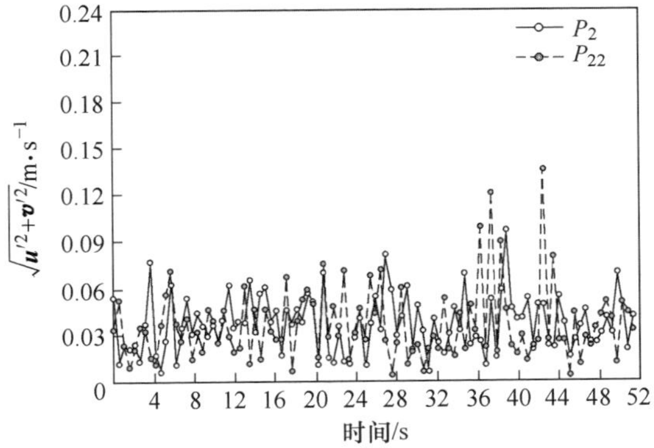

(b)

图 4-35 对称点脉动速度随时间的变化

（a）P_1 和 P_{11}；（b）P_2 和 P_{22}

在计算流体力学中，k-ε 模型常常被用来计算湍流流动，其重要假设为 x、y、z 三个方向上的脉动速度相等，即 $\boldsymbol{u}'=\boldsymbol{v}'=\boldsymbol{w}'$。图 4-36 为脉动速度在 x 方向和 y 方向上的分量对比。可以发现，无论在 P_1 点还是 P_{11}点，如图 4-36（a）和图 4-36（b）所示，脉动速度在 x 方向和 y 方向上的分量并不相等。因此，k-ε 模型的适用有一定的局限性。

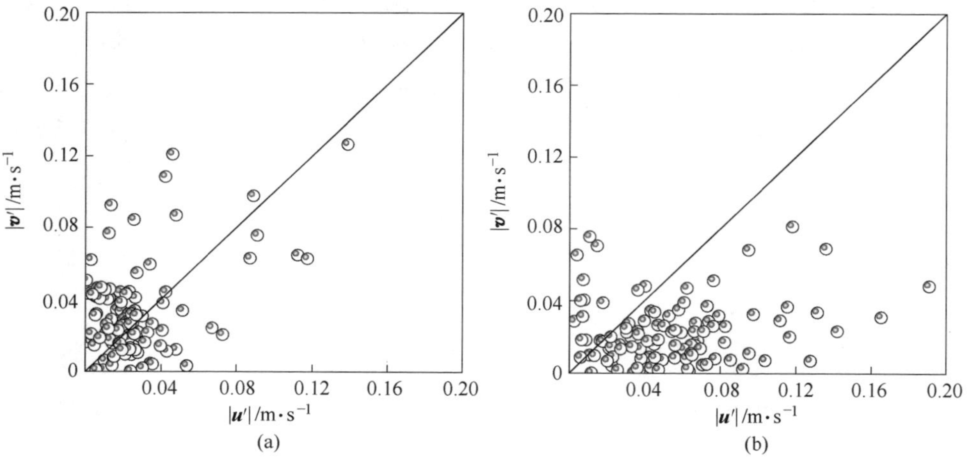

图 4-36　脉动速度在 x 方向和 y 方向上的分量对比

（a）P_1 点；（b）P_{11}点

4.4　连铸结晶器液面波动研究

结晶器水模型液面波动的研究采用的是中国水利科学研究院研制的 DJ800 多功能监测系统，其功能分为配置、检测、标定、采集、处理等部分，与集成的电容式波高仪配套实现实时采集结晶器液面位置变化的目的。电容式波高仪是由电容丝（传感器）、支架及检出电路组成。其测量液位变化的原理为：电容丝插入水中时，中心的金属导线为一个电极，水体经支架形成另一电极，构成电容器。其电容量取决于电容丝浸没于水下部分的长度、导线直径、绝缘层厚度及其介电常数。当导线的直径和绝缘层的厚度确定后，电容量只与传感器在水中的长度成正比。如果传感器的位置固定不变，那么水位的变化，将引起电容量的变化。电容量的检出电路，就设在传感器的上端。这个电路由振荡器、开关电路和电荷泵组成，电荷泵把电容器上的电荷，提升到负载电阻上，在负载上形成一个电压信号，其幅值与传感器浸没在水中的长度成正比。

4.4.1　研究方法

结晶器水模型宽 510 mm，厚 50 mm，水口内径为 40 mm，在水口两侧对称位置测量液面波高的变化，由窄面至水口相邻测量位置间距为 11 mm。在水口两侧结晶器厚度中心线上总共有 36 个位置，如图 4-37 所示。由于一次性在结晶器液面放入多个波高仪会严重影响液面流动，因此 36 个位置分 6 组，每组测量 6 个位置，且在水口两侧对称均匀分布测量。每次测量时间为 150 s，数据采集频率为 100 Hz，由于是分 6 组采集，所以每组采集时要严格控制连铸条件的一致以及工作液位的一致。6 组全部采集完后得到了结晶器宽度方向 36 个位置液面高度随时间的变化。表 4-4 为测量结晶器水模型液面波动时的连铸条件。需要说明的是，利用 DJ800 和波高仪测量得到的原始数据为液面位置的变化，需要对液面位置的变化进行处理才能得到液面波动的变化。图 4-38（a）所示为表 4-4 所列连铸条件下结晶器两侧窄面处（点 1 和点 18）液面位置随时间的变化，将液面位置随时间变化的数据每相邻 1200 个数据点取平均值，得到如图 3-38（b）所示的液面高度随时间变化的平均值，最后将图 4-38（a）中液面位置变化的数据减去图 4-38（b）中平滑处理后的数据，得到液面波动随时间的变化情况，计算方法如式（4-25）所示[7]。

$$\Delta l = l_i - \overline{l_i} \tag{4-25}$$

式中，l_i 为某点液面高度的瞬时值，mm；“$-$”代表一定时间内某点液面高度平均值；Δl 为某点处液面波动值，mm。

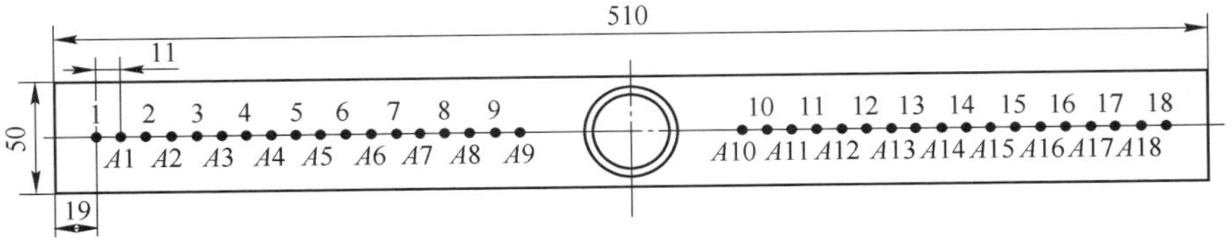

图 4-37 结晶器液面波动测量位置示意图（单位：mm）

表 4-4 测量液面波动水模型实验条件

工作液位 /mm	水口浸入深度 /mm	拉坯速度 /m · min^{-1}	采集位置	采集时间 /s	采集频率 /Hz
25	50	0.425	36	150	100

4.4.2 结晶器窄面处液面波动

图 4-39 所示为宽板坯连铸结晶器两侧窄面处，时长为 150 s 内的液面波动。可以看到，在该连铸条件下窄面处液面波动范围维持在±3 mm 范围内，且两侧窄面处液面波动较为同步，说明结晶器两侧上回流中上升流对弯月面的冲击力度适当且较为同步。板坯连铸结晶器水模型最佳液面波动范围为 3～5 mm[8]。在实际连铸过程中，既要使液面活跃保证充足的热量使保护渣熔化，保证润滑和传热、避免液面过冷结渣圈或者冷钢，又要防止由于液面波动剧烈使液态保护渣卷入钢液被凝固坯壳捕获形成缺陷。本节在对液面波动进行统计时，波动最佳范围选取大于±0.5 mm，小于±3 mm。图 4-40 对结晶器两侧窄面 150 s 的液面波动进行了

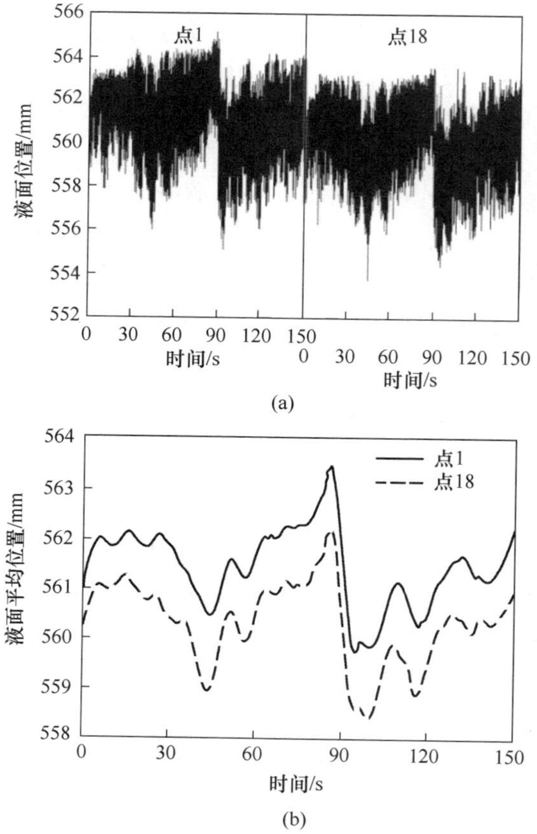

图 4-38　液面波动处理方法
（a）液面位置随时间的变化；（b）液面位置平滑处理

统计，液面波动统计间隔为 0. 5 mm。在左侧窄面，如图 4-40（a）所示，液面波动范围在±0. 5 mm 内有 4400 次，占总波动次数的 29. 3%，液面波动范围在±3 mm内占总波动次数的 99. 11%。在右侧窄面，如图 4-40（b）所示，液面波动范围在±0. 5 mm 内有 4000 次，占总波动次数的 26. 7%，液面波动范围在±3 mm内占总波动次数的 99. 40%。统计结果也进一步验证了在该连铸条件下窄面处液面波动范围基本维持在±3 mm 范围内，左侧窄面有 0. 89%的波动超出了±3 mm，右侧窄面有 0. 60%的波动超出了范围，两侧窄面处液面波动较为同步。

4. 4. 3　结晶器宽度 1/4 处液面波动

图 4-41 所示为宽板坯连铸结晶器宽度 1/4 处时长为 150 s 内的液面波动。可以看到，在该连铸条件下结晶器两侧宽度 1/4 处液面波动范围维持在±3 mm 范围

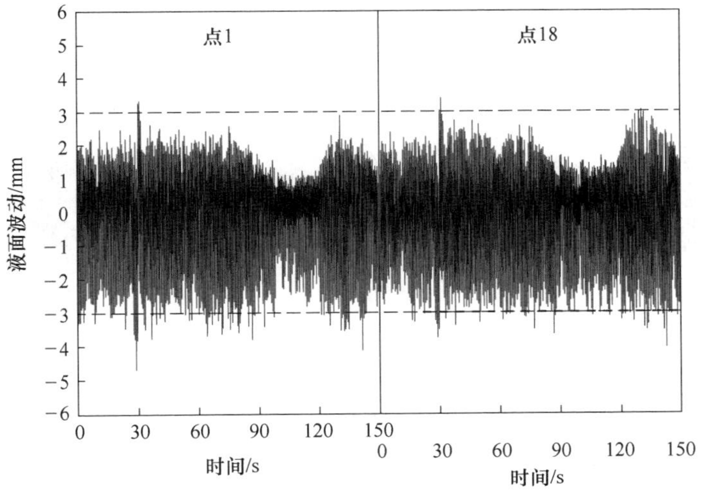

图 4-39 结晶器两侧窄面处液面波动对比

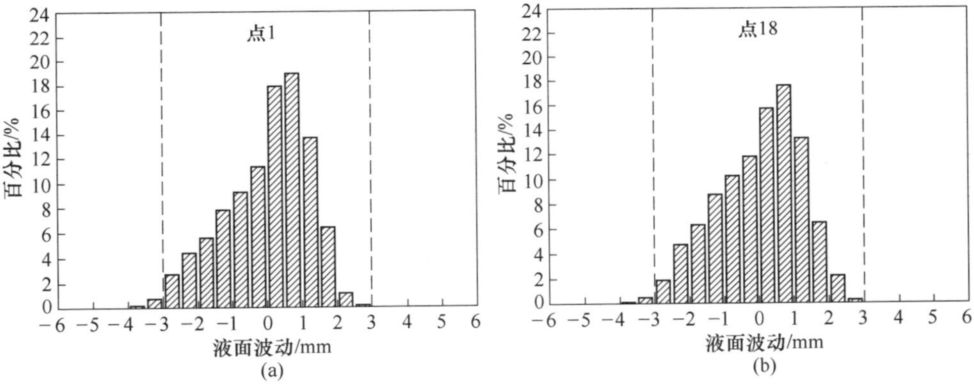

图 4-40 150 s 内不同幅度的液面波动数量统计

（a）左侧窄面；（b）右侧窄面

内，但是左侧宽度 1/4 处的液面波动范围要明显大于右侧对应位置。图 4-42 对结晶器两侧窄面 150 s 的液面波动进行了统计，液面波动统计间隔为 0.5 mm。在左侧宽度 1/4 处，如图 4-42（a）所示，液面波动范围在±0.5 mm 内有 5400 次，占总波动次数的 36%，液面波动范围在±3 mm 内占总波动次数的 99.87%。在右侧宽度 1/4 处，如图 4-42（b）所示，液面波动范围在±0.5 mm 内有 6900 次，占总波动次数的 46%，液面波动范围在±3 mm 内占总波动次数的 99.91%。统计结果显示，在该连铸条件下宽度 1/4 处液面波动范围基本维持在±3 mm 范围内，左侧宽度 1/4 处有 0.13%的波动超出了±3 mm，右侧宽度 1/4 处有 0.09%的波动超

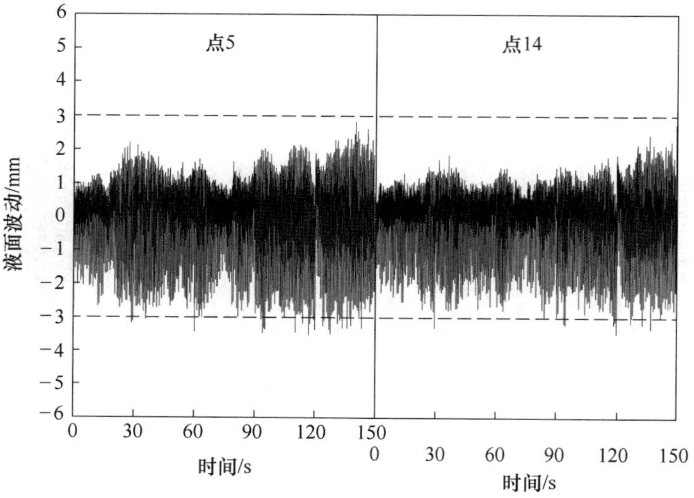

图 4-41　结晶器两侧宽度 1/4 处液面波动对比

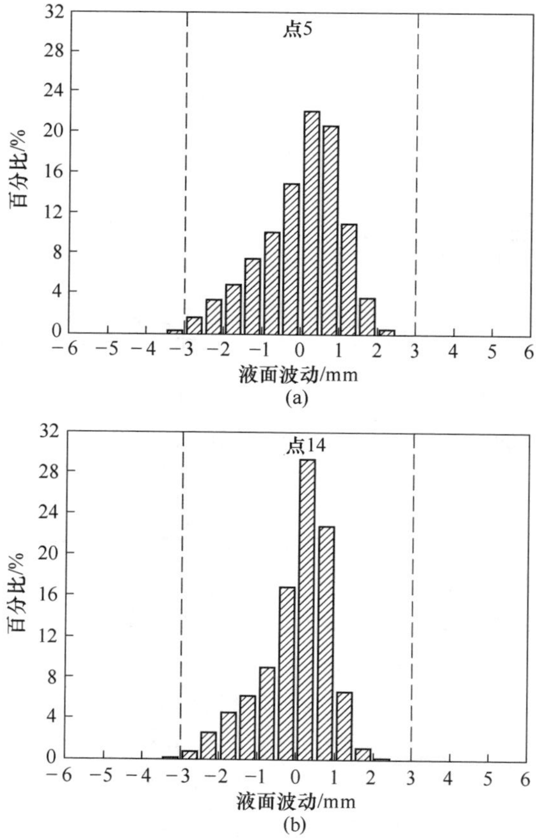

图 4-42　150 s 内不同幅度的液面波动数量统计
(a) 左侧 1/4 处；(b) 右侧 1/4 处

出了范围，但是左侧宽度 1/4 处有 36%的波动范围在±0.5 mm 内，右侧宽度 1/4 处这一数值为 46%，说明右侧宽度 1/4 处液面波动更小，左右两侧液面波动情况并不一致。

4.4.4 结晶器水口两侧液面波动

结晶器水口两侧的液面波动很大一部分原因是结晶器两侧的上回流在水口处相遇对液面的扰动。图 4-43 为宽板坯连铸结晶器水口两侧时长为 150 s 内的液面波动。可以看到，在该连铸条件下结晶器水口两侧液面波动范围维持在±3 mm 范围内，且水口两侧液面波动较为同步。图 4-44 对结晶器水口两侧 150 s 的液面波动进行了统计，液面波动统计间隔为 0.5 mm。在水口左侧，如图 4-44（a）所示，液面波动范围在±0.5 mm 内有 6900 次，占总波动次数的 46%，液面波动范围在±3 mm 内占总波动次数的 99.72%。在水口右侧，如图 4-44（b）所示，液面波动范围在±0.5 mm 内有 7100 次，占总波动次数的 47.3%，液面波动范围在±3 mm内占总波动次数的 99.83%。统计结果显示，在该连铸条件下水口两侧液面波动范围基本维持在±3 mm 范围内，左侧窄面有 0.28%的波动超出了±3 mm，右侧窄面有 0.17%的波动超出了范围，水口两侧液面波动较为同步。

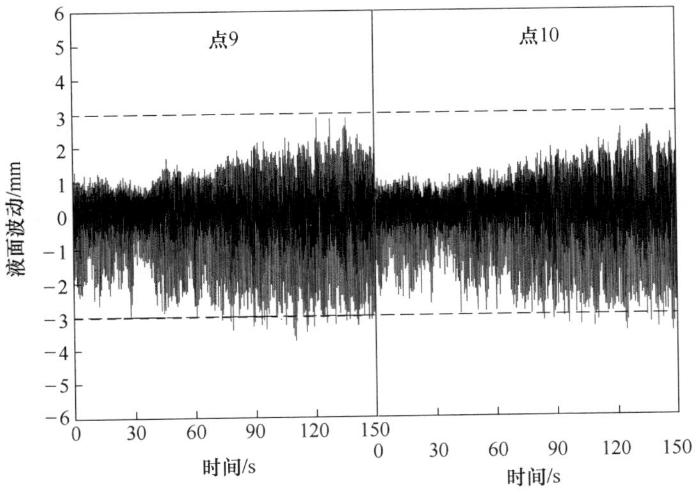

图 4-43 结晶器靠近水口两侧液面波动对比

4.4.5 结晶器平均液面轮廓及液面波动 RMS 值

图 4-45 为宽板坯结晶器 150 s 平均液面位置及液面波动范围。可以看到，在

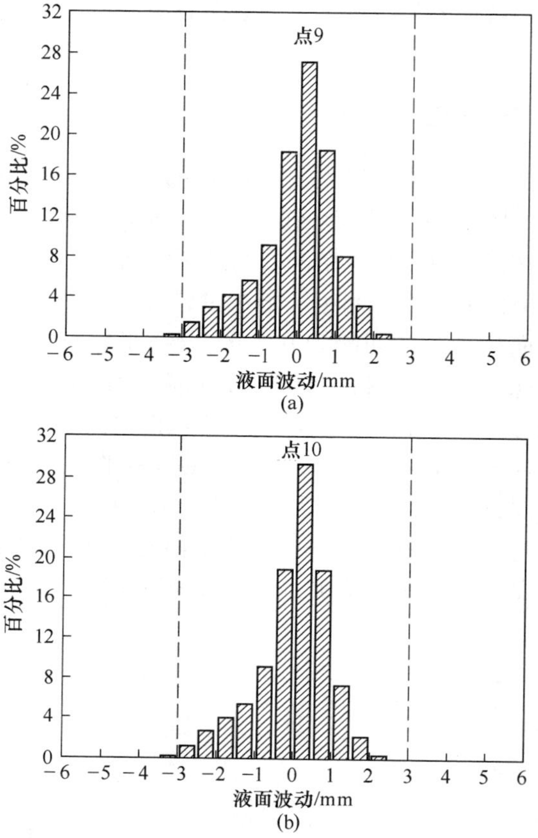

图 4-44　150 s 内不同幅度的液面波动数量统计
（a）水口左侧；（b）水口右侧

宽板坯结晶器中，由于流股从水口射出后需要运动较远的距离才能到达窄面，若拉坯速度较小时，会出现流股还未到达窄面便分为上回流和下回流，致使宽板坯连铸结晶器液面轮廓与普通板坯结晶器液面轮廓有些许差异。普通板坯结晶器窄面处由于上回流冲击力度大，窄面处液位较高，而宽板坯连铸过程中若流股到达窄面时冲击点下移，沿窄面向上运动的上升流较弱，因此不会将窄面附近液面抬升。

衡量液面波动大小的一个重要参数为液面波动的 RMS 值（Root-Mean-Square）。将液面波动值代入式（4-26）计算液面波动的 RMS 值。由式（4-26）可以看出，某点液面波动 RMS 值越大，该点液面波动越剧烈。

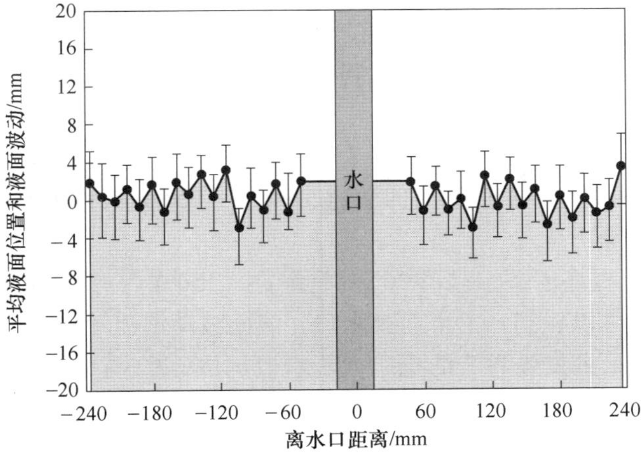

图 4-45　宽板坯结晶器 150 s 平均液面位置及液面波动范围

$$\Delta l_{\mathrm{RMS}} = \sqrt{\frac{\sum_{i=1}^{n}(\Delta l_i)^2}{n}} \tag{4-26}$$

式中，Δl_i 为某点处液面波动值，mm；n 为某点液面高度的测量次数，这里为 15000 次；Δl_{RMS}为某点液面波动的 RMS 值，mm。

图 4-46 为宽板坯连铸结晶器 36 个测量位置 150 s 内的液面波动 RMS 值。可以看到，由窄面至水口，液面波动 RMS 值虽然在一定范围内波动，但是有逐渐减小的趋势，说明液面波动逐渐减弱。

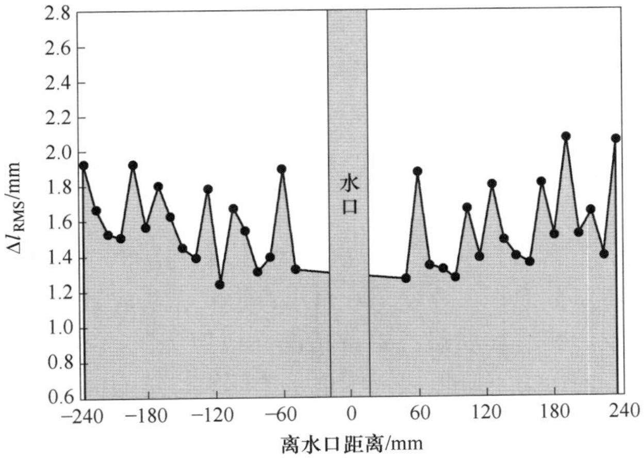

图 4-46　宽板坯结晶器 150 s 内液面波动 RMS 值

对于所测量的结晶器液面 36 个位置 150 s 内的液面波动值，利用式（4-27）计算每个位置液面湍流动能垂直方向的分量。该值的大小也可以作为衡量结晶器液面活跃度的指标，在实际生产中预测结晶器液面易卷渣的位置。

$$k_{\perp} = \frac{1}{2} \times \left(\frac{\mathrm{d}\Delta l}{\mathrm{d}t}\right)^2 \tag{4-27}$$

式中，$k_{\perp}$ 为液面湍流动能垂直方向分量，m^2/s^2；Δl 为液面波动值，mm；$\mathrm{d}t$ 为数据采集时间间隔，s。

图 4-47 为宽板坯连铸结晶器 36 个测量位置 150 s 内的液面波动湍流动能垂直方向的分量。可以看到，由窄面至水口，液面波动湍流动能垂直方向的分量逐渐减小，说明窄面处发生卷渣的概率大于水口周围。$k_{\perp}$ 与 RMS 值趋势一致，$k_{\perp}$ 的引入为衡量结晶器液面各位置处的波动情况提供了一种新方法。

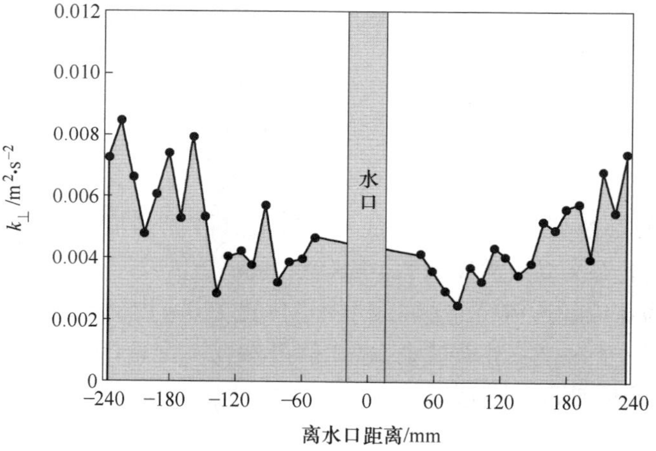

图 4-47　宽板坯结晶器 150 s 内液面波动湍流动能垂直方向分量

4.5　连铸结晶器内气液两相流动研究

实际连铸过程中常常浇铸若干炉次后就必须更换水口，原因是水口结瘤严重，减小了水口出口截面积，改变了水口出口形状，造成钢通量减小，结晶器内流场不对称，严重影响铸坯质量，这种情况在以铝为脱氧剂时尤为明显。此外，在浇铸过程中水口内压力下降形成负压也是造成水口结瘤的一个重要因素，原因是水口内的负压会将高熔点的氧化物吸入水口难以排出。随着浇铸炉次的增加，高熔点氧化物积累得越来越多形成结瘤，水口内负压还会导致溶解在钢液中的合金元素析出造成合金元素收得率降低。为了减少水口结瘤，除了采用钙处理将高熔点夹杂物改性之外，在水口内吹入氩气也是减少水口结瘤的方法之一。吹氩虽然能弥补水口内的压降，但是吹氩会改变结晶器内的流动形态，也会引起铸坯卷渣缺陷或者气孔。因此，合理的吹氩量以及吹氩方式很重要。本节利用水模型模拟研究了吹氩对宽板坯连铸结晶器内流动的影响，以及吹氩量和气泡尺寸分布之间的关系。

4.5.1 实验条件

本实验依据的原型宽板坯连铸结晶器连铸钢种为 SUS304，采用 FeSi 合金脱氧，连铸过程中水口结瘤问题不大，因此实际生产中并未吹氩。水模型实验中选择了 30 mL/min、60 mL/min、90 mL/min、160 mL/min 和 190 mL/min 共 5 种吹气量，结晶器水模型吹气实验条件如表 4-5 所示。

表 4-5 结晶器水模型吹气实验条件

参数	断面尺寸 /mm×mm	结晶器长 /mm	工作液位 /mm	拉坯速度 /m · min^{-1}	水口浸入深度 /mm	吹气量 /mL · min^{-1}
原型	2040×200	900	100	0.85	160	0
水模型	510×50	450	25	0.425	50	30、60、90、160、190

4.5.2 结晶器内气液两相流动形态及流速

吹气对结晶器内流态影响显著。图 4-48 为吹气量 30 mL/min 时，宽板坯连铸结晶器内平行于宽面的中心面内 4 个时刻的速度云图和矢量图。在 0 s 时，如图 4-48（a）所示，气液混合相的密度远小于单独的液相，因此夹带气泡的液相从水口射出后受到浮力的作用向液面运动，只有少部分没有夹带气泡的液相进入下环流，使下环流的速度明显减弱，上环流的涡心向水口方向移动，液面垂直方向流速明显增大。在 2.60 s 时，如图 4-48（b）所示，此刻从水口右侧进入结晶器的气泡大于左侧，因此水口左侧结晶器内流态类似于单相流，即流股冲击至窄面分为上升流和下降流，但是与单相流相比上环流涡心靠近水口。水口右侧为气液两相流，情形与 0 s 时类似。在 6.24 s 时，如图 4-48（c）所示，此刻从水口左侧进入结晶器的气泡数量逐步增多，但与右侧相比依然少很多。到了 26.52 s 时，如图 4-48（d）所示，气泡较均匀地从水口左右两侧进入结晶器，结晶器内流态又恢复为 0 s 时的情形。通过对这四种流态的分析，可以发现，气泡从水口出口进入结晶器具有随机性，在特定的瞬态并非平均等量地从水口两个出口进入结晶器，这就容易造成瞬时流场的不对称，影响铸坯质量的稳定性。

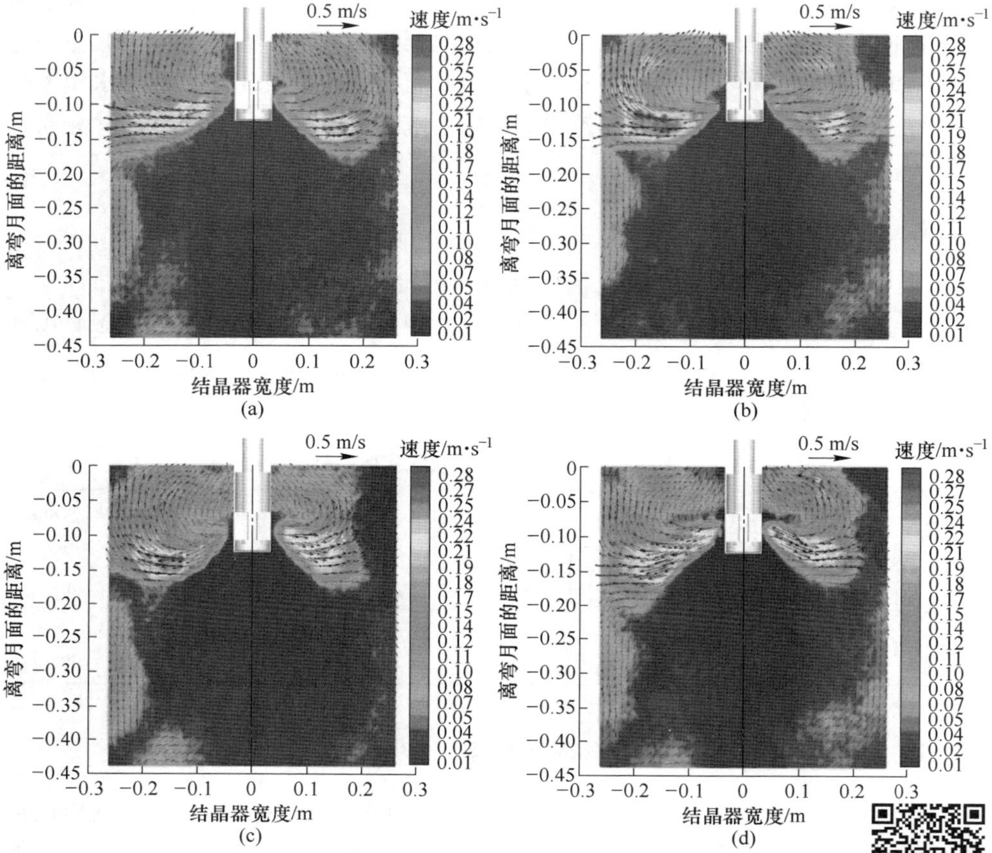

图 4-48　宽板坯连铸结晶器内气液两相流瞬时速度场随时间变化

(a) 0 s; (b) 2.60 s; (c) 6.24 s; (d) 26.52 s

彩图资源

图 4-49 所示为吹气量 30 mL/min 和未吹气时宽板坯连铸结晶器内平行于宽面的中心面内 52 s 时均速度场对比。对比图 4-49（a）、（b）可以发现，虽然瞬态时气泡从水口出口进入结晶器具有随机性，在特定的瞬态并非平均等量地从水口两个出口进入结晶器。在足够长的时间内，气泡从水口左右两侧进入结晶器的总量趋于总量的一半。从气液两相湍流的时均流动可以看出，吹气后结晶器内流态仍然为双环流，但是与单相流相比，上环流的涡心更靠近水口，下环流的涡心更靠近窄面，且下环流在结晶器底部相遇后的上升流变弱。另外，可以发现，吹气后窄面弯月面处流速变弱，这是上回流涡心向水口偏移的结果。在实际生产中，由于弯月面处冷却强度大，如果钢液流速减慢，会导致弯月面处热量供应不足，容易出现弯月面过冷、保护渣难熔、结渣圈等现象，进而影响生产顺利进行。

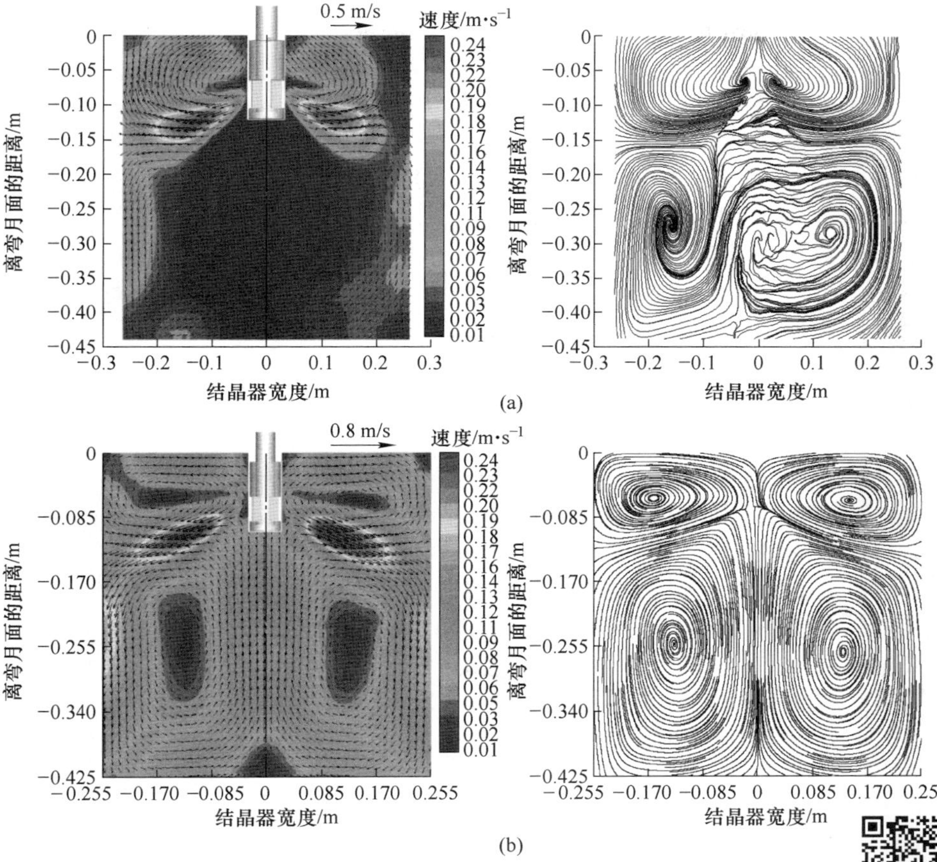

图 4-49 宽板坯连铸结晶器内气液两相流与单相流时均速度场对比

(a) 吹气量为 30 mL/min；(b) 未吹气

彩图资源

为了研究在恒定拉坯速度的情况下，吹气量与结晶器内流动速度的关系，在结晶器宽度中心位置液面下 200 mm 处选择一点 P，如图 4-50（a）所示。在不同吹气量下利用 PIV 技术测量结晶器平行于宽面的中心面时长 52 s 内的瞬时速度，并对每组吹气量下的瞬时速度场求其时均速度场，然后将不同吹气量下 P 点的时均速度输出，结果如图 4-50（b）所示。可以看到，随着吹气量的增加，虽然拉坯速度恒定不变，但 P 点的时均流速逐步增大，说明吹气量增强了对结晶器内流场的搅拌，气液两相流从水口射出后，随着气泡的上浮，夹带气泡较少的液相向下形成下回流，由于拉速恒定，下回流在结晶器底部相遇形成上升流，整个过程随着吹气量的增大而加剧。

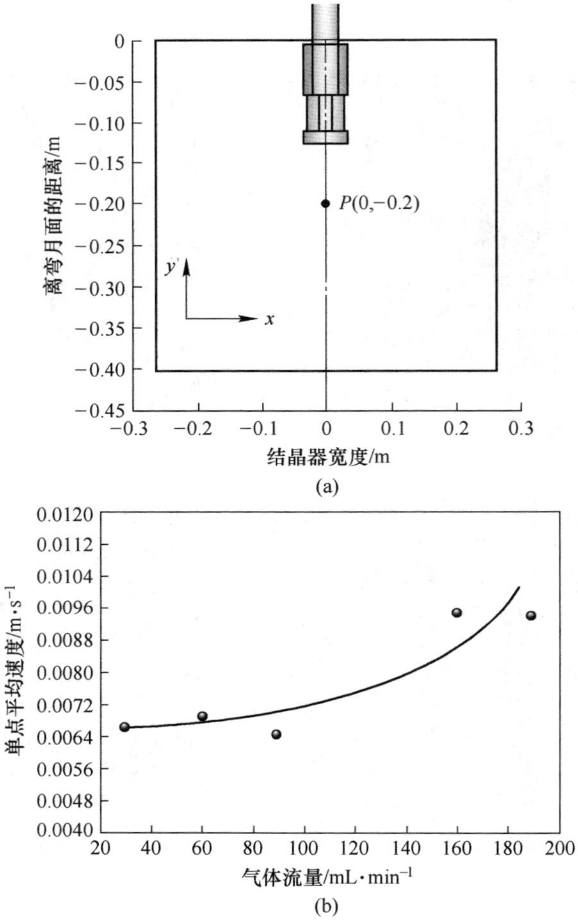

图 4-50　宽板坯连铸结晶器内特定点 *P* 处流速与吹气量的关系

（a）特定点 *P* 位置；（b）吹气量对 *P* 点流速的影响

为了进一步分析宽板坯连铸结晶器内气液两相流动的特点，对不同吹气量下结晶器内时均速度场的液面水平方向流速和窄面垂直方向流速进行对比，液面及窄面流速输出位置如图 4-51 所示。

图 4-52 为吹气量与液面水平方向流速的关系。从图中可以看到，吹气量对液面流速有抑制作用。随着吹气量的增加，液面水平方向流速的最大值逐渐减小，且最大流速出现的位置有向水口靠近的趋势。当吹气量为 30 mL/min 时，水平方向最大流速为 0. 105 m/s，出现位置距水口 150 mm；吹气量为 60 mL/min 时，水平方向最大流速为 0. 08 m/s，出现位置距水口 145 mm；吹气量为 160 mL/min时，水平方向最大流速为 0. 055 m/s，出现位置距水口 112 mm；吹气

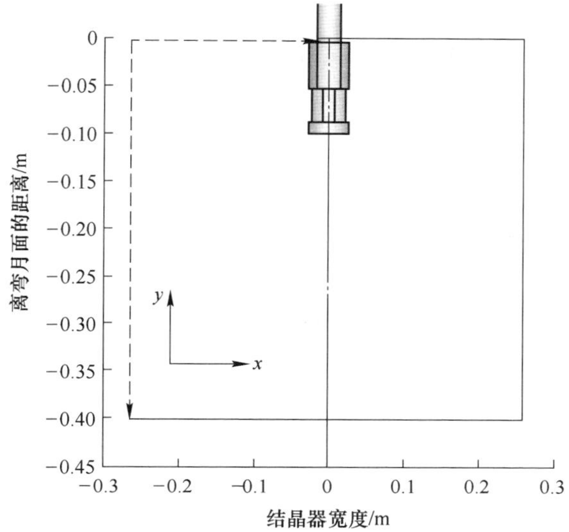

图 4-51 液面及窄面流速输出位置

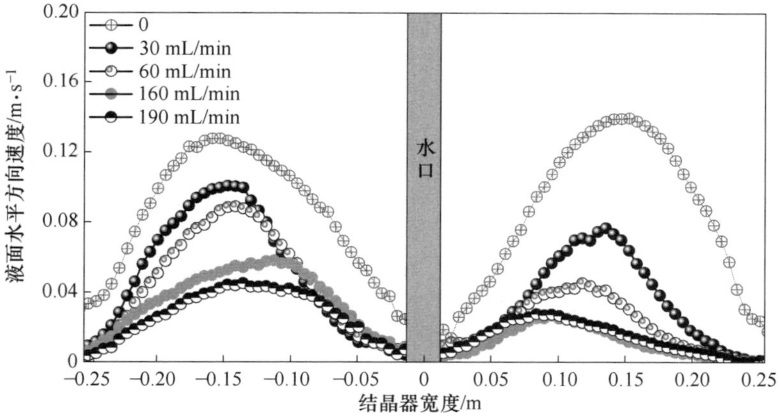

图 4-52 吹气量与液面水平方向流速的关系

量为 190 mL/min 时，水平方向最大流速为 0.045 m/s，出现位置距水口 130 mm。这一结果说明，吹气量越大，气泡尺寸越大，所受浮力越大，从出口射出后在水平方向上运动的距离越短，即气泡逸出液面时越靠近水口，上回流的涡心也越靠近水口。图 4-53 为吹气量与窄面垂直方向流速的关系，可以看到，随着吹气量的增加，窄面垂直方向的流速变化不明显，吹气量的变化不会影响流股冲击窄面的位置。

图 4-54 为将距窄面不同距离气液两相流速合速度输出位置示意图，由窄面

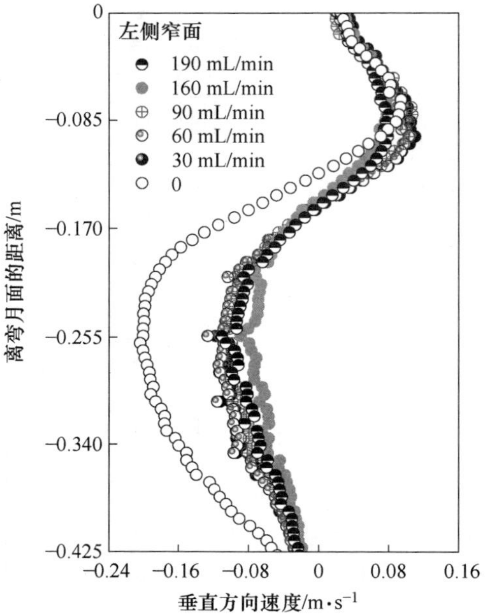

图 4-53　吹气量与窄面垂直方向流速的关系

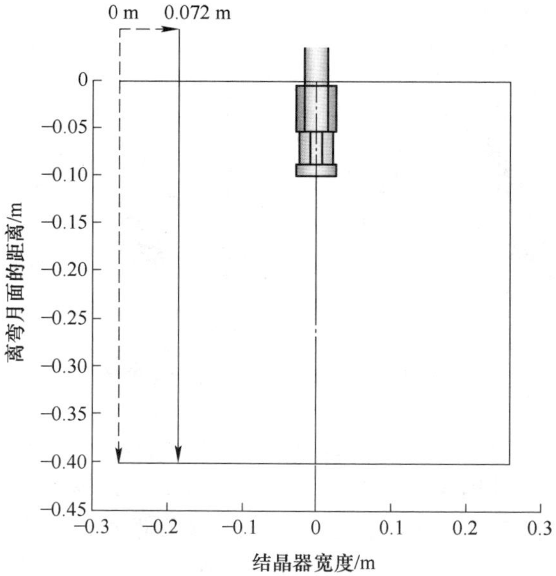

图 4-54　距窄面不同距离流速合速度输出位置示意图

开始，间隔 18 mm，至距窄面 72 mm，共 5 条垂线。图 4-55 为吹气量 30 mL/min 时分别距窄面 0 mm、18 mm、36 mm、54 mm 和 72 mm 垂线上的时均速度大小对比。可以看到，窄面的液面流速最低，随着距窄面的距离增加，液面流速增大。

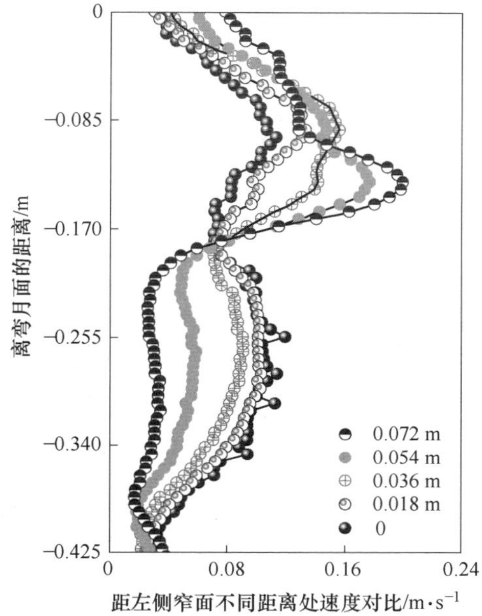

图 4-55 距窄面不同距离流速合速度对比（吹气量为 30 mL/min）

4.5.3 高速摄像机研究气泡在结晶器内的行为

很多学者利用数值模拟研究了气泡从水口射出后在结晶器内的运动轨迹、形态变化以及尺寸分布等行为[9-11]，但很少利用实验对结晶器内气泡的这些行为进行研究。本小节利用高速摄像机实时记录气泡在结晶器内的运动，得到气泡在结晶器内的分布，并利用图像处理软件 ImageJ 对图片进行处理并统计气泡的尺寸分布。图 4-56 为实验所用高速摄像机，其型号为 HS5C8GB，实验时将高速摄像

图 4-56 HS5C8GB 高速摄像机

机帧大小设置为 1616×996，帧速率设置为 800 fps，曝光时间设置为 1570 μs。表 4-6 为高速摄像机主要参数设置。图 4-57 为高速摄像机记录的吹气量 30 mL/min 时某一时刻气泡在结晶器内分布图。

表 4-6　高速摄像机参数设置

帧大小/像素	帧速率/fps	曝光时间/μs
1616×996	800	1570

图 4-57　某一时刻气泡在结晶器内分布（吹气量为 30 mL/min）

图 4-58 为不同吹气量条件下某一时刻结晶器内气泡尺寸分布。可以看到，由于水口底部撞击以及湍流的扰动，一些大尺寸气泡破碎成不同直径的小尺寸气泡，致使气液两相流从水口射出时，夹带着气泡尺寸大小不一，大的直径有

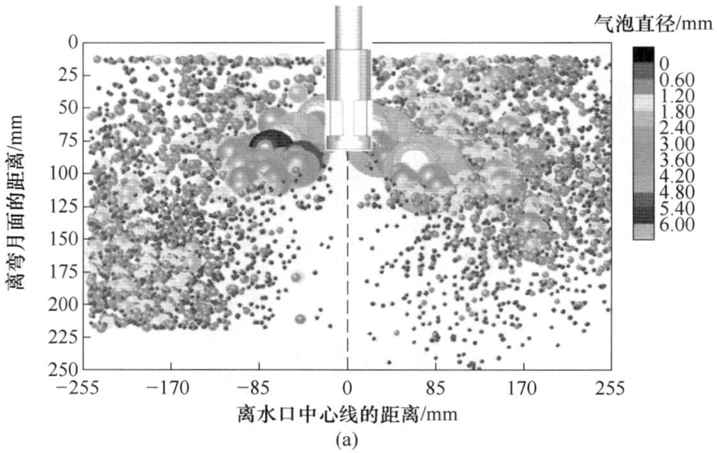

(a)

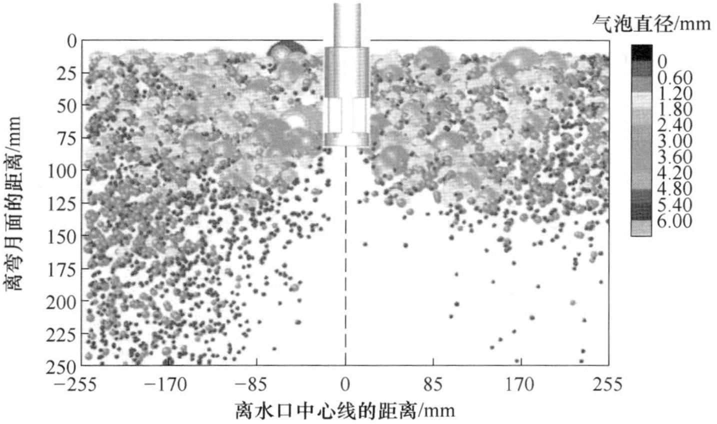
气泡直径/mm
0
0.60
1.20
1.80
2.40
3.00
3.60
4.20
4.80
5.40
6.00
离弯月面的距离/mm
0
25
50
75
100
125
150
175
200
225
250
−255
−170
−85
0
85
170
255
离水口中心线的距离/mm
(b)

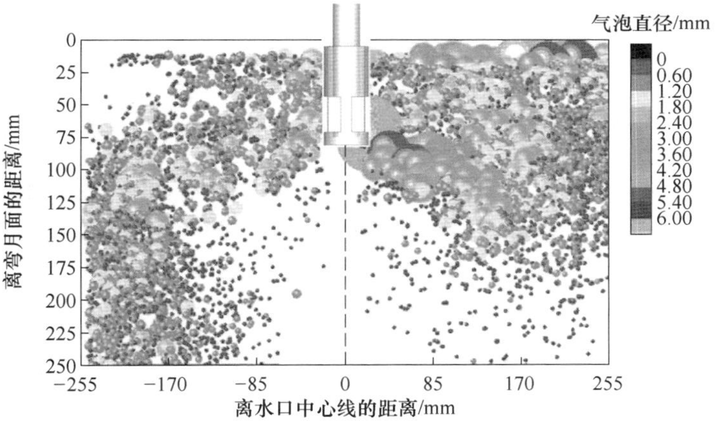
气泡直径/mm
0
0.60
1.20
1.80
2.40
3.00
3.60
4.20
4.80
5.40
6.00
离弯月面的距离/mm
0
25
50
75
100
125
150
175
200
225
250
−255
−170
−85
0
85
170
255
离水口中心线的距离/mm
(c)

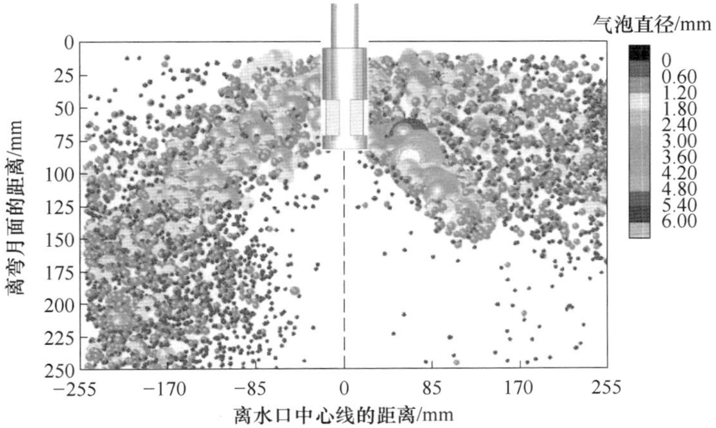
气泡直径/mm
0
0.60
1.20
1.80
2.40
3.00
3.60
4.20
4.80
5.40
6.00
离弯月面的距离/mm
0
25
50
75
100
125
150
175
200
225
250
−255
−170
−85
0
85
170
255
离水口中心线的距离/mm
(d)

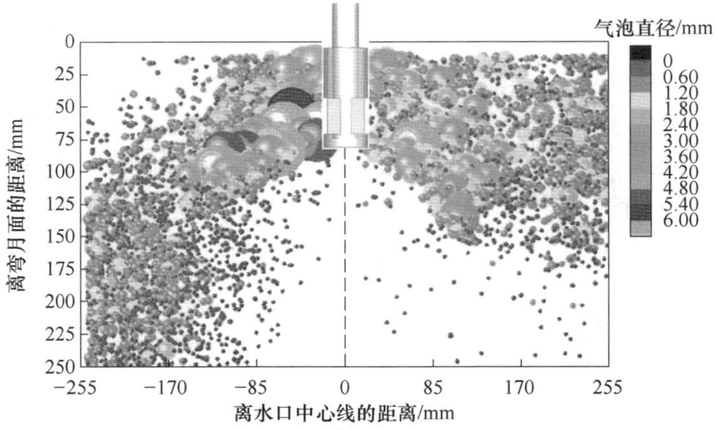

(e)

图 4-58　不同吹气量下某一时刻结晶器内气泡尺寸分布
（a）吹气量为 30 mL/min；（b）吹气量为 60 mL/min；
（c）吹气量为 90 mL/min；（d）吹气量为 160 mL/min；
（e）吹气量为 190 mL/min

彩图资源

6 mm，小的直径只有零点几毫米。大尺寸的气泡由于受到的浮力较大，从水口射出后很快上浮至液面逸出，而小尺寸的气泡可以被流股带至结晶器较深的位置，实验中发现直径小于 1 mm 的气泡很难逸出结晶器。

图 4-59 为不同吹气量下结晶器宽度中心线左右两侧不同尺寸的气泡数量统计，可以看到，吹气量为 30 mL/min 时，结晶器左右两侧各尺寸的气泡分布比较均匀，直径在 1 mm 以内的气泡占大多数。随着吹气量的增加，结晶器两侧气泡的分布开始不均匀。可以发现，吹气也是引起结晶器内非对称流的一个原因，随着吹气量的增加，结晶器内气泡的总数量有增加的趋势，这主要归因于直径在 1 mm以内的气泡数量增加。

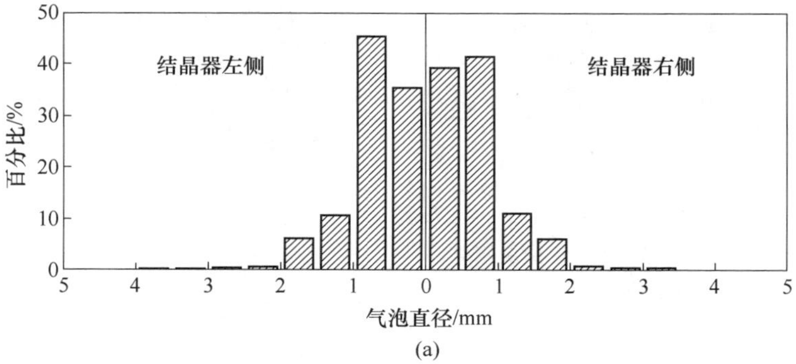

(a)

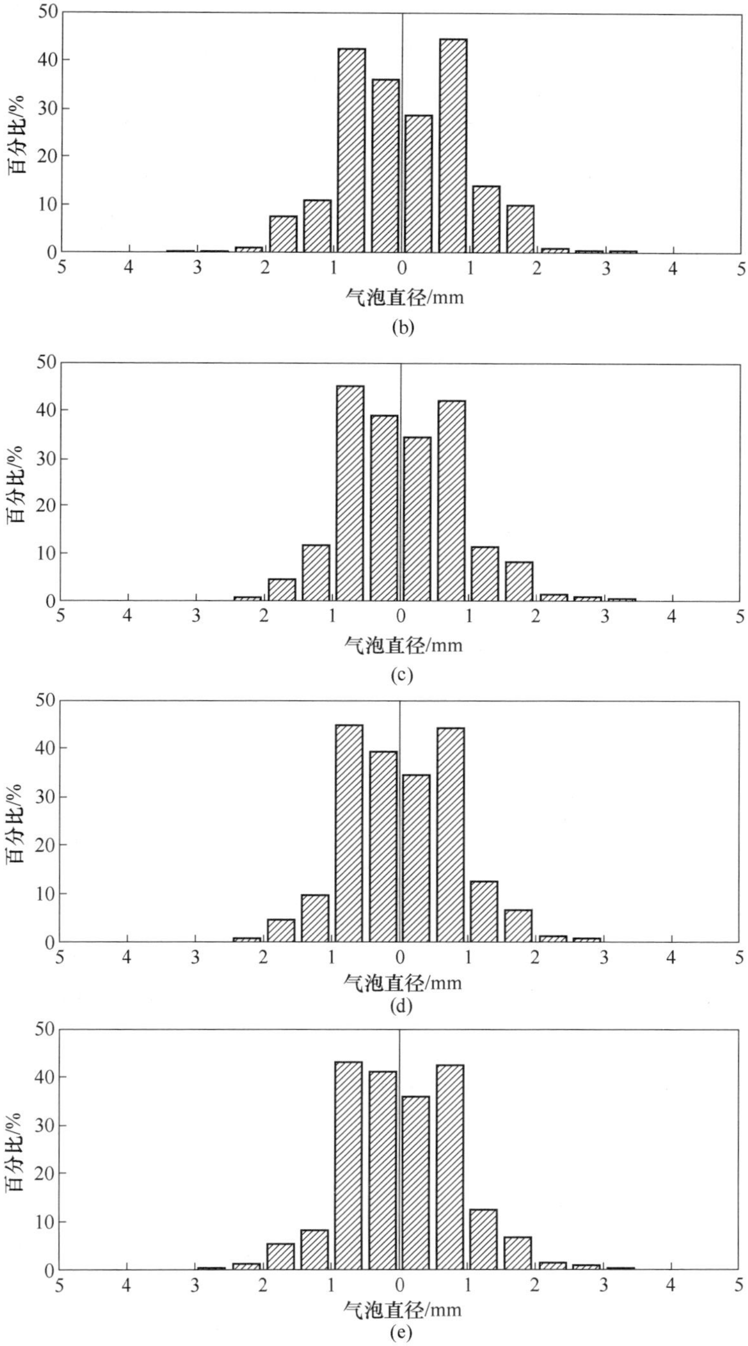

图 4-59 不同吹气量下结晶器宽度中心线左右两侧不同尺寸的气泡数量统计

（a）吹气量为 30 mL/min；（b）吹气量为 60 mL/min；（c）吹气量为 90 mL/min；

（d）吹气量为 160 mL/min；（e）吹气量为 190 mL/min

图 4-60 为吹气量与结晶器内所有气泡平均尺寸的关系，其计算方法如式 (4-28) 所示。当吹气量为 30 mL/min 时，结晶器内所有气泡平均直径为 0. 69 mm；当吹气量为 60 mL/min 时，结晶器内所有气泡平均直径为 0. 76 mm；当吹气量为 90 mL/min 时，结晶器内所有气泡平均直径为 0. 71 mm；当吹气量为 160 mL/min 时，结晶器内所有气泡平均直径为 0. 69 mm；当吹气量为 190 mL/min 时，结晶器内所有气泡平均直径为 0. 71 mm。可以发现，适当增加吹气量可以增大气泡尺寸，但是气泡尺寸不会随着吹气量的持续增加而增大。

$$d_{\text{ave}} = \sqrt[3]{\frac{\sum_{i=1}^{N} d_i^3}{N}} \tag{4-28}$$

式中，d_{ave}为气泡平均直径，mm；N 为气泡数量；d_i为第 i 个气泡直径，mm。

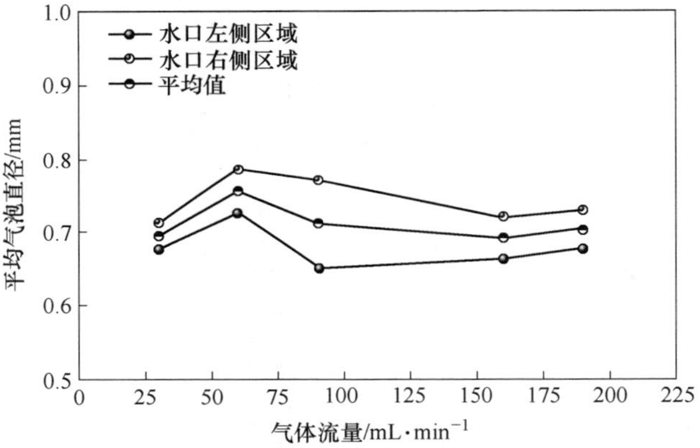

图 4-60　吹气量与结晶器内所有气泡平均尺寸的关系

4.6　优化连铸工艺条件和水口结构的原则

宽板坯连铸结晶器内钢液流动的影响因素有拉坯速度、吹氩量、结晶器断面尺寸、水口结构（出口角度、出口形状、底部结构等）、水口浸入深度等。在实际生产中，连铸坯的质量受上述因素综合影响，若连铸坯质量出现问题，往往需要对连铸工艺条件或者水口结构进行优化。优化的效果需要在实际生产中加以检验，例如某种缺陷的发生率是否降低，但是有时即使向钢厂提出了优化建议，该建议被采纳实施的过程往往很漫长，一是部分钢厂为了保证生产一般不会轻易改变已有的操作条件，二是钢厂对被建议的措施持怀疑态度。为了增强优化措施的可信度，在优化连铸工艺条件或水口结构时需遵循科学的原则。本节建立了一套优化连铸工艺条件及水口结构遵循的实验原则，如图 4-61 所示。首先需在原型的基础上根据相似原理建立结晶器水模型，其次利用 PIV 和 DJ800 综合考核设计的连铸条件和水口结构下结晶器内流态、流场对称性以及液面波动情况；最后从中优选出符合条件的连铸条件和水口结构进行小范围工业试验，若降低了铸坯的缺陷率说明优化方案有效可以采纳。该原则的核心点是利用先进设备对流态、流场对称性及液面波动进行测量和评价，在实验室阶段有一个自我否定、筛选的过程，提高了优化方案的可行性和可信度。

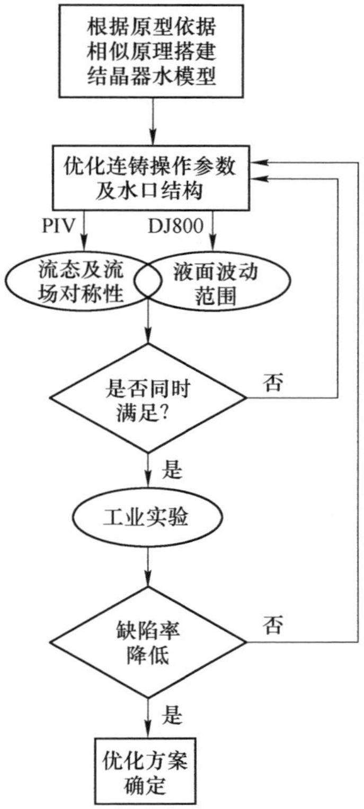

图 4-61 优化连铸工艺条件及水口结构遵循的原则

4.7 连铸工艺条件及水口结构优化分析

4.7.1 水口不对中对结晶器内流动的影响

实际生产中，若水口不对中会导致结晶器内流场产生偏流现象，对铸坯质量造成影响。板坯连铸结晶器使用的双开孔水口，在定位对中时不仅要保证水口中心线与结晶器宽度中心线重合，即在宽度方向上对中，还要保证水口中心线与结晶器在厚度上的中心线重合，即在厚度方向上对中。由于水口横截面形状为圆形，即使保证了宽度、厚度方向的对中也不一定能满足严格对中的条件，还需要检查水口两侧出口中心的连线是否与结晶器宽面平行。因此，对于板坯连铸结晶器来说，水口有 3 个方向的自由度，即宽度方向、厚度方向以及水口两出口中心连线旋转角度，如图 4-62 所示。本实验设计了 3 种工况：水口在宽度方向向左偏20 mm，其余两个方向对中，如图 4-62（a）所示；水口在厚度方向向后偏 15 mm，其余两个方向对中，如图 4-62（b）所示；水口在出口方向逆时针旋转 30°，其余两个方向对中，如图 4-62（c）所示。为了研究水口对中度对结晶器内流动的影响，连铸条件均保持一致，拉坯速度为 0.425 m/min，水口浸入深度为 50 mm，水口出口角度为 0°，出口形状为圆形，水口结构及尺寸详见图 4-4。

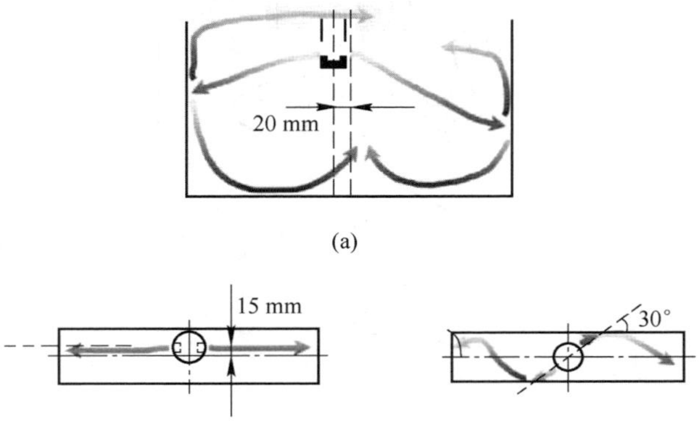

(a)

(b)　　(c)

图 4-62　水口的 3 种不对中情况

（a）宽度方向左偏离中心 20 mm；（b）厚度方向后偏离中心 15 mm；（c）出口方向逆时针旋转 30°

图 4-63 为不同水口对中度条件下宽板坯连铸结晶器内 52 s 内时均速度矢量图和流线图。当水口在宽度方向左偏 20 mm 时，如图 4-63（a）所示，结晶器左半部分为双环流，右半部分为单环流，出现了严重的偏流现象。原因是当水口左偏 20 mm 时，流股自水口左侧射出后运动至窄面的距离较右侧短，对窄面的冲击位置与右侧相比更靠上，流股冲击窄面后分成上升流和下降流分别形成上回流和下回流；而右侧流股自水口射出后需要运动到更远的距离才能到达窄面，对窄面的冲击点更靠下，形成的上升流较弱，在上升过程中能量被耗散转化为分子热运动的动能，形成了只有下环流的单环流。从此时的流线图可以看出，结晶器下部的两个环流中，由于边界条件的限制左侧环流小于右侧环流，两个涡心向左偏移。上回流中左侧涡流比较明显，右侧由于动能不足涡流较弱，涡心贴近窄面。

当水口在厚度方向向后偏 15 mm 时，如图 4-63（b）所示，由于主流股偏离结晶器平行于宽面的中心面，与水口严格对中的情况（图 4-63（d））相比，整个平面内虽然没有发生偏离现象，但是湍流速度减弱。不难推测，远离水口的宽面处湍流速度较弱，而靠近水口的宽面处湍流速度较强，这样会造成铸坯在厚度方向上极不均匀，铸坯的凝固中心会向与水口较近的一侧偏移，铸坯出结晶器时坯壳一侧厚一侧薄，过弯曲段时容易出现裂纹或者铸坯薄弱处被撕裂的生产事故。从此时的流线图可以看出，与水口对中的情况相比，下回流的涡心更靠上，这是因为下回流变弱，流股还未到达结晶器底部就发生了偏转。

当水口在出口方向逆时针偏转 30°时，如图 4-63（c）所示，水口出口方向发生偏转，导致射流方向发生改变，左侧流股从水口射出后撞击内弧侧宽面，右侧流股从水口右侧射出后撞击外弧宽面，因此在结晶器平行于宽面的中心面内流场速度很弱，极大地改变了结晶器内的流态。

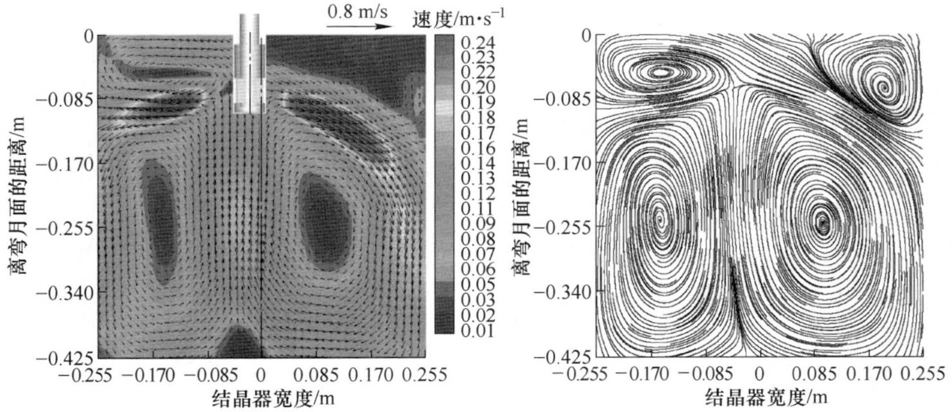

(a)

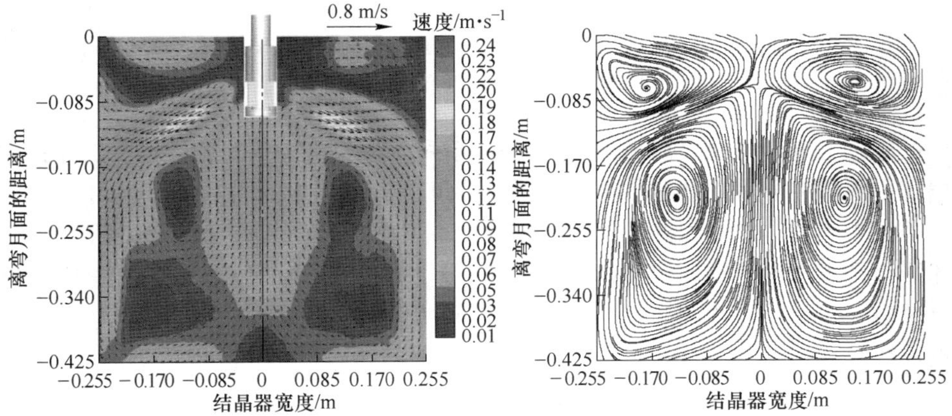

(b)

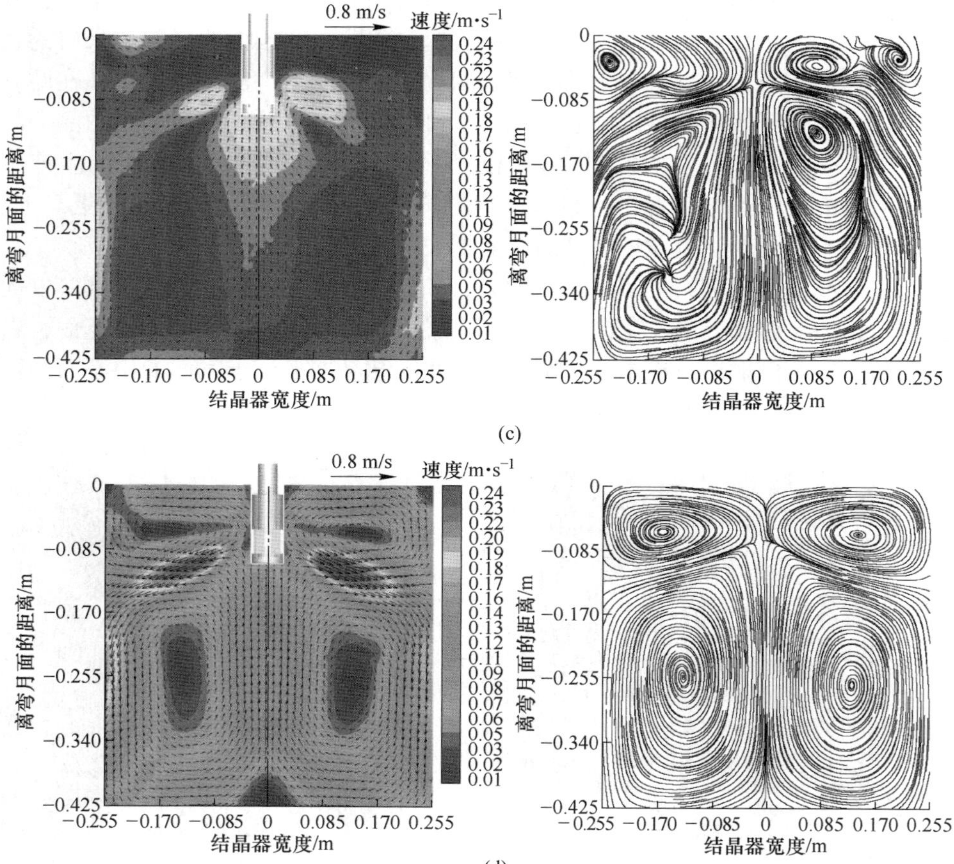

图 4-63　不同水口对中度宽板坯连铸结晶器内速度矢量图和流线图

（a）宽度方向左偏 20 mm；（b）厚度方向后偏 15 mm；

（c）出口方向逆时针旋转 30°；（d）水口对中

彩图资源

根据以上分析结果可以得出，水口在宽度上不对中会在结晶器宽度方向上产生偏离，水口在厚度上不对中会在结晶器厚度上产生偏离，而水口出口角度的不对中会极大地影响结晶器内的流态。因此，在实际生产中只有保证水口的严格对中才能生产出合格的铸坯。在结晶器内几何对称位置选取两组对称点，考察不同水口对中度对结晶器内对称位置处湍流速度的影响，图 4-64 为结晶器内两组对称点位置。

图 4-65 为不同水口对中度结晶器内对称点 P_1 和 P_{11} 处瞬时速度大小随时间的变化。当水口在宽度方向上左偏 20 mm 时，如图 4-65（a）所示，水口左侧 P_{11} 处流速在较高水平波动，其 52 s 内时均值为 0. 1815 m/s，而其对称位置 P_1 处

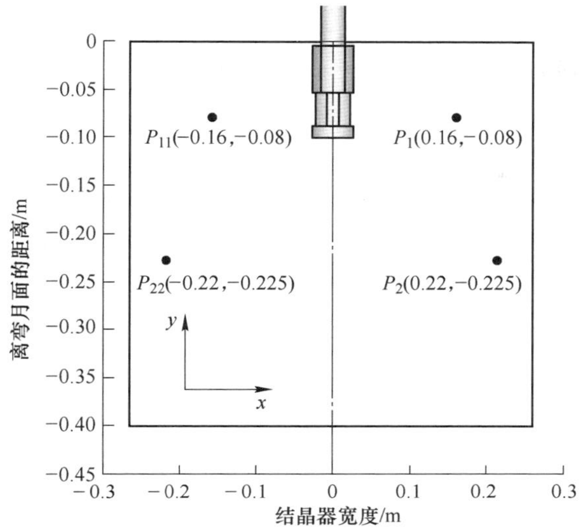

图 4-64 结晶器内两组对称点位置

流速在较低水平波动，其 52 s 内时均值为 0. 0468 m/s，结晶器左右两侧对称位置偏流严重。当水口在厚度方向上向后偏 15 mm 时，如图 4-65（b）所示，由于流场在宽度方向上对称，P_1 和 P_{11}处流动速度在同一水平波动，但是速度有很大程度减弱，P_1 处时均值为 0. 0450 m/s，P_{11}处时均值为 0. 0464 m/s。当水口在出口方向上逆时针偏转 30°时，如图 4-65（c）所示，水口出口方向发生偏转，主流股未经过 P_1 和 P_{11} 处，致使两处流速在较低水平波动，P_1 处时均流速为 0. 0340 m/s，P_{11}处时均流速为 0. 0337 m/s。当水口严格对中时，如图 4-65（d）所示，P_1 和 P_{11}处于正常水平波动，P_1 处时均流速为 0. 0601 m/s，P_{11}处时均流速为 0. 0867 m/s。

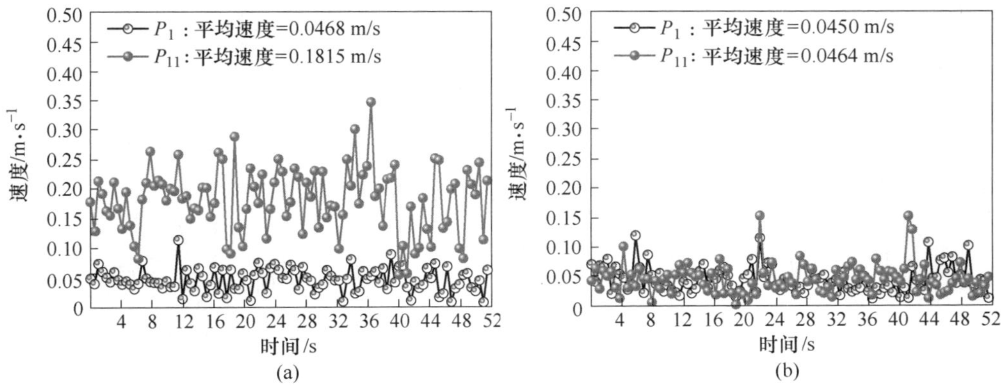

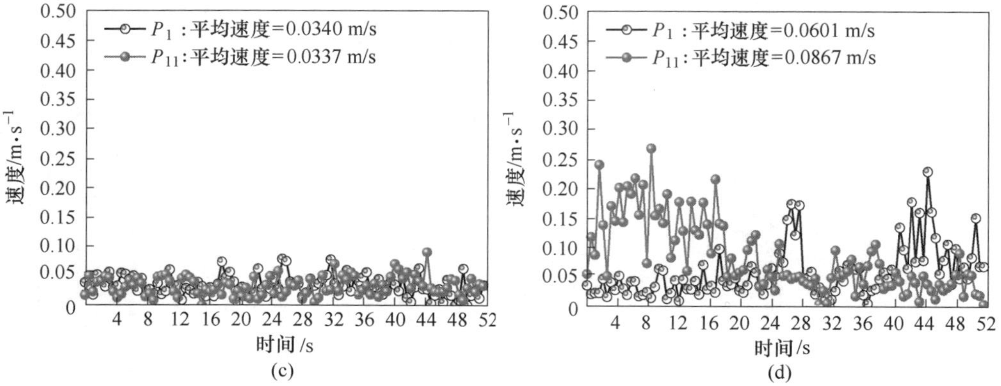

图 4-65　不同水口对中度结晶器内对称点 P_1 和 P_{11} 处瞬时速度大小随时间的变化

（a）宽度方向左偏 20 mm；（b）厚度方向后偏 15 mm；（c）出口方向逆时针旋转 30°；（d）水口严格对中

图 4-66 所示为不同水口对中度结晶器内对称点 P_2 和 P_{22} 处瞬时速度大小随时间的变化。当水口在宽度方向上左偏 20 mm 时，如图 4-66（a）所示，水口右侧 P_2 处流速在较高水平波动，其 52 s 时均值为 0. 1812 m/s，而其对称位置 P_{22} 处流速在较低水平波动，其 52 s 时均值为 0. 1280 m/s，结晶器左右两侧对称位置偏流严重。当水口在厚度方向上向后偏 15 mm 时，如图 4-66（b）所示，由于流场在宽度方向上对称，P_2 和 P_{22} 处流动速度在同一水平波动，P_2 处时均流速为 0. 0879 m/s，P_{22} 处时均流速为 0. 0967 m/s。当水口在出口方向上逆时针偏转 30°时，如图 4-66（c）所示，水口出口方向发生偏转，下回流的下降流未经过 P_2 和 P_{22} 处，致使两处流速在较低水平波动，P_2 处时均流速为 0. 0302 m/s，P_{22} 处时均流速为 0. 0369 m/s。当水口严格对中时，如图 4-66（d）所示，P_2 和 P_{22} 处于正常水平波动，且较为同步，P_2 处时均流速为 0. 1485 m/s，P_{22} 处时均流速为 0. 1536 m/s。

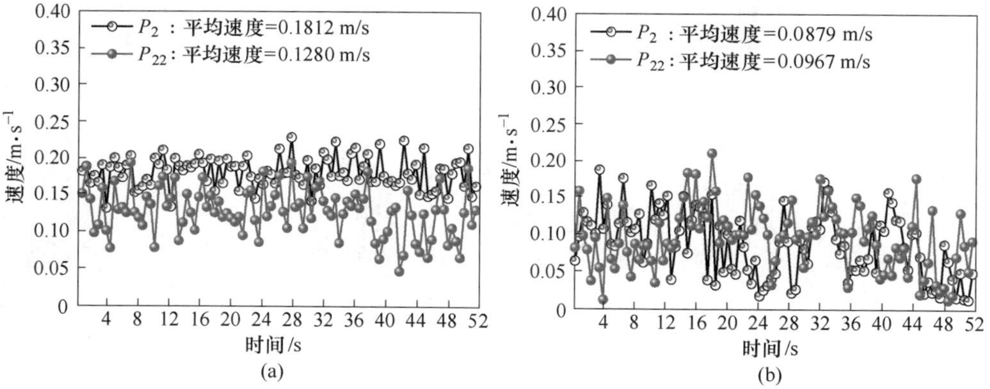

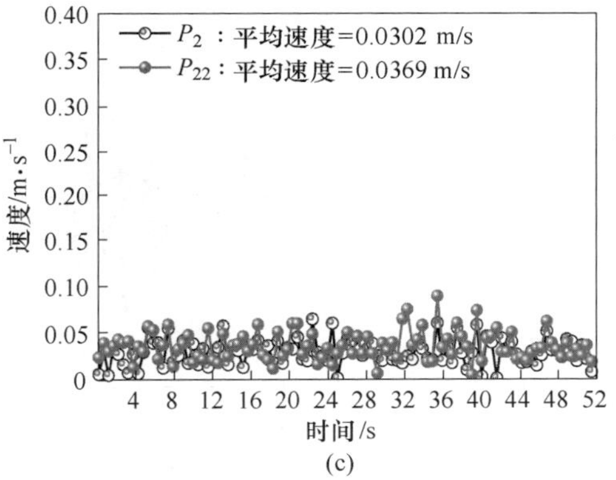

图 4-66 不同水口对中度结晶器内对称点 P_2 和 P_{22}处瞬时速度大小随时间的变化

（a）宽度方向左偏 20 mm；（b）厚度方向后偏 15 mm；（c）出口方向逆时针旋转 30°；（d）水口严格对中

图 4-67 为不同水口对中度结晶器内两侧窄面液面波动对比，从图 4-67（a）～（d）可以发现，无论是水口左偏、后偏或者出口角度旋转，其窄面处液面波动超出±3 mm 范围的次数明显高于水口严格对中的情况。但是，3 种水口未对中的情况对窄面液面波动的影响又略有不同。水口左偏或后偏时结晶器两侧窄面处瞬时波动较大的情况极易出现。在实际生产中，这种瞬时的大波动容易将液态保护渣卷入钢液。而水口出口角度旋转情况下，结晶器两侧窄面处的液面波动较为平稳。液面波动只是检验连铸条件优劣的必要而非充分条件，需要结合流态以及流场对称性加以判断。

图 4-68 统计了不同水口对中度结晶器内两侧窄面液面波动范围在±3 mm 范围内的数量，液面波动统计间隔为 0.5 mm。当水口在宽度方向上左偏 20 mm 时，如图 4-68（a）所示，左侧窄面液面波动范围在±1 mm 内有 8014 次，占总波动次数的 53.42%，左侧窄面液面波动范围在±3 mm 内占总波动次数的 97.03%。当水口在厚度方向上向后偏 15 mm 时，如图 4-68（b）所示，左侧窄面液面波动范围在±1 mm 内有 6906 次，占总波动次数的 46.04%，左侧窄面液面波动范围在±3 mm内占总波动次数的 97.11%。当水口在出口方向上逆时针偏转 30°时，如图 4-68（c）所示，左侧窄面液面波动范围在±1 mm 内有 7714 次，占总波动次数的 51.43%，左侧窄面液面波动范围在±3 mm 内占总波动次数的 98.93%。当水口严格对中时，如图 4-68（d）所示，左侧窄面液面波动范围在±1 mm 内有 8713 次，占总波动次数的 58.09%，左侧窄面液面波动范围在±3 mm 内占总波动次数的 99.11%。分析数据发现，与水口严格对中相比，3 种水口不对中均使左侧窄面小尺度的液面波动（±1 mm 内）数量减少，大尺度的液面波动（大于±3 mm）数量增加。因此，在实际生产中要严格保证水口的对中。

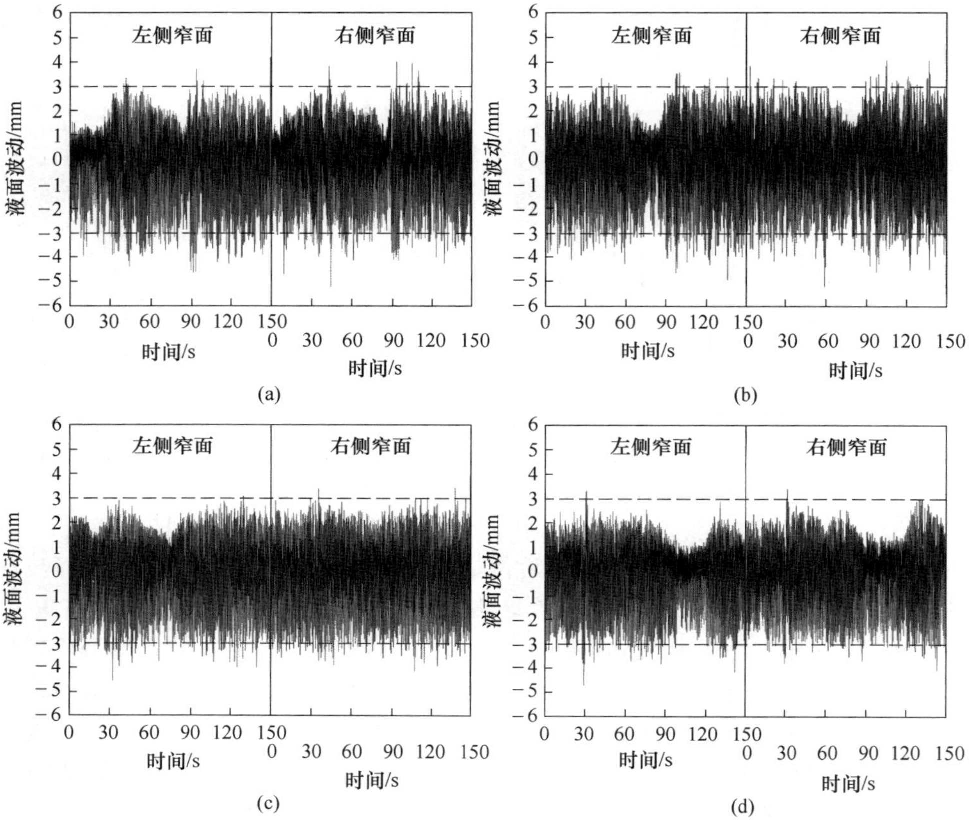

图 4-67　不同水口对中度结晶器内两侧窄面液面波动对比

(a) 宽度方向左偏 20 mm；(b) 厚度方向后偏 15 mm；(c) 出口方向逆时针旋转 30°；(d) 水口严格对中

4.7.2　水口浸入深度对结晶器内流动的影响

连铸结晶器水口的浸入深度一般是指水口出口上沿距结晶器液面的垂直距离(也有学者认为是水口底部距液面的垂直距离)。水口的浸入深度主要影响液面的流速、方向及液面的热量补充。若浸入深度较浅时，由于钢液流态为单环流，液面流速较大且方向为由水口流向窄面，液面波动剧烈，容易引起卷渣；若浸入深度较深时，液面由于热量传输有限，容易造成液面过冷，保护渣熔化不利，容易结渣圈，阻碍液态保护渣流入坯壳和铜板之间的缝隙，起不到润滑的作用，严重时可能引起坯壳被拉裂造成漏钢事故。因此，水口的浸入深度要有一个合理的范围以保证双环流的前提下，既有足够的热量传递，又能使液面波动维持在合理的范围内。本节为了研究水口浸入深度对宽板坯连铸结晶器内钢液流动行为的影响，设计了 4 种水口浸入深度：35 mm、40 mm、45 mm 和 50 mm。其他连铸条件

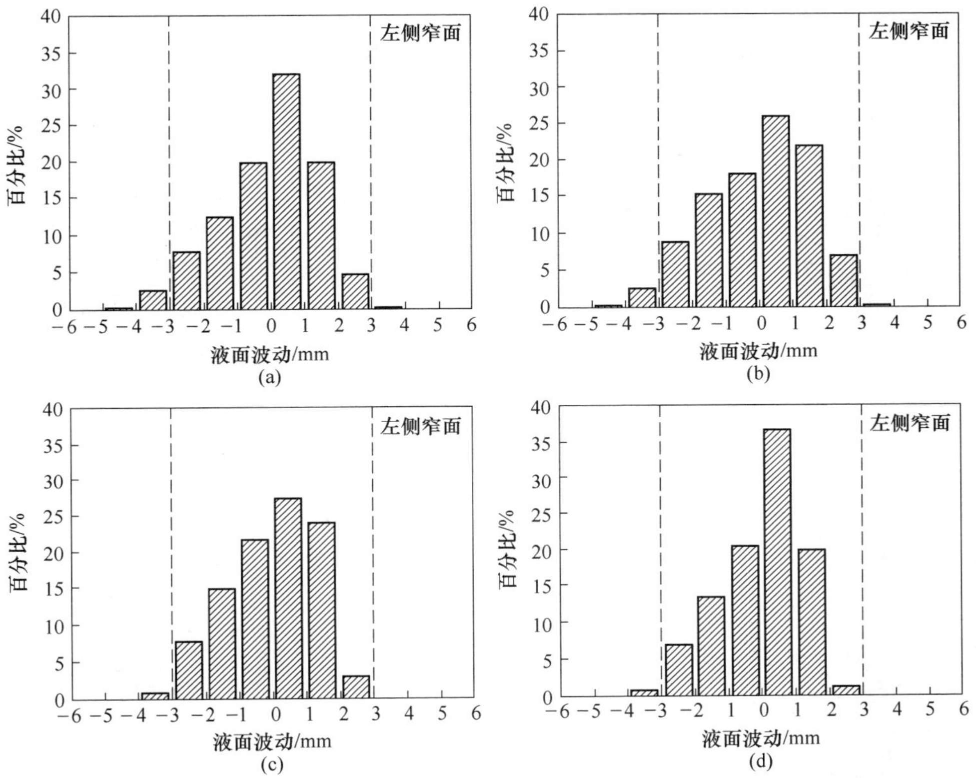

图 4-68 不同水口对中度结晶器内两侧窄面液面波动范围在±3 mm 范围内统计对比

（a）宽度方向左偏 20 mm；（b）厚度方向后偏 15 mm；

（c）出口方向逆时针旋转 30°；（d）水口严格对中

均保持不变，拉坯速度为 0.425 m/min，水口出口角度为 0°，出口形状为圆形，水口结构及尺寸详见图 4-4。

图 4-69 所示为水口不同浸入深度条件下宽板坯连铸结晶器内 52 s 内的时均速度矢量图和云图。可以看到，当水口浸入深度为 40 mm 时，如图 4-69（a）所示，结晶器内流态为对称双环流。流股自水口射出，运动至窄面形成上升流和下降流，上升流运动至液面后速度方向转为水平，在向水口运动的过程中速度逐步增大，在结晶器宽度 1/4 附近达到最大值，之后速度减弱，运动至水口附近与对侧来流相遇，在水口周围向下流动，形成上环流；下降流沿窄面向结晶器底部运动，到达底部后沿底部向结晶器中心流动，在中心与对侧来流相遇一起向结晶器上部运动，形成下环流。从图 4-69（a）~（d）可以看出，在双环流态基础上继续增大水口浸入深度并不会对流态产生太大影响，流态均为对称双环流。

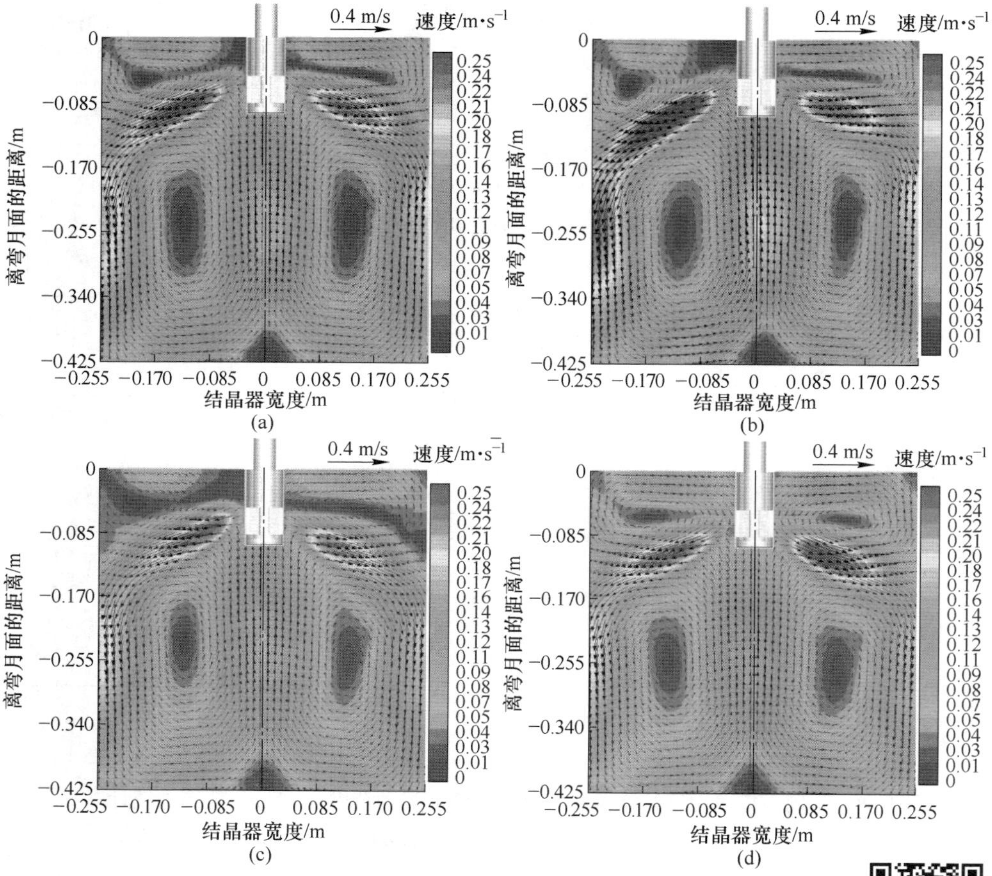

图 4-69　水口不同浸入深度条件下宽板坯连铸结晶器内速度矢量图

（a）水口浸入深度为 35 mm；（b）水口浸入深度为 40 mm；

（c）水口浸入深度为 45 mm；（d）水口浸入深度为 50 mm

彩图资源

图 4-70 所示为水口浸入深度对液面水平方向流速的影响。可以看到，当水口浸入深度为 35 mm 时，水口左侧液面水平流速最大值为 0. 125 m/s，出现在距水口 163 mm 的位置；水口右侧液面水平流速最大值为 0. 058 m/s，出现在距水口 201 mm 的位置。水口两侧液面出现了偏离。随着水口浸入深度的增加，结晶器水口两侧液面流速的对称性变好。当水口浸入深度增大至 50 mm 时，水口左侧液面水平流速最大值为 0. 132 m/s，出现在距水口 165 mm 的位置；水口右侧液面水平流速最大值为 0. 143 m/s，出现在距水口 166 mm 的位置。考虑到水口浸入深度对液面流动的对称性的影响，建议适当增加水口浸入深度，将水口浸入深度调整为 45～50 mm 范围内。

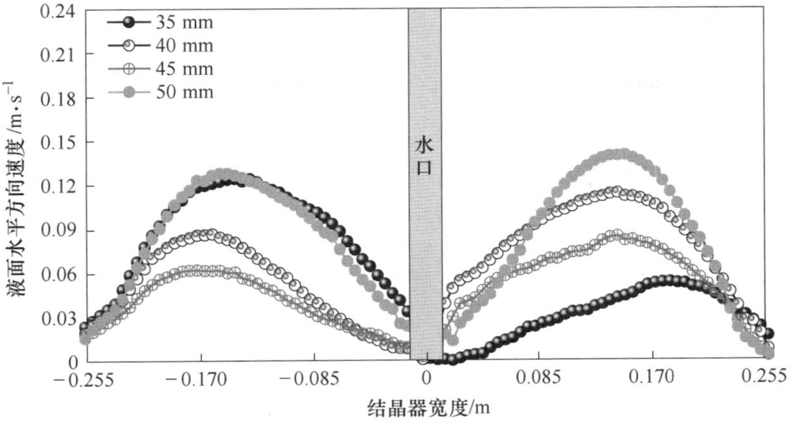

图 4-70　水口浸入深度对液面水平方向流速的影响

图 4-71 为水口不同浸入深度条件下宽板坯连铸结晶器 150 s 内平均液面位置及波动范围。可以看到，水口浸入深度的变化没有改变宽板坯连铸结晶器液面轮廓。

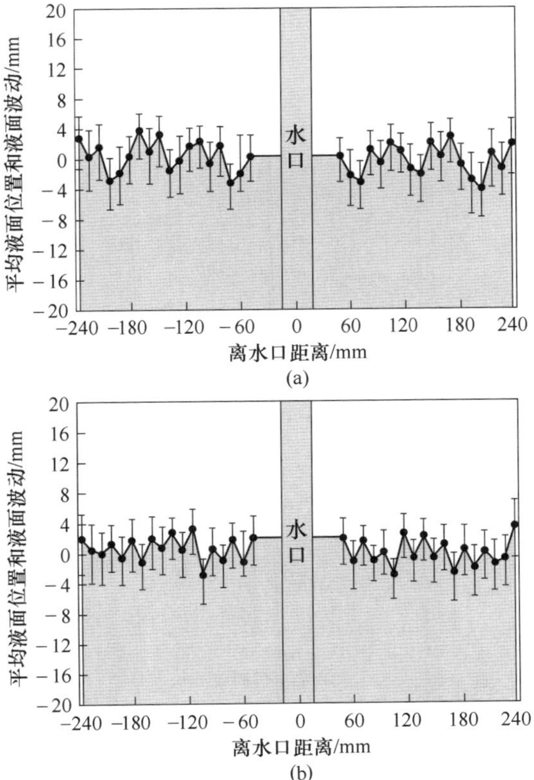

图 4-71　水口不同浸入深度条件下宽板坯连铸结晶器平均液面位置及波动范围
（a）水口浸入深度为 40 mm；（b）水口浸入深度为 50 mm

图 4-72 为水口不同浸入深度条件下宽板坯连铸结晶器液面波动 RMS 值。可以看到，当水口浸入深度为 40 mm 时，如图 4-72（a）所示，由窄面至水口，液面波动 RMS 值逐步降低，两侧窄面处液面波动最剧烈，左侧窄面液面波动 RMS 值为 2. 30 mm，右侧窄面液面波动 RMS 值为 2. 38 mm，而窄面和水口间液面波动 RMS 值的坡度较大。这说明窄面处液面较为活跃，而水口处液面活跃度又不足。水口浸入深度增加至 50 mm 时，如图 4-72（b）所示，两侧窄面处液面波动 RMS 值稍有减少，左侧为 2. 19 mm，右侧为 2. 21 mm，而水口附近的液面波动 RMS 值又略有升高，窄面和水口间液面波动 RMS 值坡度减小。这样既减弱了窄面液面的活跃度，又不至水口附近液面僵固。图 4-73 所示为水口不同浸入深度条件下宽板坯连铸结晶器两侧窄面液面波动对比。可以看到，当水口浸入深度为 40 mm 时，窄面处多次出现液面的瞬时波动过大的情况，如 89 s 前后。这种液面瞬时的剧烈波动很容易使液态保护渣卷入钢液。

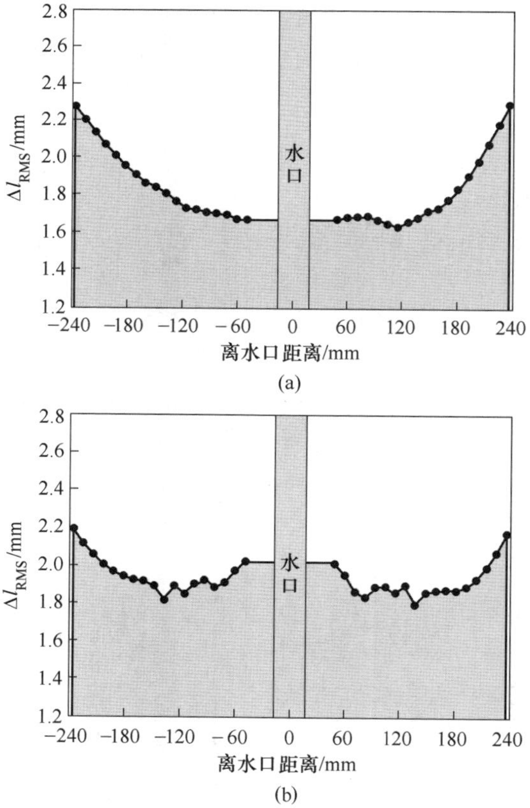

图 4-72　水口不同浸入深度条件下宽板坯结晶器液面波动 RMS 值
（a）水口浸入深度为 40 mm；（b）水口浸入深度为 50 mm

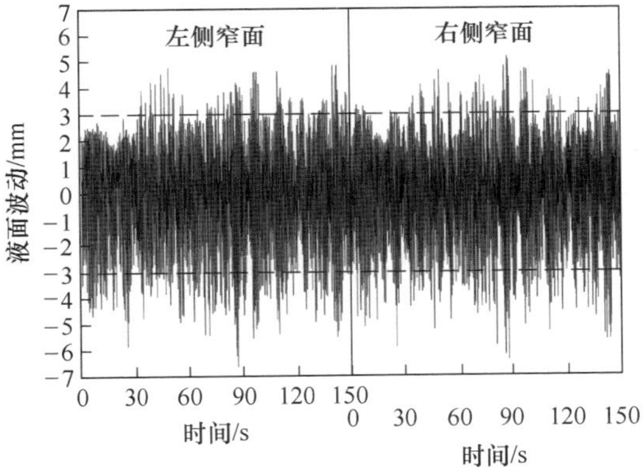

(a)

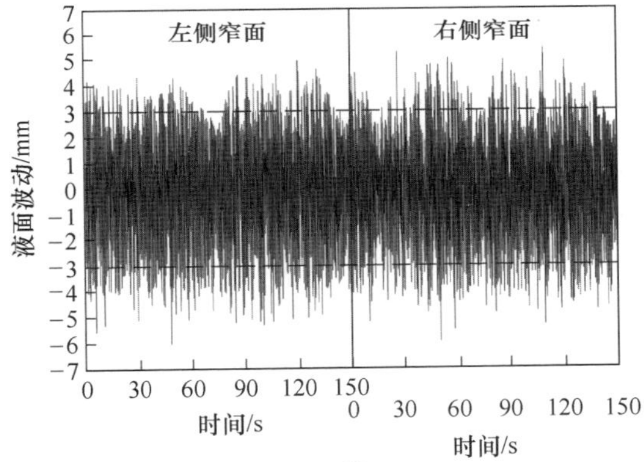

(b)

图 4-73 水口不同浸入深度条件下宽板坯连铸结晶器两侧窄面液面波动对比

（a）水口浸入深度为 40 mm；（b）水口浸入深度为 50 mm

图 4-74 统计了水口不同浸入深度条件下宽板坯连铸结晶器内两侧窄面液面波动在±3 mm 范围内的百分比。可以看到，当水口浸入深度为 40 mm 时，如图 4-74（a）所示，左侧窄面处液面波动范围在±3 mm 内占总波动次数的 87%；当水口浸入深度增大至 50 mm 时，如图 4-74（b）所示，左侧窄面处液面波动范围在±3 mm 内占总波动次数的 90%。

根据水口不同浸入深度下结晶器内流态、液面流速以及液面波动的分析，建议将水口浸入深度由 40 mm 增加至 45~50 mm。对于实际连铸过程，建议将水口浸入深度由 160 mm 增加至 180~200 mm。

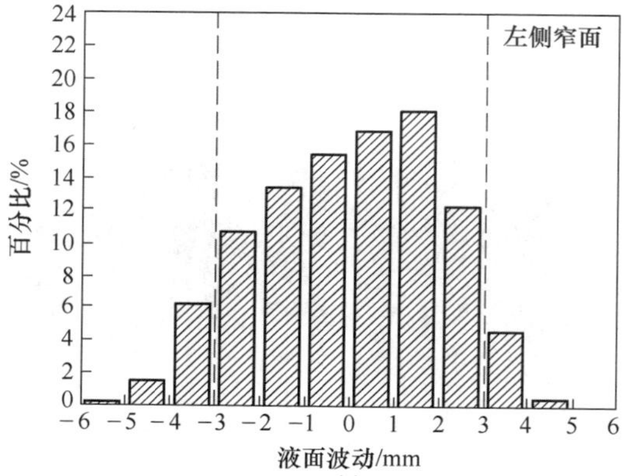

(a)

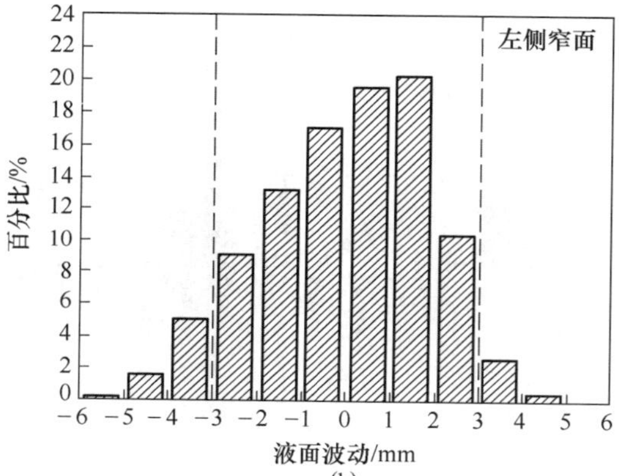

(b)

图 4-74　水口不同浸入深度条件下宽板坯连铸结晶器内左侧窄面液面波动统计对比
（a）水口浸入深度为 40 mm；（b）水口浸入深度为 50 mm

4.7.3　水口出口角度对结晶器内流动的影响

作者团队调研了国内多家钢铁企业，如太钢、泰钢、宝钢以及宝钢德胜等，发现对于连铸宽度小于 1600 mm 的 304 不锈钢板坯，结晶器浸入式水口出口倾角多采用 5°~15°。这与连铸碳钢时倾角向下有所差异。因此，为了弄清该差异的原因，有必要对不锈钢和碳钢在物理性质方面，例如密度、黏度、焓以及热导率加以研究。表 4-7 给出了 304 不锈钢与碳钢的化学成分。3 种碳钢牌号分别为 Q195、Q275、75，区别主要为 C 和 Mn 的含量。两种不锈钢牌号为 022Cr19Ni10 和 SUS304，区别主要为 C 含量，前者 C 含量为 0.0272%，后者 C 含量为 0.0523%。304 不锈钢与所选碳钢的主要不同为前者含有 18%的 Cr 和 8%的 Ni，Si 和 Mn 的含量较高，S 含量较低。

表 4-7 304 不锈钢与碳钢的化学成分对比

钢种	化学成分（质量分数,%）							
	C	Si	Mn	P	S	Cr	Ni	N
Q195	0.09	0.15	0.35	0.03	0.035	—	—	—
Q275	0.32	0.2	0.65	0.03	0.035	—	—	—
75	0.7	0.22	0.65	0.035	0.035	0.25	—	—
022Cr19Ni10	0.0272	0.4484	1.6394	0.0355	0.001	18.2233	7.9911	0.0486
SUS304	0.0523	0.4416	1.1161	0.0353	0.001	18.0714	8.0729	0.0468

图 4-75 为利用 Procast 软件计算的 304 不锈钢与碳钢的物理性质对比。其中，图 4-75（a）为液相线温度和黏度的对比。可以看到，304 不锈钢的液相线温度为 1460 ℃，Q195 为 1527 ℃，Q275 为 1510 ℃，75 为 1475 ℃。而在各自液相线温度下，304 不锈钢的黏度较大。也就是说，连铸碳钢和不锈钢时，若采用相同的连铸条件、水口以及结晶器断面尺寸，304 不锈钢液在结晶器内运动过程中因钢液之间黏滞力的作用而损失的动能与碳钢相比更大。图 4-75（b）为 304 不锈钢与碳钢的密度对比，可以看到，304 不锈钢的密度与碳钢相比略小。图 4-75（c）为 304 不锈钢与碳钢的热焓对比，可以看到，304 不锈钢的热焓与碳钢相比略小。图 4-75（d）为 304 不锈钢与碳钢的热导率对比，可以看到，304 不锈钢的热导率与碳钢相比小很多，说明 304 不锈钢的导热性与碳钢相比较差。

因为 304 不锈钢与碳钢相比，黏度较大、热导率较低，在连铸宽度小于 1600 mm 的普通板坯时，304 不锈钢常常采用开口角度向上倾的水口以保证液面的活跃度。

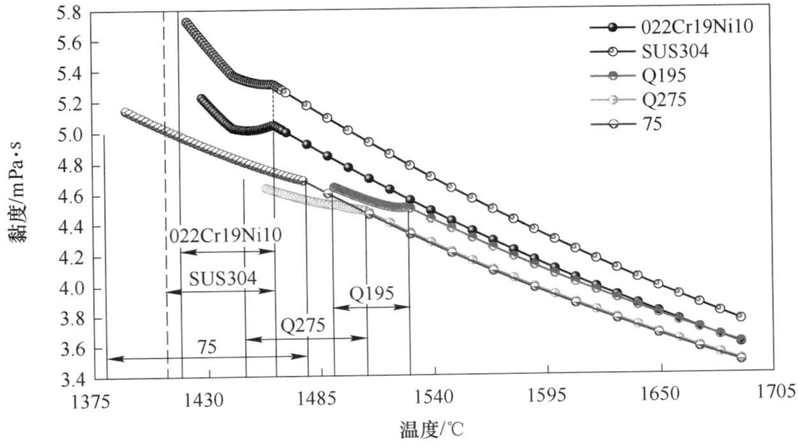

(a)

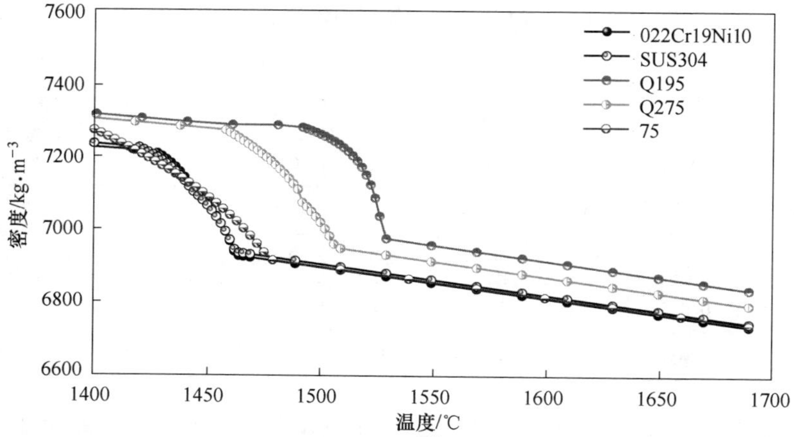

(b)

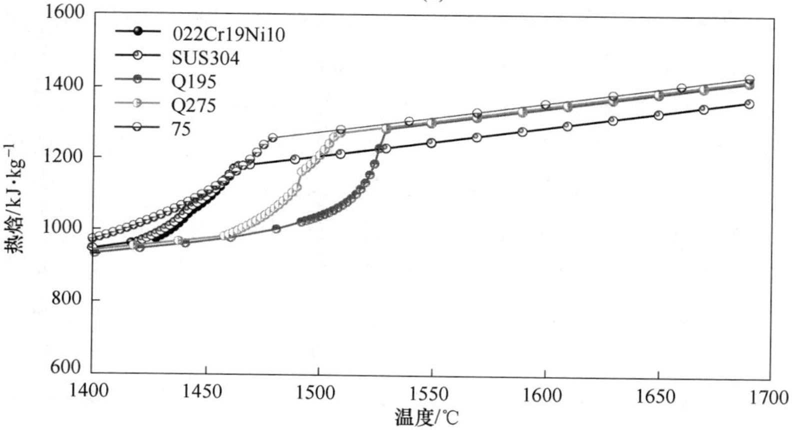

(c)

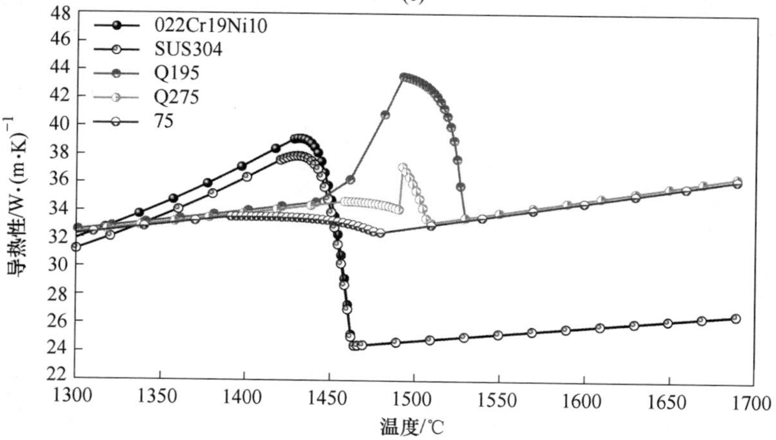

(d)

图 4-75　304 不锈钢与碳钢物理性质对比

（a）黏度；（b）密度；（c）焓；（d）热导率

图 4-77 对比了窄断面板坯（原型宽度为 1236 mm）水模型中，水口出口角度为 5°（尺寸详见图 4-76）和 0°（尺寸详见图 4-4）时平行于宽面的中心截面上 52 s 内的时均速度场。连铸其他条件为：拉坯速度为 0.4 m/min、水口浸入深度为 40 mm。可以看到，水口出口角度为 5°或 0°时普通板坯水模型中流态为双环流。0°水口射流速度略大于 5°水口。使用 0°水口时，水模型整个测量界面内速度的平均值 V_{ave} 为 0.070 m/s；5°水口时，V_{ave} 为 0.067 m/s。

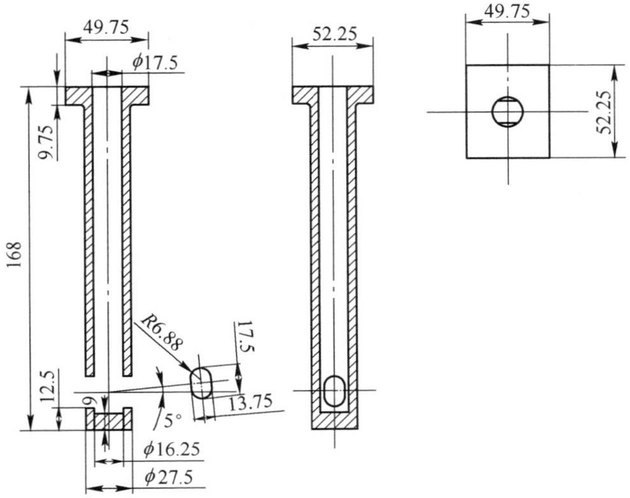

图 4-76 某钢厂宽板坯连铸结晶器实际使用的水口尺寸（已按相似比缩小，单位：mm）

图 4-78 为水口出口角度对窄断面板坯结晶器厚度中心液面上水平方向流速的影响，拉坯速度为 0.4 m/min，水口浸入深度为 40 mm。可以看到，水口出口角度为 5°时液面流速大于 0°的工况。

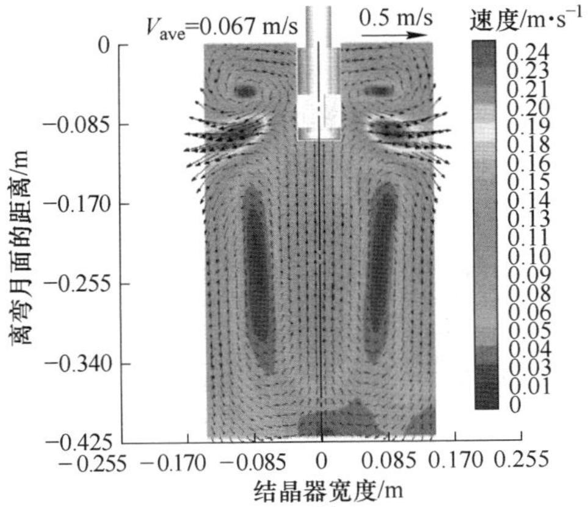

(a)

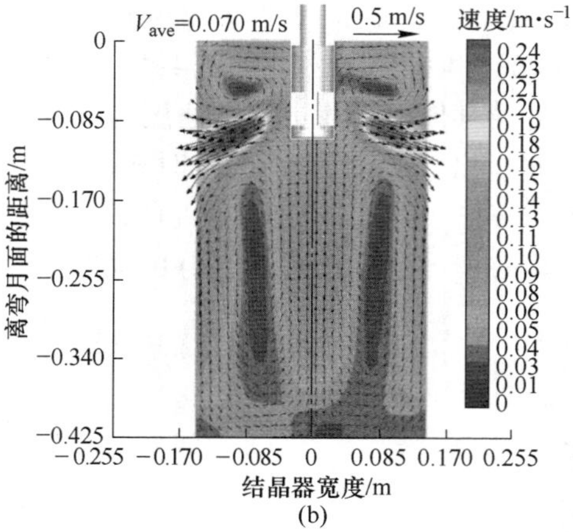

图 4-77 水口不同出口角度条件下窄断面板坯结晶器内速度矢量图

(a) 5°水口；(b) 0°水口

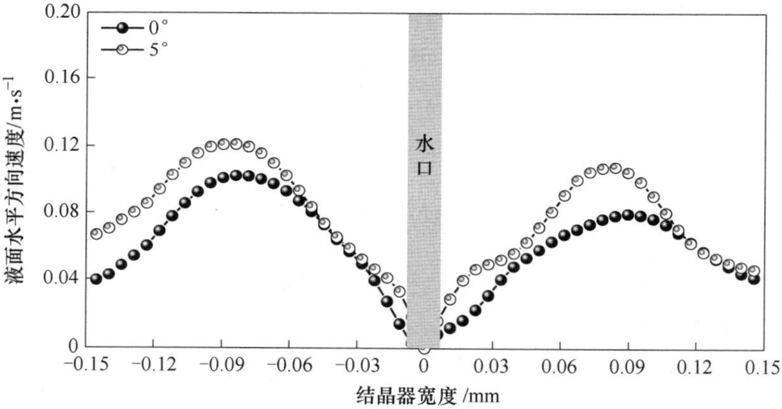

图 4-78 水口出口角度对窄断面板坯结晶器液面上水平方向流速的影响

本节针对宽断面板坯（原型宽度为 2040 mm），利用墨水示踪实验，观察了从 5°和 0°的水口注入结晶器时射流的行为，拉坯速度为 0. 425 m/min，水口浸入深度为 40 mm。其主视图如图 4-79 所示。可以看到，当水口出口角度为 5°时，射流有一个向上冲击又折回的过程，所以扩展范围比 0°更大。较大的扩展范围势必会使更多的射流撞击宽面。而水口出口角度为 0°时，射流较为集中（见图 4-73（b））。图 4-80 显示了相同连铸条件下墨水在结晶器内扩散的俯视图。可以看到，射流从 5°水口射出时，在 0. 3 s 内就能达到宽面，在结晶器厚度方向上扩散范围较大；而水口为 0°时，射流比较集中，快达到窄面时才会在厚度方向上扩散至宽面。

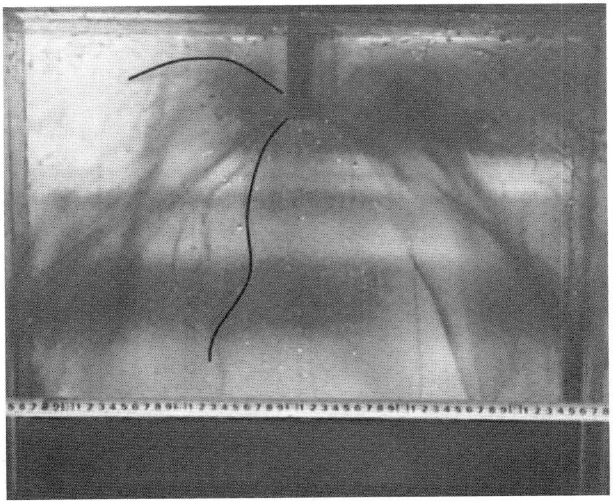

(a)

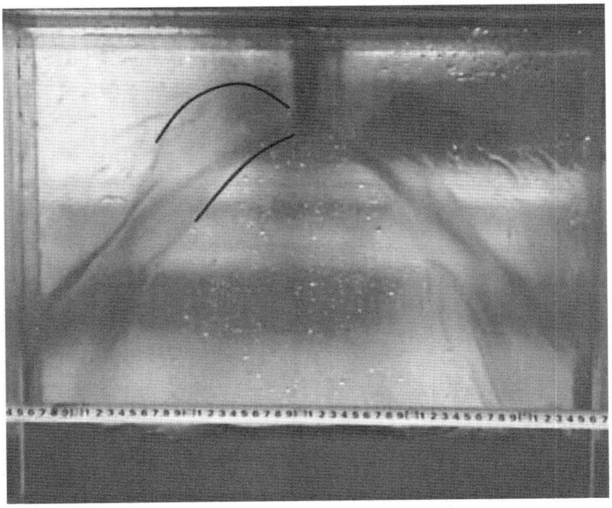

(b)

图 4-79 水口不同出口角度条件下射流扩展范围（主视图）
（a）5°水口；（b）0°水口

彩图资源

图 4-81～图 4-87 显示了 PIV 技术测量的宽板坯结晶器内不同截面（图 4-80 中虚线）的速度场，对比了水口不同出口角度对结晶器内流态的影响。图 4-81

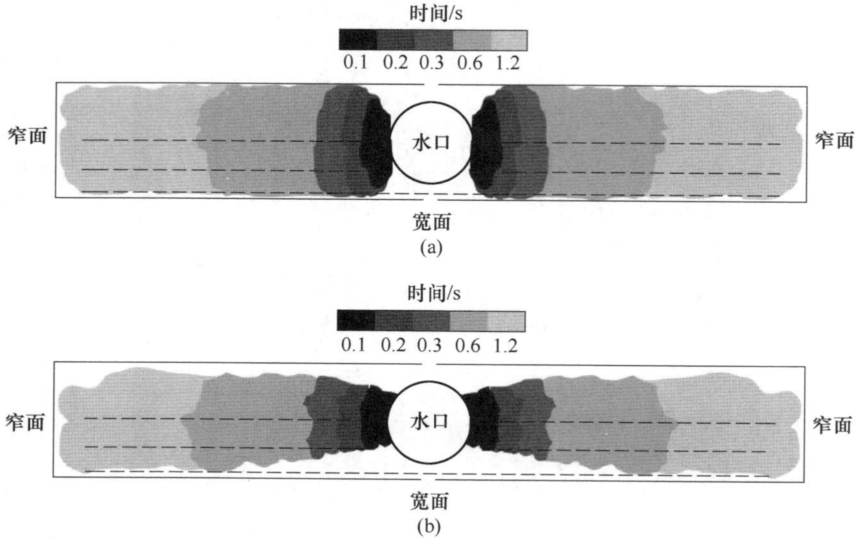

图 4-80　水口不同出口角度条件下射流扩展范围（俯视图）

（a）5°水口；（b）0°水口

彩图资源

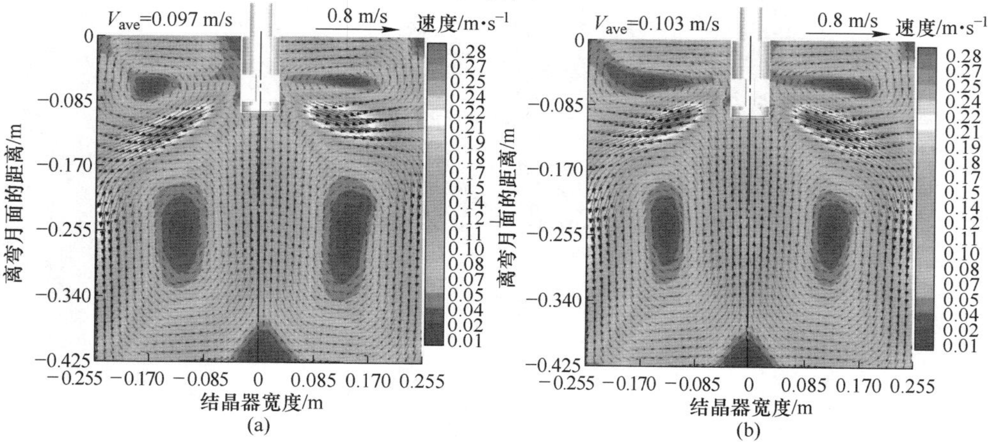

图 4-81　水口不同出口角度条件下宽板坯
结晶器厚度中心截面上的速度矢量分布

（拉坯速度 0.425 m/min，水口浸入深度 40 mm）

（a）5°水口；（b）0°水口

彩图资源

显示了厚度中心截面上在 52 s 内的时均速度矢量分布，可以明显看到双环流流态。0°水口的射流速度略大于 5°水口。0°水口在整个截面内速度的平均值为 0.103 m/s，而 5°水口时为 0.097 m/s。图 4-82 为结晶器液面厚度中心时均速度的水平分量分布。可以看出，水口出口角度为 5°时，液面流速比 0°时略大。但是，水口出口角度为 0°时，水口两侧液面流速的对称性更好。

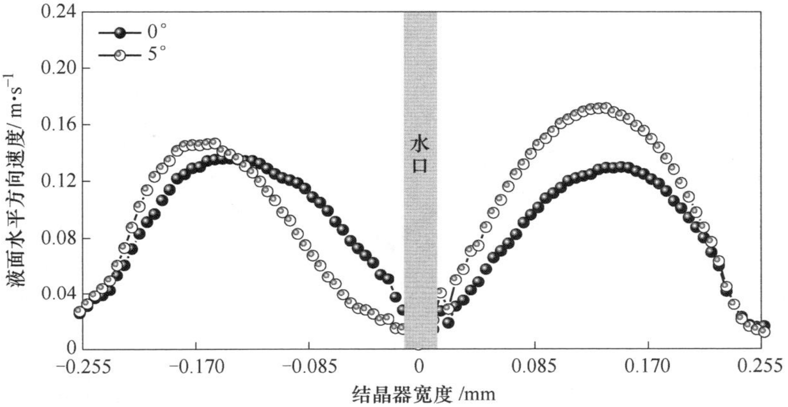

图 4-82 水口出口角度对宽板坯结晶器液面厚度中心水平方向流速的影响

（拉坯速度 0. 425 m/min，水口浸入深度 40 mm）

图 4-83 对比了在结晶器厚度 1/4 截面上的时均速度场。可以看到，偏离厚度方向中心面后，流态仍为双环流，但整个截面内速度的平均值比厚度中心截面

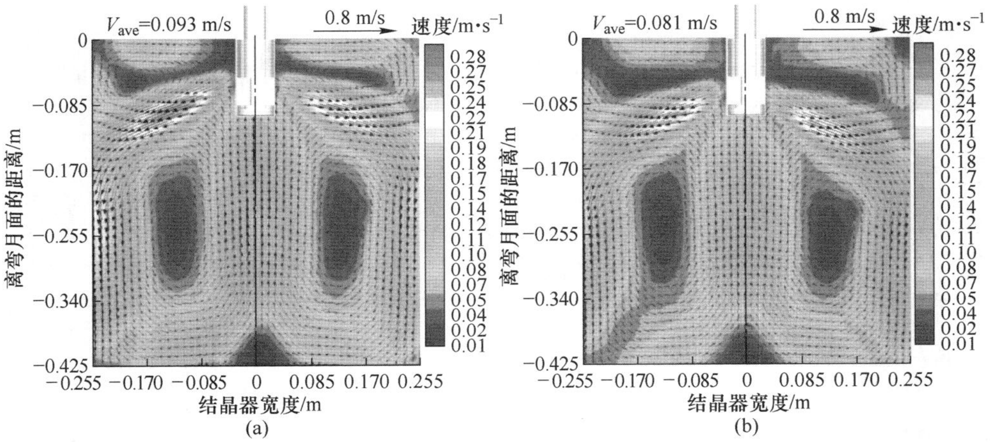

图 4-83 水口不同出口角度条件下宽板坯结晶器内厚度 1/4 截面上的速度矢量分布

（拉坯速度 0. 425 m/min，水口浸入深度 40 mm）

（a）5°水口；（b）0°水口

彩图资源

上有所降低。5°水口时速度平均值由 0.097 m/s 降至 0.093 m/s；0°水口时速度平均值由 0.103 m/s 降至 0.081 m/s。图 4-84 为宽板坯结晶器液面厚度 1/4 处的速度的水平分量。可以看到，在液面厚度方向 1/4 处截面上，水口出口角度为 5°时的液面水平流速比 0°水口时略大。

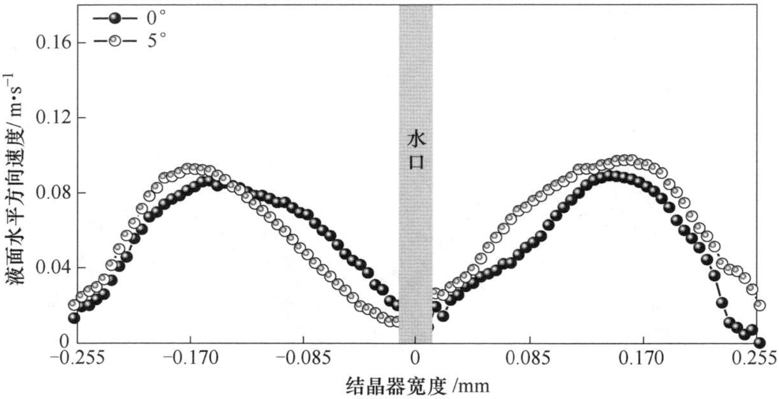

图 4-84　水口出口角度对宽板坯结晶器液面上厚度 1/4 处水平流速的影响

（拉坯速度 0.425 m/min，水口浸入深度 40 mm）

图 4-85 对比了靠近宽面的截面上的时均速度场分布。可以看出，全场的平均速度进一步降低：使用 5°水口时中心截面上的平均速度由 0.097 m/s 降至 0.066 m/s，使用 0°水口时平均速度由 0.103 m/s 降至 0.042 m/s。虽然距中心截

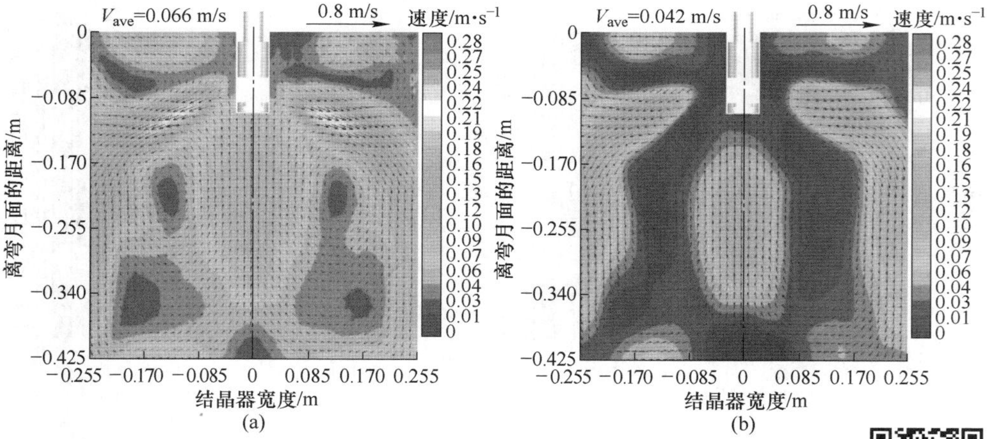

图 4-85　水口不同出口角度条件下宽板坯结晶器靠近宽面的截面上的速度分布

（拉坯速度 0.425 m/min，水口浸入深度 40 mm）

（a）5°水口；（b）0°水口

彩图资源

面距离越远截面上整体流速越小，但是5°水口条件下射流在结晶器厚度方向更加发散，所以在贴近宽面的截面上其整体流速大于使用0°水口时的情形。进而可以推断，在实际连铸采用5°水口进行浇铸时，钢液对宽面凝固前沿枝晶的冲刷更大，不利于坯壳生长。图4-86为结晶器液面靠近宽面处的时均速度的水平分量分布。可以明显看出，在贴近宽面的截面上，水口出口角度为5°时的液面流速比水口出口角度为0°时更大。

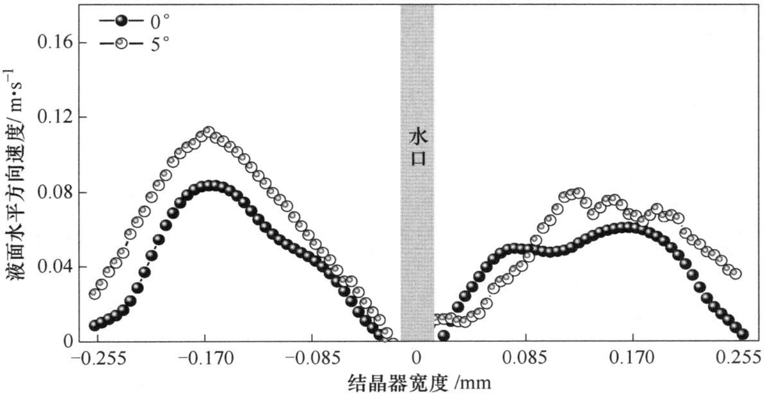

图4-86 水口出口角度对宽板坯结晶器液面靠近宽面处水平流速的影响
（拉坯速度0.425 m/min，水口浸入深度40 mm）

图4-87为宽板坯不同截面内宽度1/4处垂线上速度对比。可以看到，在厚度中心截面的垂线上，5°水口条件和0°水口条件下流体流速相同，如图4-87

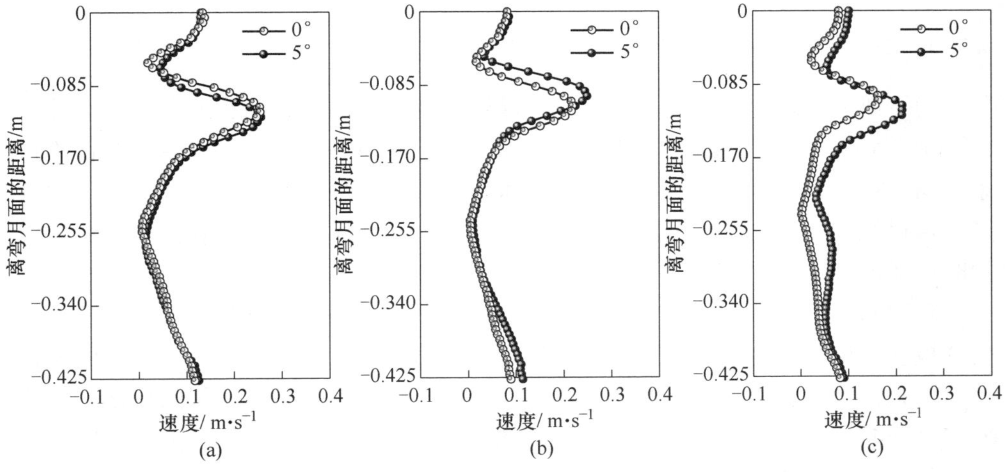

图4-87 宽板坯水模型（对应的原型宽2040 mm）不同截面内宽度1/4处垂线上速度对比
（a）中心截面；（b）厚度方向1/4处截面；（c）贴近宽面的截面

(a) 所示。在厚度方向 1/4 处的截面上，由于 5°水口的射流更发散，流速比 0°水口时略大，如图 4-87 (b) 所示。而在贴近宽面的截面内，由于此截面更加远离中心面，射流扩展范围对流速的影响更大。0°水口条件下射流更集中，在此截面内的流速比 5°水口条件减小很多，如图 4-87 (c) 所示。

针对 PIV 技术测量的宽板坯结晶器厚度中心截面内时长 52 s (100 组) 的瞬时速度场进行统计，分析对称流态和非对称流态所占的比例，统计结果如图 4-88 所示。水口出口角度为 5°时，结晶器内对称流态占比 69%，非对称流态占比 31%；水口出口角度为 0°时，结晶器内对称流态占比 86%，非对称流态占比 14%。

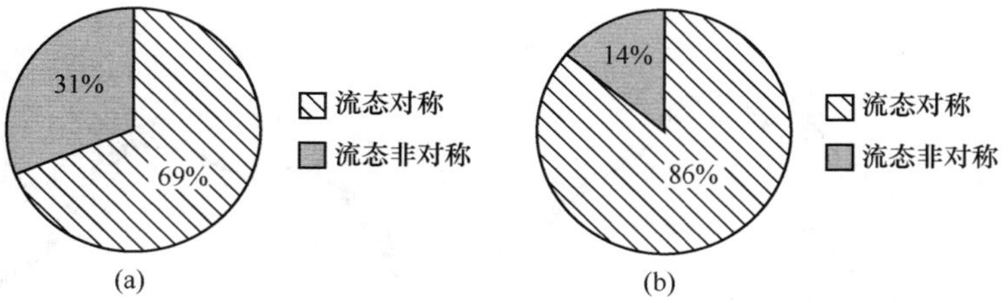

图 4-88　水口不同出口角度条件下宽板坯结晶器内各流态百分比
(a) 5°水口；(b) 0°水口

从宽板坯结晶器水模型结果来看，水口出口角度为 5°时射流在结晶器厚度方向上比较发散，对宽面的冲刷较 0°水口时严重。根据不同水口出口角度下结晶器内流态、液面流速以及对称流和非对称流各自比例等的综合分析，在宽板坯连铸时，使用 0°水口优于使用 5°水口。

4.7.4　拉坯速度对结晶器内流动的影响

为了研究拉坯速度对宽板坯连铸结晶器内钢液流动行为的影响，实验设计了 4 种拉坯速度：0.425 m/min、0.5 m/min、0.55 m/min 和 0.6 m/min。其他连铸条件均保持一致：水口浸入深度为 50 mm，水口出口角度为 0°，出口形状为圆形，水口结构详见图 4-4。图 4-89 为不同拉坯速度下宽板坯连铸结晶器内 52 s 内的时均速度矢量图和云图。

对比图 4-89 (a)~(d) 可以发现，目前连铸条件下，拉坯速度的变化不会改变宽板坯连铸结晶器内的双环流态。但是，随着拉坯速度的提高，主流股的流速逐渐增大，致使上回流和下回流的速度也逐渐增大。现场实际使用的拉坯速度为 0.85 m/min，根据 *Fr* 数相等，对应水模型的拉坯速度为 0.425 m/min，如图 4-89 (a) 所示。可以看到，虽然已经优化水口出口角度，但是液面流速还是相对较小，由于宽板坯连铸结晶器液面容易过冷而结渣圈，因此可以考虑将拉坯速度适

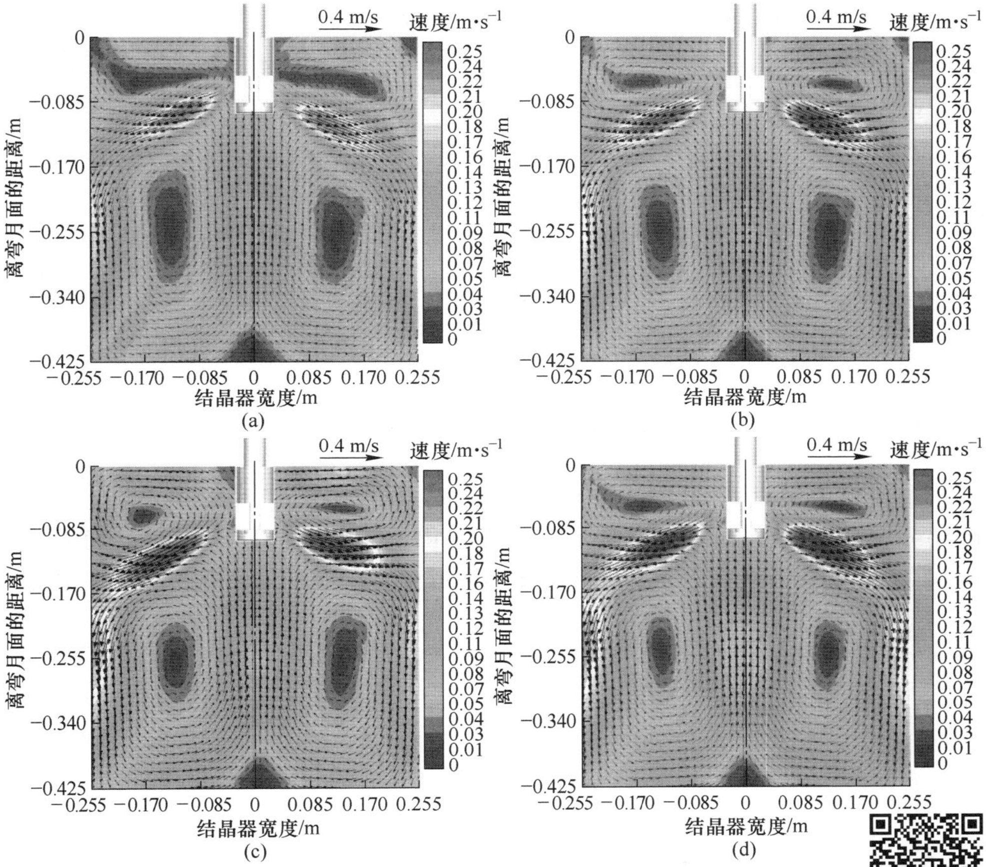

图 4-89　不同拉坯速度条件下宽板坯连铸结晶器内速度矢量

（a）0.425 m/min；（b）0.5 m/min；（c）0.55 m/min；（d）0.6 m/min

彩图资源

当升高至 0.5 m/min，如图 4-89（b）所示。但是拉坯速度不易提高过多，一来影响生产节奏，二来会加剧液面波动。

图 4-90 为不同拉坯速度条件下宽板坯连铸结晶器液面 52 s 内的时均速度的水平分量。当拉坯速度为 0.425 m/min 时，水口左侧液面水平流速最大为 0.08 m/s，右侧最大为 0.082 m/s；当拉坯速度升高至 0.5 m/min 时，水口左侧液面水平流速最大为 0.129 m/s，右侧最大为 0.142 m/s；当拉坯速度升高至 0.55 m/min 时，水口左侧液面水平流速最大为 0.151 m/s，右侧最大为 0.162 m/s。随着拉坯速度的增大，液面流速逐步增大。

图 4-91 对比了不同拉坯速度条件下宽板坯连铸结晶器液面波动 RMS 值。对比图 4-91（a）~（c）可以发现，随着拉坯速度的增加，液面波动的 RMS 值增大，说明增大拉坯速度加剧了液面波动。拉坯速度由 0.425 m/min 提升至 0.6 m/min

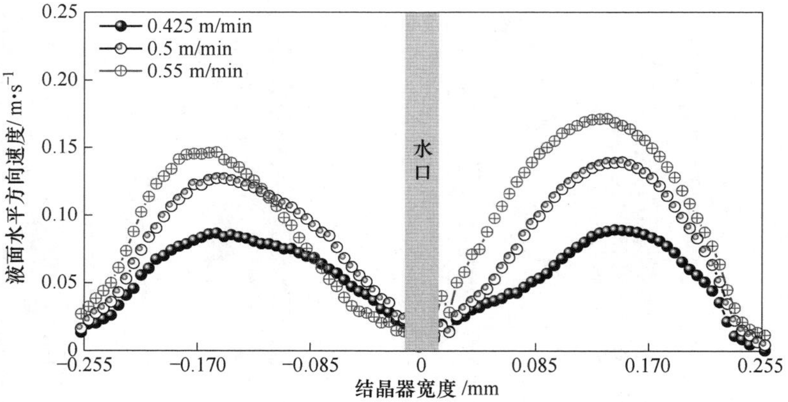

图 4-90　不同拉坯速度条件下宽板坯连铸结晶器液面 52 s 内的时均速度的水平分量

后，左侧窄面液面波动 RMS 值由 1.75 mm 提升至 2.31 mm，RMS 值增加了 0.56 mm；而靠近水口左侧液面波动 RMS 值由 1.5 mm 提升至 1.7 mm，RMS 值增加了0.2 mm，说明增大拉坯速度对窄面附近液面波动的加剧作用大于水口附近。

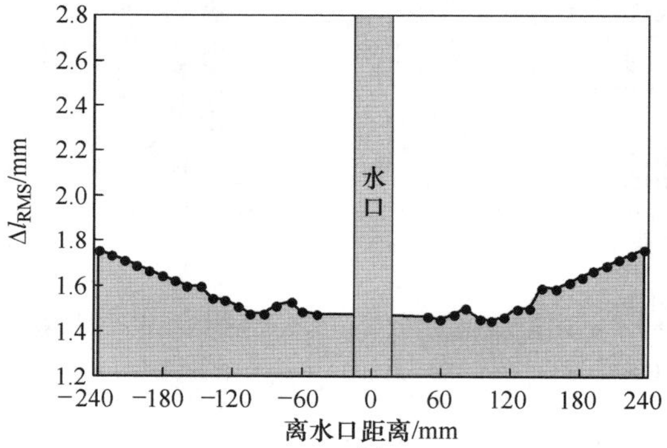

(a)

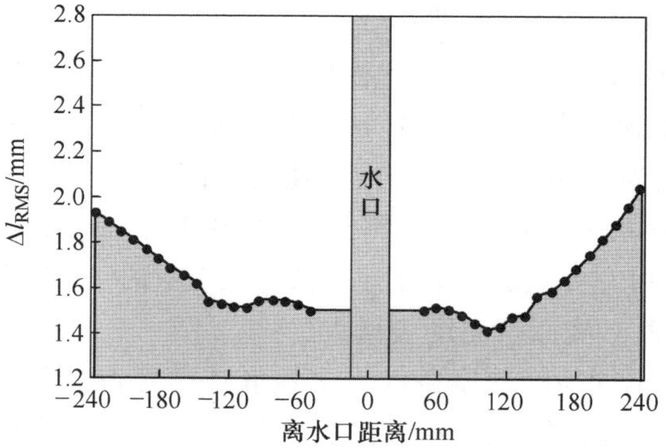

(b)

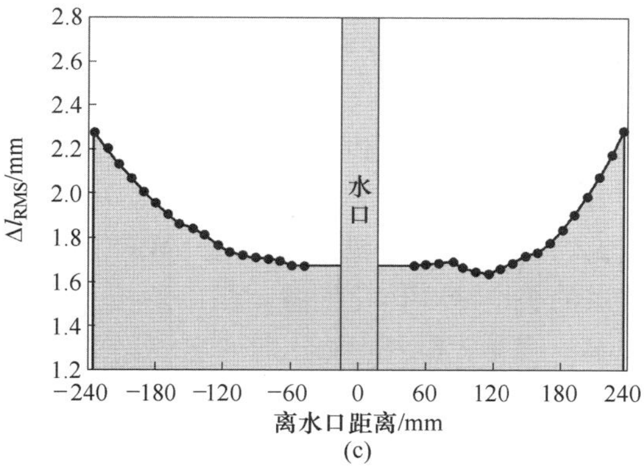

图 4-91 不同拉坯速度条件下宽板坯连铸结晶器液面波动 RMS 值
（a）0.425 m/min；（b）0.5 m/min；（c）0.6 m/min

因此，根据对不同拉坯速度下结晶器内流态、液面流速以及液面波动的分析，考虑可以将拉坯速度提升至 0.5 m/min。

4.7.5 结晶器断面宽厚比对流动的影响

1976 年，日本川崎钢厂首次提出宽板坯连铸，利用 SMS 连铸技术，设计了一台双流连铸机并用于生产宽度为 2500 mm 的宽板坯。1977 年，美国底特律国际钢铁公司安装了一台大型板坯连铸机，生产了宽度为 2642 mm 的板坯，并在 1985 年开始投产 2720 mm 宽的板坯连铸机。1994 年世界上最宽的板坯连铸机在日内瓦钢厂投产，在建成后仅仅三周就浇铸出世界上最宽的板坯，宽度为 3200 mm，并在第一年的生产中，取得了年产量 160 万吨的骄人成绩，创下连浇炉数 132 炉，单流铸坯最高生产率达 455 t/h，且只发生过一次拉漏的记录[12]。图 4-92 为某钢厂宽板坯连铸现场。

图 4-92 某钢厂宽板坯（3125 mm×156 mm）连铸现场

一般认为，宽度在 1600 mm 以上，厚度在 150~400 mm 内的铸坯即为宽板坯[13]。宽板坯轧机生产的板材厚度范围在 5~200 mm，宽度范围在 3800~5300 mm,其特点为安全性和整体性强、焊接量少，因此广泛应用于大型海洋工程和造船业、大型桥梁、大口径石油和天然气输送管线、大型压力容器和储罐以及重型建筑结构、大型水利水电、核能等领域。

我国目前用于宽板坯生产的连铸机主要采用 SMS-Siemag 和 SIEMENS-VAI 的技术，具有当代最先进的机电液一体化配置，精确的板型和厚度公差控制，最优化的工艺和自动化技术。表 4-8 和表 4-9 分别列出了国内外主要钢厂已投产的宽板坯连铸机的信息。我国宽板坯连铸机都不同程度地具有前沿技术特征和很高的装备水平，同时配置了高水平的工艺模型和控制软件，完全具有生产高品质、无缺陷连铸坯的条件。

表 4-8　国内宽板坯连铸情况一览

钢厂	铸坯宽度/mm	主 要 钢 种	数据来源
南钢	3250	碳钢、包晶钢等	[14]
武钢	2150	桥梁钢、船板钢、汽车大梁钢、包晶钢等	[15]
太钢	2050	SUS304 不锈钢等	[16]
安钢	3250	船板钢、锅炉用钢、汽车大梁钢、低合金结构钢等	[17]
本钢	2200	包晶钢、超低碳钢等	[18]
沙钢	2700	船板钢、锅炉用钢、汽车大梁钢、低合金结构钢等	[19]
梅钢	1650	汽车钢、高强钢等	[20]
邯钢	2300	船板钢、锅炉用钢、汽车大梁钢、石油套管钢等	[19]
舞钢	2500	锅炉及压力容器用钢板、桥梁用钢板等	[13]
宝钢	2300	船板钢、汽车钢、高强钢等	[13]
首钢	2400	船板、耐磨板、桥梁板、锅炉板、容器板等	[13]
韶钢	3250	船体及海洋工程用钢板、锅炉和压力容器用钢板等	[21]
新余	2400	船板、桥梁板、锅炉容器板等	[13]
包钢	2300	风电用钢、船板、桥梁板、锅炉容器板等	[13]
莱钢	2500	船舶用钢、普碳钢、低合金钢、工程机械用钢、锅炉压力容器钢等	[13]
鞍钢	2300	船板、桥梁板、锅炉容器板等	[13]
鄂钢	2300	船板、桥梁板、高层建筑结构钢等	[22]

表 4-9　国外宽板坯连铸情况一览

钢　厂	铸坯宽度/mm	主 要 钢 种	数据来源
德国迪林根	2200	锅炉板、压力容器用钢板、高强度钢板、水电结构钢等	[13]
新日铁住金	2360	船板、桥梁板、锅炉容器板等	[13]

续表 4-9

钢　厂	铸坯宽度/mm	主 要 钢 种	数据来源
奥钢联林茨钢厂	2200	汽车、家电、能源用钢等	[14]
浦项制铁	2000	船板、结构板、锅炉容器板等	[13]
日内瓦钢厂	3200	管线钢、低合金高强度钢等	[23]
Tuscaloosa 钢厂	2591	低合金高强度钢等	[23]

随着结晶器宽度的增加，在结晶器钢液面速度减弱的同时上回流变为了两个小的回流区，对于宽度较大的断面甚至出现流股达不到结晶器窄边的情况。Kalter 等[24]认为若结晶器宽厚比大于某一临界值时，钢液由水口射出后在流向窄面的过程中会先撞击宽面的结晶器铜板，在水口射流扩展角度为 12°的条件下，宽厚比临界值为 10。图 4-93 为板坯连铸结晶器断面宽厚比对钢液流动的影响，可以发现，当宽厚比为 18（大于临界值）时，钢液自水口射出后先冲击了宽面（图中虚线所示），上回流形成了两个涡流；而当宽厚比为 6.5（小于临界值）时，钢液自水口射出后直冲窄面，形成上回流和下回流。

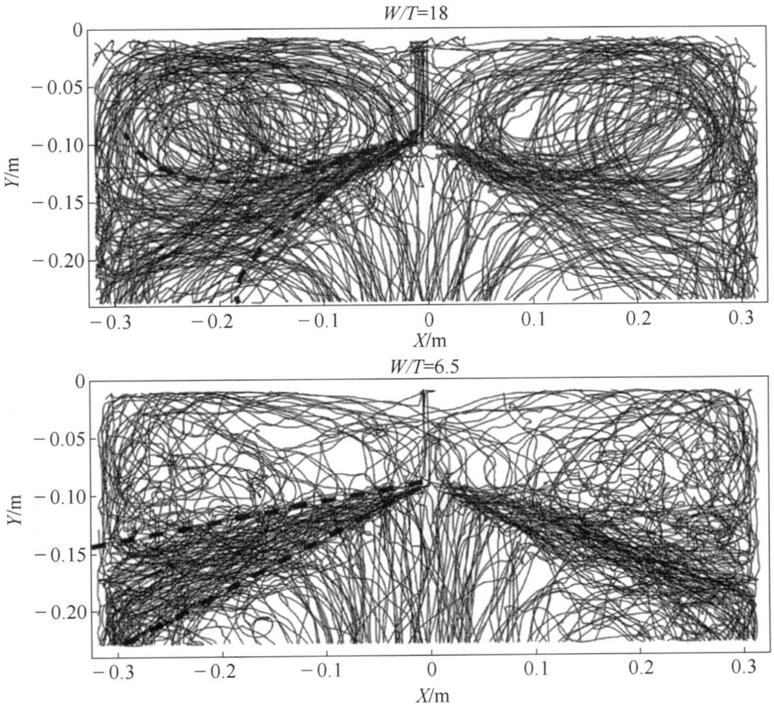

图 4-93　板坯连铸结晶器断面宽厚比对钢液流动的影响[24]

彩图资源

作者团队利用水模型实验，在相同的拉坯速度、水口结构以及浸入深度条件下，研究对比了两种不同宽厚比（*W*/*T*）结晶器内的流场，如图 4-94 所示。该结果是利用粒子图像测速技术（PIV）得到的，具体方法见第 3 章。对比图 4-94（a）和图 4-94（b）可以发现，宽板坯和普通板坯连铸结晶器内流态均为双环流，但是前者流股冲击窄面时的速度较小，下环流涡心与普通板坯相比更靠近结晶器底部，宽板坯连铸下环流可以扩展至结晶器底部，而普通板坯连铸下环流的区域相对较小。

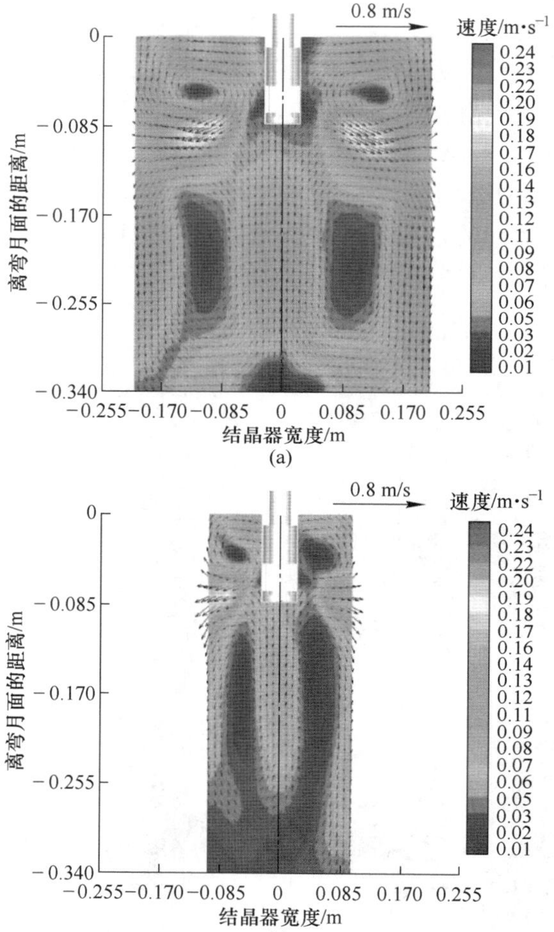

彩图资源

图 4-94　宽板坯（2040 mm×200 mm）与普通板坯（1500 mm×200 mm）连铸结晶器内流场对比
（a）*W*/*T*=10.2；（b）*W*/*T*=7.5

此外，宽板坯结晶器流场决定了温度场的分布，由于边部钢液交换速度变慢造成边部出现局部的低温区[25]。结晶器上环流较弱导致结晶器液面僵固，结晶器弯月面以及边部容易产生渣圈或渣条，阻碍液态保护渣流入结晶器铜壁与坯壳之间进行润滑，增大了结晶器内的摩擦力[26]，黏接漏钢的概率将大大增加。

宽板坯连铸机的宽厚比大，相较普通连铸工艺难度增加。因此，宽板坯连铸机除采用常规板坯连铸机上成熟的先进技术外，还有针对性技术。例如，全程无氧化保护浇铸、结晶器液面自动控制、液压振动、漏钢预报、二冷水动态控制、动态轻压下、二冷水宽度方向分区控制、产品综合判定系统、切割优化系统等。

由于宽板坯连铸结晶器钢通量与普通板坯相比有所增加，容易导致钢液流动状态不合理或者液面波动较大，卷渣情况较为严重，影响铸坯质量。钢液从水口射出后运动距离增加，动能损失较大，不能保证足够的热量传输，保护渣熔化和流入条件变差，结晶器液面出现结冷钢现象，容易结渣圈[27]。铸坯常常伴有裂纹、凹坑等缺陷，漏钢事故频发。

另外，与普通连铸相比，宽板坯连铸结晶器内初生坯壳所受的冷凝收缩力和弯曲应力加大[28]。钢水接触结晶器后生成凝固坯壳，该坯壳由于冷却收缩、相变收缩而承受收缩应力。当初生坯壳冷凝不均匀或收缩受阻时，坯壳的应力集中处将被拉开而产生纵裂纹缺陷。结晶器内钢液的初生坯壳因冷凝收缩离开结晶器壁后，钢液对其施加静压力，将坯壳挤向结晶器壁。由于铸坯长边坯壳的两端被短边坯壳牵制，板坯中部坯壳向结晶器凸进，长边坯壳受到弯曲应力。该应力的大小与铸坯宽度的平方成正比。铸坯越宽，坯壳所受的弯曲应力越大，越容易生成裂纹。铸坯断面越大液芯越长，内部的偏析、疏松缺陷发生率越高[29]。宽板坯横向温差大，造成横向延塑性相差大。当连铸坯经过矫直区时，难以使宽面和角部同时避开钢的脆性温度区，容易产生横向裂纹[30]。

为了研究断面宽厚比对结晶器内钢液流动行为的影响，实验设计了 10.2 和 7.5 两种宽厚比（*W/T*）。连铸其他条件均保持一致：水口浸入深度为 45 mm，拉坯速度为 0.45 m/min，水口出口角度为 0°，出口形状为圆形，水口结构及尺寸详见图 4-4。图 4-95 为不同断面宽厚比条件下结晶器内 52 s 内的时均速度矢量图和云图。对比图 4-95（a）、（b）可以发现，*W/T* 为 10.2 和 7.5 的两种板坯连铸结晶器内流态均为双环流，但是前者流股冲击窄面时的速度较小，下环流涡心与 *W/T* 为 7.5 的结晶器相比更靠近结晶器底部。*W/T* 为 10.2 的宽板坯连铸下环流可以扩展至结晶器底部，而 *W/T* 为 7.5 的普通板坯连铸下环流的区域相对较小。

图 4-96 为不同断面宽厚比板坯连铸结晶器内窄面中心线液面至结晶器底部速度大小对比。在结晶器左侧窄面，如图 4-96（a）所示，*W/T* 为 7.5 时，主流股对窄面的冲击速度为 0.18 m/s，冲击点在液面下 96 mm 处；*W/T* 为 10.2 时，没有主流股直接冲击窄面，由液面至结晶器底部速度依次出现波峰、波谷、波峰。第一个波峰为上回流的上升流在上升过程中速度达到最大时形成的，波谷为

上升流和下降流在窄面处的分界，该处只有水平方向流速，垂直方向流速为零，因此速度较小形成波谷。第二个波峰为下回流的下降流在下降过程中速度达到最大时形成的。在结晶器右侧窄面，如图 4-96（b）所示，液面至结晶器底部速度的变化规律与左侧窄面类似。

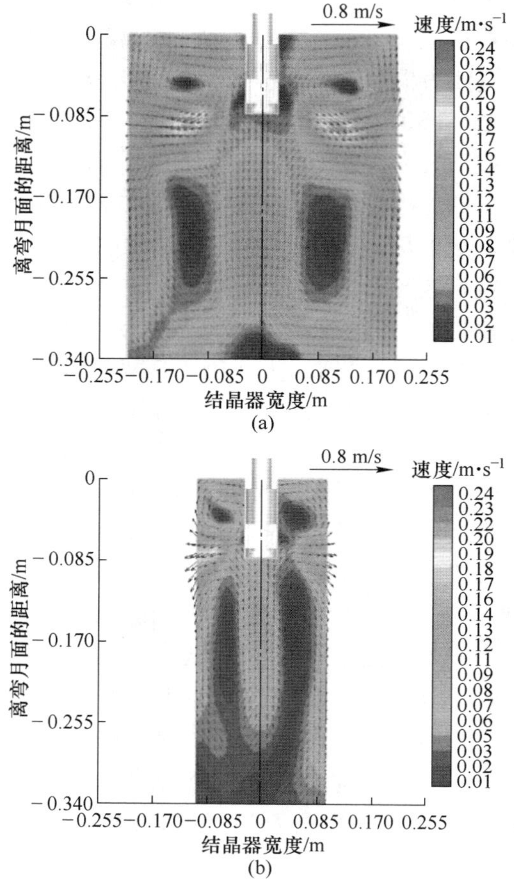

图 4-95　不同断面宽厚比条件下板坯连铸结晶器内速度矢量图

（a）*W/T*=10.2；（b）*W/T*=7.5

彩图资源

图 4-97 对比了不同宽厚比条件下结晶器液面波动的 RMS 值。可以看到，*W/T*为 10.2 的宽板坯，由窄面至水口，液面波动的 RMS 值逐渐降低，说明宽板坯连铸结晶器液面波动最剧烈的位置为窄面附近。*W/T* 为 7.5 的普通板坯，由窄面至水口，液面波动的 RMS 值逐渐升高，说明普通板坯连铸结晶器液面波动最剧烈的位置为水口附近。对于 *W/T* 为 10.2 的宽板坯连铸结晶器，流股由窄面流至水口运动的距离更长，液面流速经历发展、高峰和衰落三个阶段，至水口附近

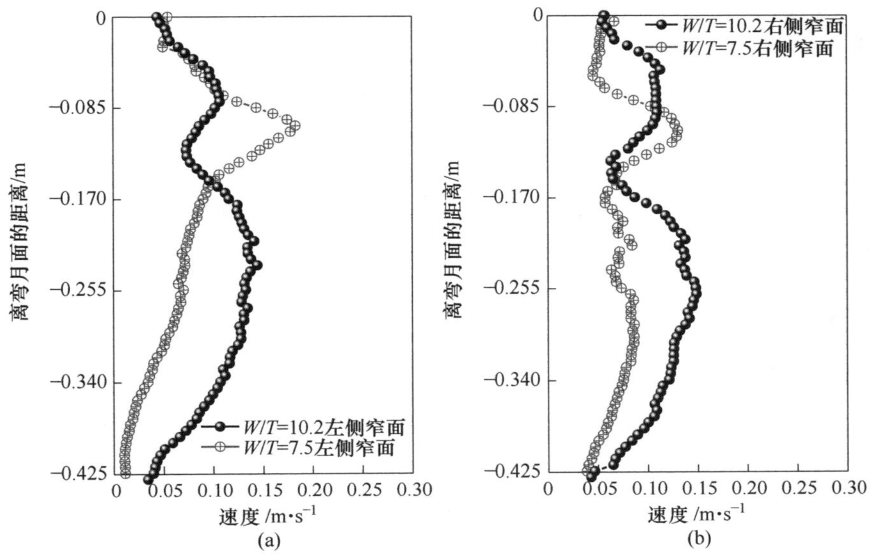

图 4-96 不同断面宽厚比条件下板坯连铸结晶器内窄面中心线弯月面至结晶器底部速度大小对比

（a）左侧窄面；（b）右侧窄面

时，液面流速较小，两侧来流在水口处相遇时造成的波动相对较小，故 *W/T* 为 10.2 时结晶器内窄面的波动要大于水口附近。而对于 *W/T* 为 7.5 的普通板坯连铸结晶器，流股由窄面流至水口时，两侧来流速度都比较大，在水口处相遇会造成较大的扰动，致使水口附近液面波动的 RMS 值高于窄面附近。

4.7.6 连铸工艺条件的优化结果

遵循本文提出的优化连铸条件及水口结构的原则，即首先需在原型的基础上根据相似原理建立结晶器水模型；其次利用 PIV 和 DJ800 综合考核设计不同连铸条件和水口结构下结晶器内流态、流场对称性以及液面波动情况；最后从中优选出符合条件的连铸条件和水口结构进行小范围的工业试验，若降低了铸坯的缺陷率说明优化方案有效可以采纳。表 4-10 为根据上述原则对连铸条件以及水口结构优化的结果，原始水口浸入深度为 160 mm，根据优化原则将其优化为 180~200 mm；原始水口出口角度为+5°，根据优化原则将其优化为 0°；原始连铸拉坯速度为 0.8~0.85 m/min，根据优化原则将其优化为 0.9~1.0 m/min。该钢厂在某一浇次浇铸断面尺寸为 2040 mm×200 mm 的宽板坯 304 不锈钢时，采取了优化措施后实现了 6 炉连浇。该钢厂对于优化效果的考核指标为连铸坯表面修磨率，在优化前铸坯表面修磨率为 100%，采取优化措施的炉次对应的铸坯修磨率降为 30%。

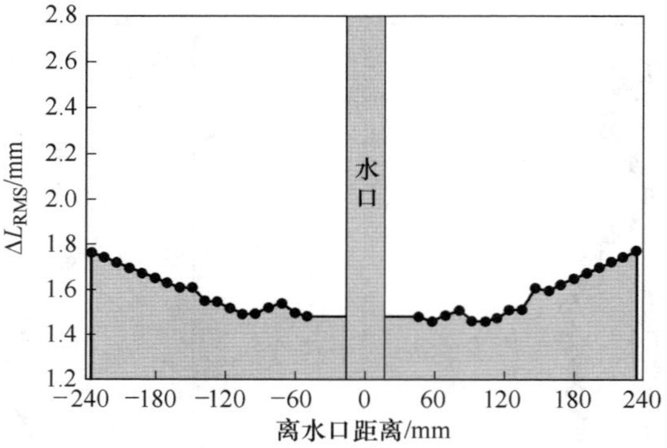

(a)

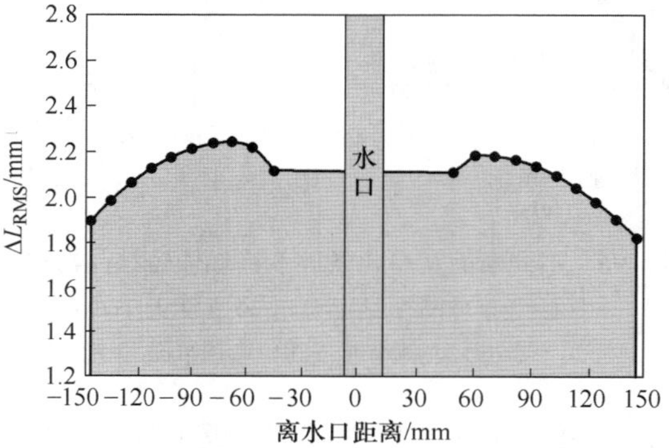

(b)

图 4-97　不同断面宽厚比条件下板坯连铸结晶器液面波动的 RMS 值
（a）$W/T=10.2$；（b）$W/T=7.5$

表 4-10　根据水模型实验对实际连铸条件优化的结果

参　数	现场实际值	对应 1/4 水模型	水模型优化结果	对现场的建议
水口浸入深度/mm	160	40	45～50	180～200
水口出口角度/(°)	+5	+5	0	0
拉坯速度/m · min^{-1}	0.8～0.85	0.4～0.425	0.45～0.5	0.9～1.0

4.8　连铸结晶器液面卷渣现象研究

4.8.1　实际连铸的钢种及保护渣物理性质

本实验中 304 不锈钢连铸保护渣原渣、液渣、渣圈和渣膜取样在某钢厂宽板坯连铸机上进行。铸坯断面尺寸为 200 mm×2040 mm，拉坯速度为 0.85 m/min，304 不锈钢液相线为 1460 ℃，连铸过程中结晶器液面温度为 1490 ℃（现场实时测温），液渣厚 12 mm 左右（插钉实验测得）。表 4-11 为该厂连铸生产的 304 不锈钢成分控制范围。表 4-12 为实际使用的保护渣原渣成分。

表 4-11 304 不锈钢化学成分控制范围 （质量分数，%）

C	Si	Mn	P	S	Cr	Ni	N
0.03~0.05	0.35~0.55	1.05~1.25	≤0.04	≤0.005	18.00~18.25	8.00~8.10	0.02~0.05

表 4-12 保护渣原渣化学成分 （质量分数，%）

CaO	SiO_2	Al_2O_3	MgO	MnO	Na_2O	Li_2O	Fe_2O_3	F^-	FC（游离碳）
32.8	30.1	6.4	1.0	3.5	7.9	0.8	1.3	7.4	2.1

该厂 304 不锈钢采用 7 炉连浇进行生产，距离第 1 炉开浇 60 min 左右时用扒渣勺取保护渣液渣样和渣圈样，将所取样品空冷至室温。分别取原渣、液渣、渣圈部分和渣膜部分各 30 g，在 MZ-200 型粉碎机中粉碎 30 s，利用 XRF-1800 扫描型 X 射线荧光分析仪分析样品各组分含量，利用 M21X 型 X 射线衍射仪分析样品的矿相组成。

图 4-98 为原渣、液渣、渣圈、渣膜物理性质对比。开浇 60 min 时，保护渣原渣、液渣、渣圈和渣膜各组分含量，如图 4-98（a）所示。从图中可以看出，各组分含量变化情况各不相同，CaO 含量变化最大，原渣中没有 TiO_x 和 CrO_x，而在液渣、渣圈和渣膜中均有检出。由图 4-98（b）可以看出，与原渣相比，连铸开浇 60 min 后液渣、渣圈和渣膜碱度均降低，分别由原渣的 1.09 降至 0.75、0.74 和 0.96，较原渣分别降低了 0.34、0.35 和 0.13。

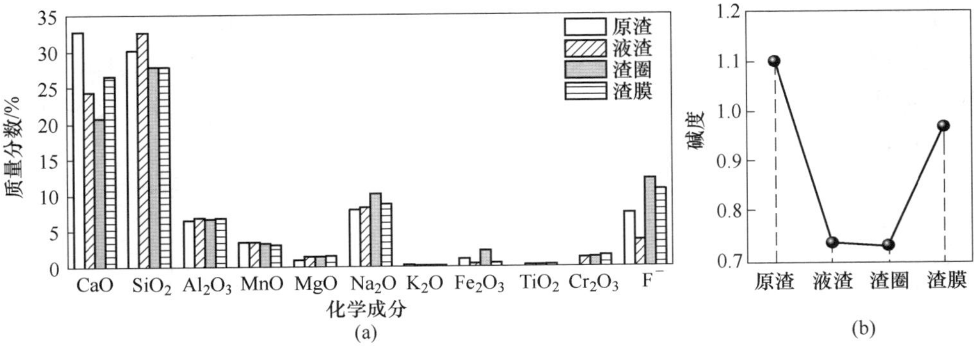

图 4-98 原渣、液渣、渣圈、渣膜物理性质对比
（a）成分；（b）碱度

对液渣、渣圈和渣膜进行成分分析后，利用式（4-29）[31] 和式（4-36）[32] 计算其黏度和转折温度。由于渣圈的形成往往与保护渣中析出高熔点物相致使保护

渣出现分熔现象有关[33]，故本文利用热力学软件 FactSage 计算熔渣的完全熔化温度来衡量其熔化特性。

$$\eta = 0.1AT\exp(B/T) \tag{4-29}$$

$$A = \exp(-19.81) + 1.73X_{'CaO'} + 5.82X_{CaF_2} + 7.02X_{'Na_2O'} - 35.76X_{'Al_2O_3'} \tag{4-30}$$

$$B = 31140 - 23896X_{'CaO'} - 463556X_{CaF_2} - 39159X_{'Na_2O'} + 68833X_{'Al_2O_3'} \tag{4-31}$$

$$X_{'SiO_2'} = X_{SiO_2} + X_{P_2O_5} + X_{TiO_2} + X_{ZrO_2} \tag{4-32}$$

$$X_{'CaO'} = X_{CaO} + X_{MgO} + X_{FeO} + X_{Fe_2O_3} + X_{MnO} + X_{NiO} + X_{CrO} + X_{ZnO} + X_{Cr_2O_3} \tag{4-33}$$

$$X_{'Al_2O_3'} = X_{Al_2O_3} + X_{'B_2O_3'} \tag{4-34}$$

$$X_{'Na_2O'} = X_{Na_2O} + X_{K_2O} + X_{Li_2O} \tag{4-35}$$

$$T_{break} - 1120 = -8.43\%Al_2O_3 - 3.30\%SiO_2 + 8.65\%CaO - 13.86\%MgO - 18.40\%Fe_2O_3 - 3.21\%MnO - 9.22\%TiO_2 + 22.86\%K_2O - 3.20\%Na_2O - 6.46\%F \tag{4-36}$$

式中，η 为保护渣动力黏度，Pa · s；X_i 为组分 i 的摩尔分数；T_{break} 为转折温度,℃；i 为组分 i 的质量百分数。

开浇 60 min 时，保护渣液渣、渣圈和渣膜性能与原渣对比如图 4-99 所示。由图 4-99（a）可以看出，原渣的完全融化温度为 1126 ℃，随着连铸的进行，液渣、渣圈及渣膜的完全熔化温度迅速增大，分别为 1913 ℃、1827 ℃和 1829 ℃。由图 4-99（b）可以看出，原渣的转折温度为 1120 ℃，随着连铸的进行，液渣、渣膜和渣圈的转折温度变化不大，均降低 1 ℃左右。由图 4-99（c）可以看出，原渣 1300 ℃时黏度为 0.04 Pa · s，随着连铸的进行，液渣、渣膜和渣圈的黏度均有所升高，分别升至 0.11 Pa · s、0.07 Pa · s 和 0.05 Pa · s，其中液渣黏度升高了 0.07 Pa · s。

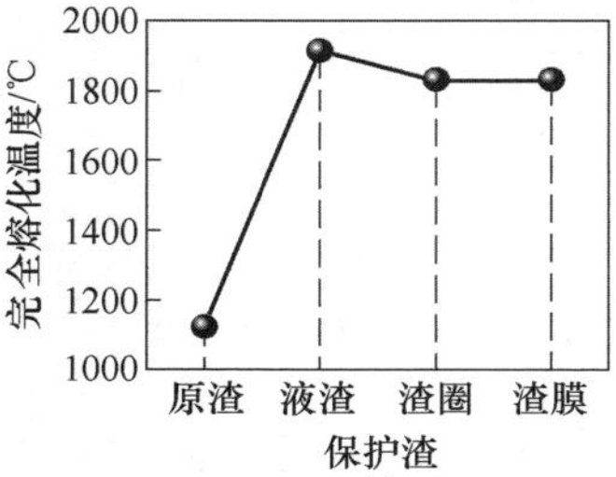

(a)

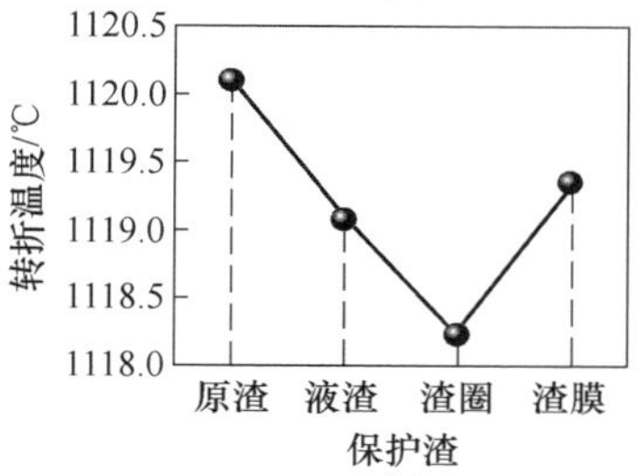

(b)

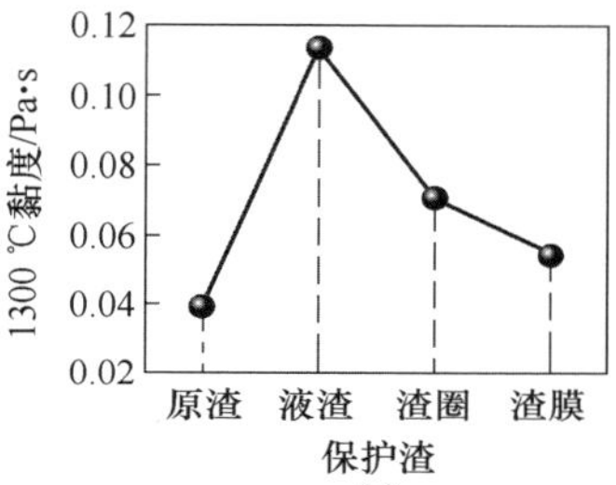

(c)

图 4-99 原渣、液渣、渣圈、渣膜物理性质对比
（a）完全融化温度；（b）转折温度；（c）黏度

从对实际使用的保护渣原渣和连铸过程中的液渣分析来看，由于渣钢之间的反应，连铸过程中液渣的物理性质在不断变化，对于水-油模型模拟液面卷渣现象时，无法模拟液渣物理性质随温度的变化对卷渣的影响。

4.8.2 实验条件

本节目的是利用水-油模型模拟宽板坯连铸结晶器液面卷渣现象，以找到液面发生卷渣的临界条件。实验中采用硅油来模拟实际生产中覆盖在结晶器液面的液态保护渣。表 4-13 给出了实际连铸时的钢液和液渣的物理性质，与其对应的是室温下水和硅油的物理性质。采用的水口出口角度为 0°，出口形状为圆形，水口结构及尺寸详见图 4-4。

表 4-13 钢液和液渣的物理性质

液　相	ρ/kg · m^{-3}	μ /Pa · s	ν/m^2 · s^{-1}	数据来源
硅油 A	956	47.8×10^{-3}	50×10^{-6}	厂家
硅油 B	956	95.6×10^{-3}	100×10^{-6}	厂家
硅油 C	956	191.2×10^{-3}	200×10^{-6}	厂家
水（20 ℃）	998	1.00×10^{-3}	1.00×10^{-6}	[34]
液渣（1490 ℃）	2890	110×10^{-3}	38.06×10^{-6}	钢厂及计算
304 钢液（1490 ℃）	6932	5.23×10^{-3}	0.75×10^{-6}	钢厂及计算

4.8.3　添加油相对结晶器流动的影响

在研究结晶器液面添加油相对流动的影响时，由于渣钢之间主要受黏性力的作用，在选择硅油时只考虑了渣与钢之间运动黏度之比和硅油与水之间的运动黏度之比相等，如式（4-37）所示。

$$\nu_{slag}/\nu_{steel} = \nu_{oil}/\nu_{water} \tag{4-37}$$

式中，ν_{slag}为实际使用的液渣在浇铸温度下的运动黏度，m^2/s；ν_{steel}为实际钢液在浇铸温度下的运动黏度，m^2/s；ν_{oil}为所选硅油在室温下的运动黏度，m^2/s；ν_{water}为水在室温下的运动黏度，m^2/s。

将表 4-13 中所列相应参数代入式（4-37）中，计算结果如式（4-38）所示，所选硅油的运动黏度应为 50.75×10^{-6} m^2/s，因此采用表 4-13 中的硅油 A 研究添加油相对结晶器内流动的影响。另外，实际生产中液渣厚约 12 mm，由于水模型比例为 1∶4，因此在液面添加约 3 mm 的硅油 A。

$$\nu_{oil} = \nu_{water} \times \nu_{slag}/\nu_{steel} = \frac{10^{-6} \times 38.06}{0.75} = 50.75 \times 10^{-6}\ m^2/s \tag{4-38}$$

图 4-100 所示为液面添加油相对宽板坯连铸结晶器内流场的影响。对比图 4-100（a）和（b）可以发现，液面添加油相后主要影响结晶器液面流速，而对结晶器内部的流动影响不大。由于油与水之间的黏性力，流股由窄面流至水口的过程中动能损失较大，致使水口周围液面流速较小。

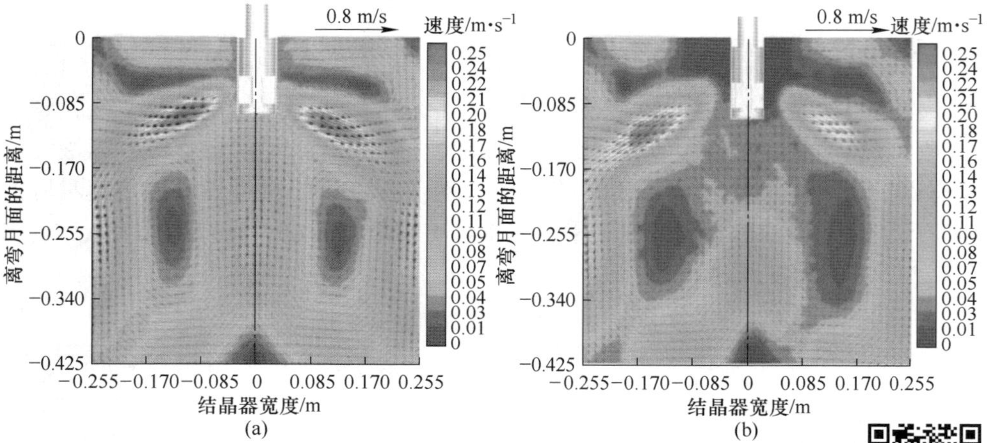

图 4-100　液面添加油相对宽板坯连铸结晶器内流场的影响

（a）无油；（b）油层厚 3 mm

彩图资源

图 4-101 为液面添加油相前后结晶器液面水平流速的对比。液面裸露时，水口左侧液面水平方向最大流速为 0.091 m/s，而添加硅油后，水口左侧

液面水平方向最大流速减小为 0.065 m/s；液面裸露时，即使在靠近水口外壁的位置，液面流速仍有 0.02 m/s，而添加硅油后，在距水口 85 mm 处，液面流速减至很弱的水平。在水口右侧的情形与左侧相同：液面裸露时，水口右侧液面水平方向最大流速为 0.093 m/s，而添加硅油后，水口右侧液面水平方向最大流速减小为 0.066 m/s；液面裸露时，即使在靠近水口外壁的位置，液面流速仍有 0.02 m/s，而添加硅油后，在距水口约 50 mm 处，液面流速减至很弱的水平。

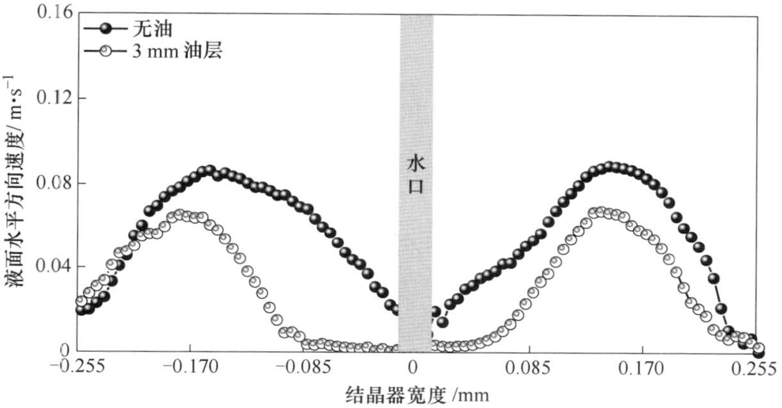

图 4-101 液面添加油相对宽板坯连铸结晶器液面水平方向流速的影响

4.8.4 硅油形成油滴卷入水中的临界条件

图 4-102 为 Yoshida 等[35]总结的结晶器液面卷渣的 5 种方式：(1) 窄面弯月面受上升流冲击导致液渣卷入钢液；(2) 漩涡将液渣吸入钢液；(3) 气泡穿过钢渣界面破裂时将液渣卷入钢液；(4) Kelvin-Helmholtz 不稳定现象引起非稳态

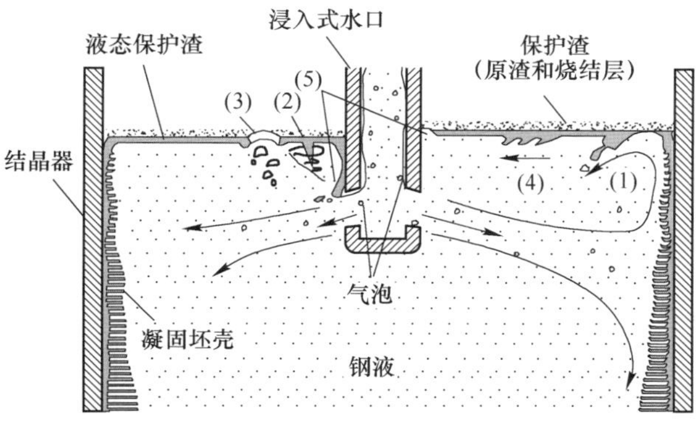

图 4-102 结晶器液面液态保护渣卷入钢液的 5 种方式[35]

流动导致液渣卷入钢液；（5）水口两侧压差将液渣卷入钢液。本节采用高速摄像机记录硅油滴脱离油相进入水模型内部的方式。结果发现水-油模型中，油滴从油相脱离进入水中的主要方式为 Yoshida 描述的第一种方式，即窄面弯月面受上升流冲击导致窄面局部裸露（没有油相覆盖），在油层较厚的部位油滴卷入结晶器内部。图 4-103 为利用高速摄像机记录的窄面弯月面局部裸露、结晶器宽度方向油层厚度不均的现象。

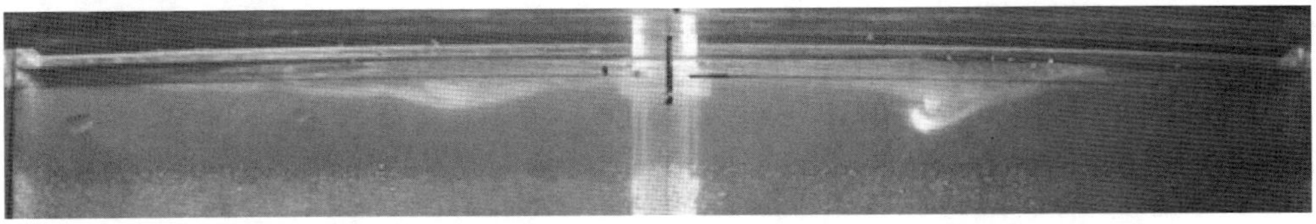

图 4-103　水-油界面的 Kelvin-Helmholtz 不稳定现象

利用高速摄像机研究硅油形成油滴并卷入水中的临界拉坯速度的方法如图 4-104所示。水口采用优化后出口角度为 0°的水口，水口浸入深度为 50 mm，硅油选择油 A。在此条件下逐步增大拉坯速度，高速摄像机全程记录。当拉坯速度为 0. 425 m/min 时，如图 4-104（a）所示，由于上回流的作用，窄面处的一部分硅油被推至结晶器宽度 1/8 处附近，窄面处的硅油层厚度变薄。当拉坯速度增加至 0. 5 m/min 时，如图 4-104（b）所示，上回流流速变大，窄面处的硅油被推至结晶器宽度 1/4 处附近，开始出现窄面附近没有硅油覆盖的现象。当拉坯速度增加至 0. 55 m/min 时，上回流进一步增强，液面流速加快，油滴随时可能脱离油相进入结晶器内部。当拉坯速度增加至 0. 6 m/min 时，在因硅油堆积使油层变厚的部位，首次出现了油滴脱离油相进入结晶器内部的现象。因此，在水口浸入深度为 50 mm、硅油 A 的条件下，油滴脱离油相卷入结晶器内部的临界拉坯速度为 0. 6 m/min。

换用硅油 B，采用同样的方法，得到在水口浸入深度为 50 mm、硅油 B 的条件下，油滴脱离油相卷入结晶器内部的临界拉坯速度为 0. 62 m/min。再换用硅油 C，同样得到了在水口浸入深度为 50 mm、硅油 C 的条件下，油滴脱离油相卷入结晶器内部的临界拉坯速度为 0. 65 m/min。硅油 A、B、C 的运动黏度分别为 $5\times10^{-5}\ m^2/s$、$1\times10^{-4}\ m^2/s$、$2\times10^{-4}\ m^2/s$。以黏度为横坐标，对应的临界拉坯速度为纵坐标作图，可得到水口浸入深度为 50 mm 时，硅油运动黏度与临界拉坯速度的近似关系，如图 4-105（a）所示。

利用高速摄像机同样可以找到硅油形成油滴卷入水中的临界水口浸入深度。与寻找临界拉坯速度时的区别是此时需要固定拉坯速度逐渐调节水口浸入深度。为了避免重复此处只将临界水口浸入深度列出：在拉坯速度为 0. 425 m/min、硅油 A 的条件下，油滴脱离油相卷入结晶器内部的临界水口浸入深度为 44 mm；在

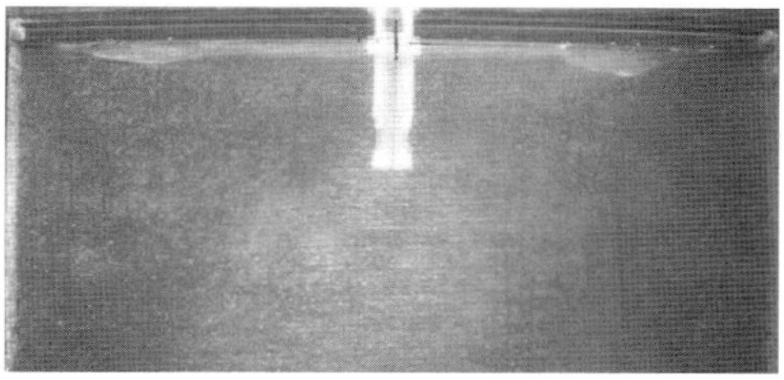

(a)

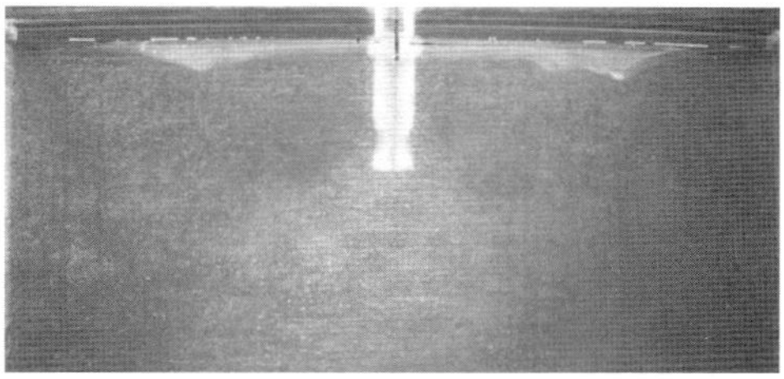

(b)

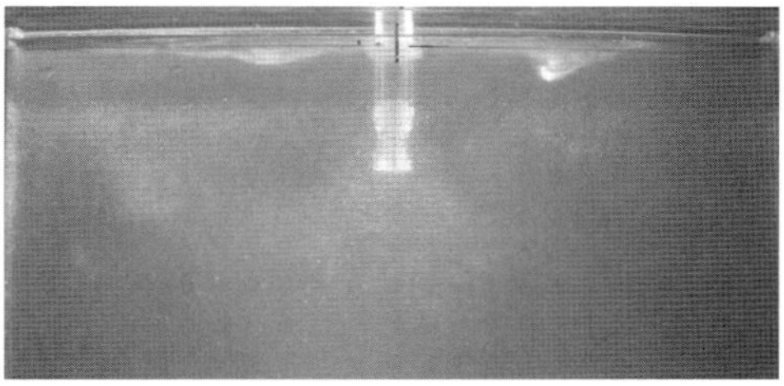

(c)

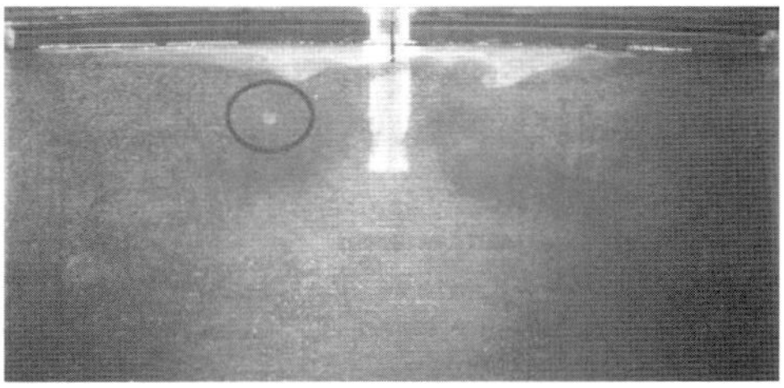

(d)

图 4-104 不同拉坯速度条件下的水-油界面现象

(a) 拉坯速度为 0.425 m/min; (b) 拉坯速度为 0.5 m/min;
(c) 拉坯速度为 0.55 m/min; (d) 拉坯速度为 0.6 m/min

拉坯速度为 0.425 m/min、硅油 B 的条件下，油滴脱离油相卷入结晶器内部的临界水口浸入深度为 35 mm；在拉坯速度为 0.425 m/min、硅油 C 的条件下，油滴脱离油相卷入结晶器内部的临界水口浸入深度为 23 mm。以黏度为横坐标，对应的临界水口浸入深度为纵坐标作图，可得到拉坯速度为 0.425 m/min 时，硅油运动黏度与临界水口浸入深度的近似关系，如图 4-105（b）所示。

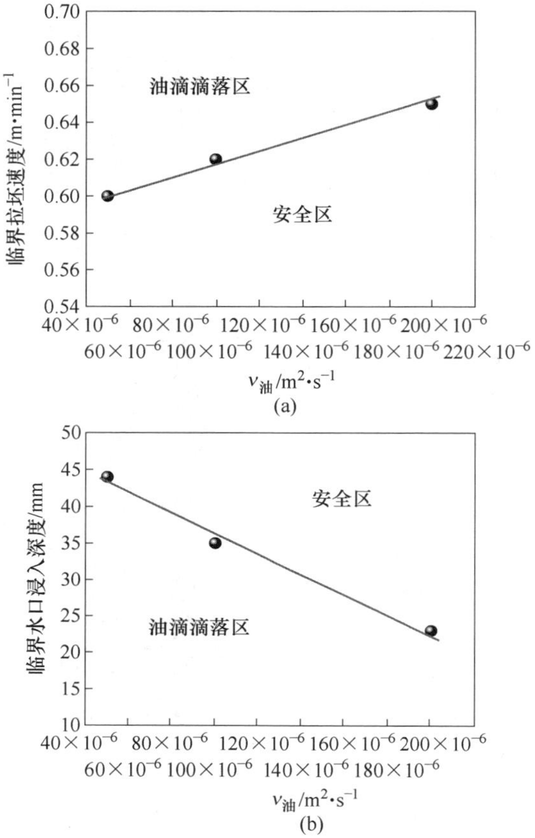

图 4-105　油滴卷入临界条件

（a）水口浸入深度 50 mm 时油滴卷入的临界拉坯速度；

（b）拉坯速度为 0.425 m/min 时油滴卷入的临界水口浸入深度

表 4-14 列出了上述水口浸入深度为 50 mm 时，3 种硅油对应的临界拉坯速度，以及拉坯速度为 0.425 m/min 时，3 种硅油对应的临界水口浸入深度。图 4-105（a）说明，其他条件不变时，硅油黏度越大，被卷入结晶器所需的拉坯速度越大。该图的实际意义在于，只要知道保护渣的黏度就可在此图找到发生卷渣的临界拉坯速度，生产中控制拉坯速度不要超过临界拉坯速度就可以防止卷渣。图 4-105（b）说明，其他条件不变时，水口浸入深度越浅越容易发生卷渣。该图的实际意义在于，只要知道保护渣的黏度就可在此图找到发生卷渣的临界水口浸入深度，生产中控制水口浸入深度不要低于临界值就可以防止卷渣。

表 4-14 不同硅油黏度油滴滴落临界条件

变 量	油滴滴落临界拉坯速度和临界水口浸入深度		
	硅油 A	硅油 B	硅油 C
拉坯速度/m · min^{-1}	0.6	0.62	0.65
水口浸入深度/mm	44	35	23

4.9 连铸结晶器液面钢水流动测量工业实例

本节采用可以同时获取结晶器内弧侧、平行于宽面的中心面和外弧侧液面信息的插钉板，通过在结晶器内连续插取，研究了板坯连铸结晶器液面特征；得到了结晶器内不同时刻、不同位置处液面高度；发现了连铸生产过程中内、外弧侧液位有差异，提出了对称流不仅只是以水口为中心结晶器左右两侧流场的对称，还应包括以结晶器厚度方向中心面为中心，内弧侧与外弧侧流场的对称；预测了该工况下结晶器内液面波动较大以及卷渣发生频率较高的位置在水口附近和窄面与宽度方向 1/4 之间液面流速较大的部位；验证了插钉试验不仅可以获得连铸结晶器内的液面流速，还可通过多次插钉试验研究液面波动特征。

4.9.1 插钉测速法简介

插钉测速法是将单个或者多个钢钉垂直插入结晶器液面，迅速提起钢钉，钢液迅速凝固在钢钉上。由于钢液流动在钢钉的两侧会出现压差，凝固在钢钉两侧上的钢距钢钉底部的距离出现差异。通过测量钢钉上凝固的钢块直径和钢钉两侧钢块的高度差来计算插钉时插钉位置的钢液流速。该方法的优点是可以直接获得结晶器液面任一点的流速。插钉实验在某钢厂生产 SUS304 不锈钢的板坯连铸机上进行，铸坯断面为 2040 mm×200 mm，拉坯速度约为 0.85 m/min，水口出口角度为 0°。图 4-106 为插钉法研究宽板坯连铸结晶器液面流动示意图。实验所用插钉板由钢钉倒插固定在木板上构成，钢钉长度为 150 mm、直径为 10 mm，在厚度为 90 mm 的木板上成 3 行×11 列均匀分布，其中木板长 800 mm、宽 180 mm，图 4-107 为插钉板结构及尺寸。

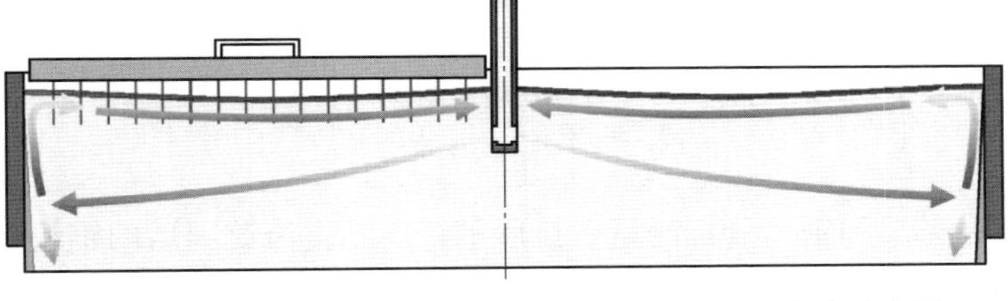

图 4-106 插钉测速法研究宽板坯连铸结晶器液面流动示意图

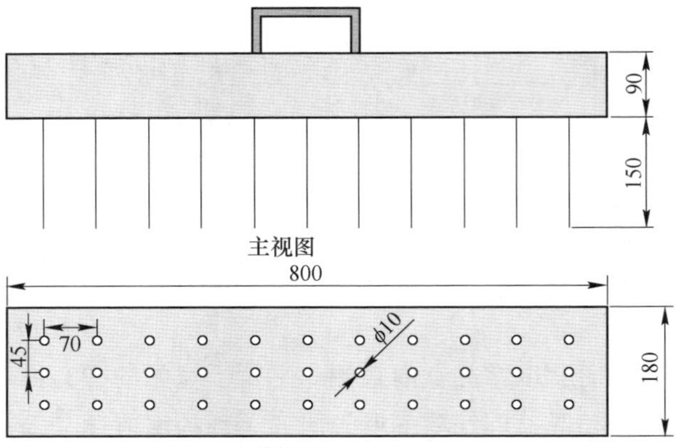

图 4-107　插钉板结构及尺寸（单位：mm）

现场插钉试验时，将插钉板在结晶器中停留 2 s 后取出，钢液瞬间凝固，钢钉所带凝固钢液的形态即为插钉那一时刻结晶器液面钢液流动形态，插钉过程如图 4-108 所示。开浇后 10 min 进行第一次插钉实验，为了将插钉过程对结晶器液面的扰动降到最低，设计本试验时将插钉时间间隔定为 5 min。在开浇后共进行 7 次插钉实验，分别为开浇后 10 min、15 min、20 min、25 min、30 min、35 min 和 40 min，每次插钉结束后在钉板上将内弧、外弧以及水口位置标记清楚。

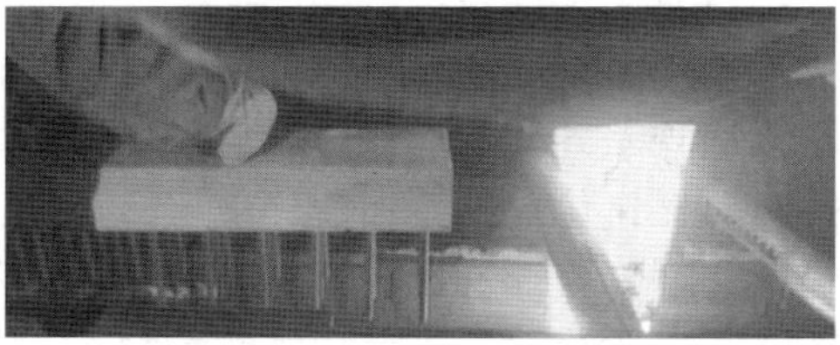
(a)

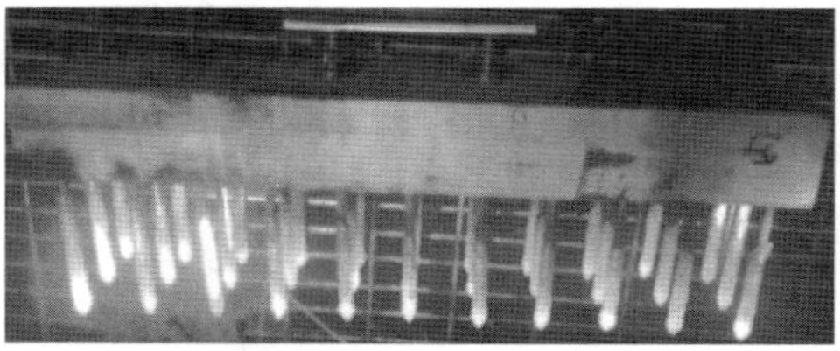
(b)

图 4-108　插钉法研究宽板坯连铸结晶器液面流动实施过程

(a) 插钉前；(b) 插钉后

使用游标卡尺和钢尺分别测量插钉后钢钉所粘钢液凝固后的钢块直径 Φ_{lump}、钢钉两侧钢液高度差 h_{lump} 和钢块总高度 H_{lump}。图 4-109 为插钉后钢钉上凝固钢块包含的信息。通过测量内弧侧、外弧侧和厚度方向中心面三排钢钉所粘钢液凝固后最高点距钢钉末端的距离，可以得到结晶器内不同时刻、不同位置处液面高度，将各液面高度连线可得到不同时刻的液面轮廓。其计算流速的方法如式(4-39)所示[36]。

$$V_s = 0.624\Phi_{\text{lump}}^{-0.696}h_{\text{lump}}^{0.567} \tag{4-39}$$

式中，Φ_{lump}为钢块直径，mm；h_{lump}为钢块高度，mm；V_s 为钢液流速，m/s。

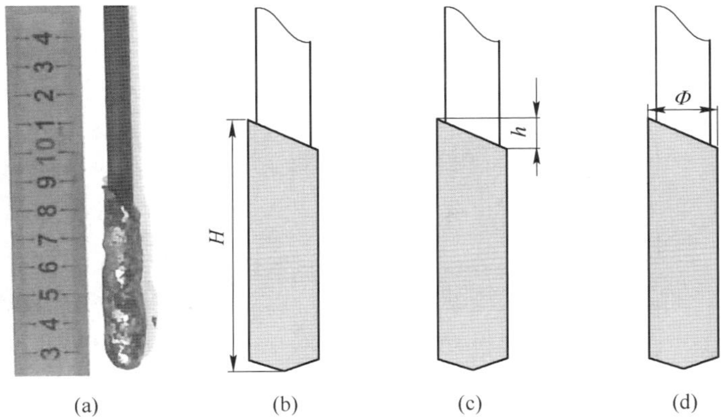

图 4-109 插钉后钢钉上凝固钢块包含的信息

（a）凝固钢块；（b）钢块总高度；（c）钢块在钢钉两侧的高度差；（d）钢块直径

4.9.2 结晶器液面钢液流速测量

图 4-110 为开浇后不同时刻液面钢液流速云图，红色代表钢液流速较大，蓝色代表钢液流速较小。随着连铸的进行结晶器液面钢液流速在发生变化，不同时刻钢液流速最大值发生的位置各不相同。在开浇后 10 min 时，如图 4-110（a）所示，在平行于宽面的中心面上液面流速有两个峰值，一个发生在距水口 700 mm的位置，另外一个发生在距水口 300 mm 的位置，内弧侧和外弧侧的钢液流速大小相当。在开浇后 35 min 时，如图 4-110（f）所示，外弧侧的钢液流速明显大于内弧侧，这会导致外弧侧的液面高度高于内弧侧，液面流速对液面形状及液面波动都有很大的影响。

图 4-111 为液面钢液流速测量 7 次的平均值的云图。可以看到，平均流速中，外弧侧和内弧侧的钢液流速有很大的差异。在外弧侧，距水口 600 mm 左右的位置钢液流速达到最大，内、外弧侧的钢液流动并不对称。这说明结晶器内的对称流，不应仅仅指宽度方向水口两侧流场的对称，在厚度方向内、外弧两侧钢液的流场的对称性同样值得关注。

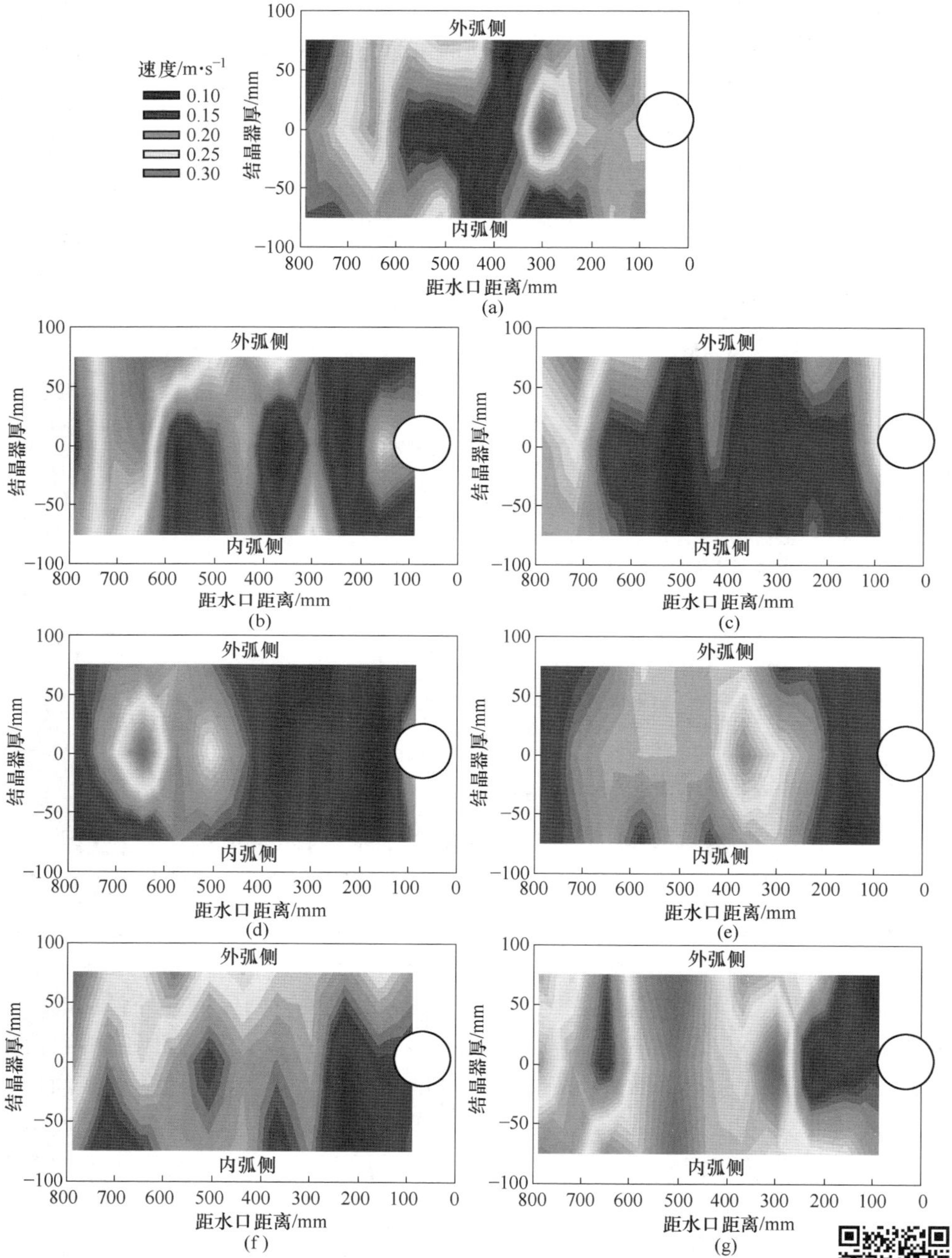

图 4-110　开浇后不同时刻液面流速云图

（a）10 min；（b）15 min；（c）20 min；

（d）25 min；（e）30 min；（f）35 min；（g）40 min

彩图资源

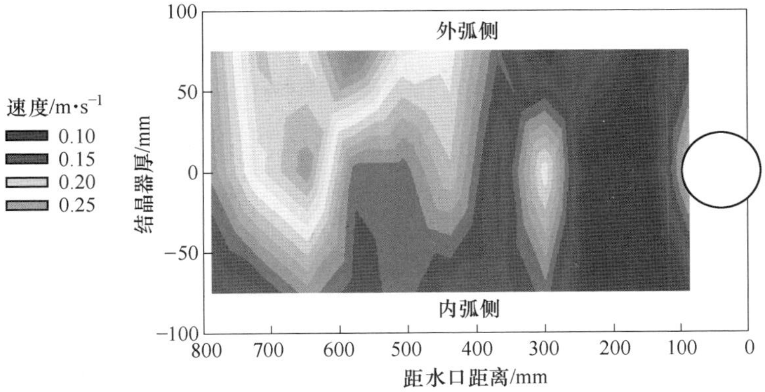

图 4-111 宽板坯连铸结晶器液面流速 7 次平均云图

彩图资源

图 4-112 为宽板坯连铸结晶器开浇后不同时刻液面钢液流速矢量图，箭头方向表示插钉时钢钉所在位置钢液的流动方向，箭头长度代表插钉时钢钉所在位置钢液流速的大小。可以看到，连铸过程中内、外弧侧钢液受到边界条件的束缚、钢液之间以及钢渣之间黏性力以及上回流钢液的不断冲击等综合作用，钢液流动方向由窄面指向水口，但其方向具有湍流的脉动性。在开浇后 40 min 时，如图 4-112（g）所示，在内弧侧距水口 600 mm 的位置，钢液流动方向与主流钢液运动方向相反，推测该位置在插钉时正好产生一个漩涡，而钢钉正好处于漩涡由水口指向窄面的旋转侧。

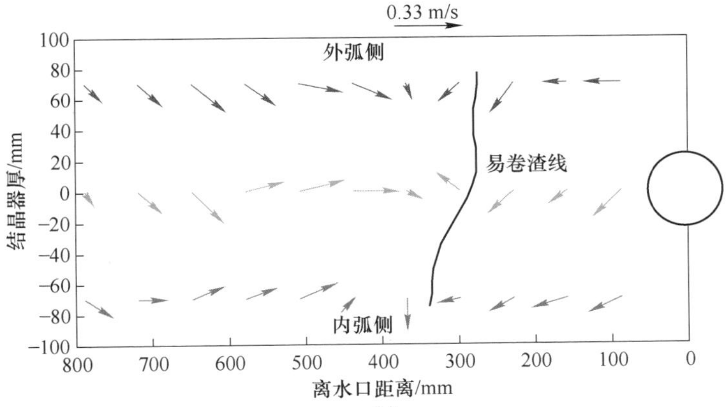

(a)

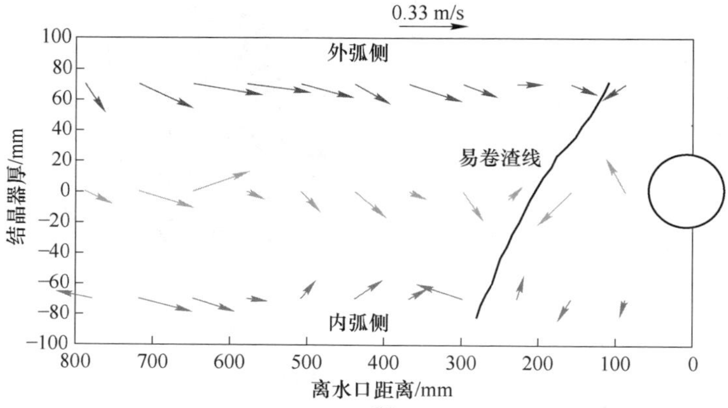
0.33 m/s
外弧侧
易卷渣线
内弧侧
结晶器厚/mm
离水口距离/mm
(b)

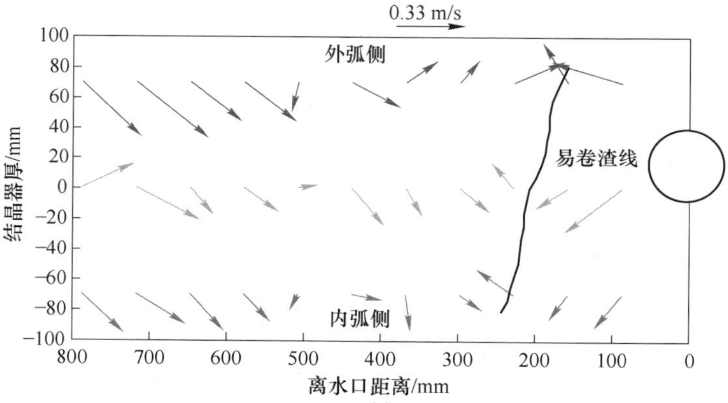
0.33 m/s
外弧侧
易卷渣线
内弧侧
结晶器厚/mm
离水口距离/mm
(c)

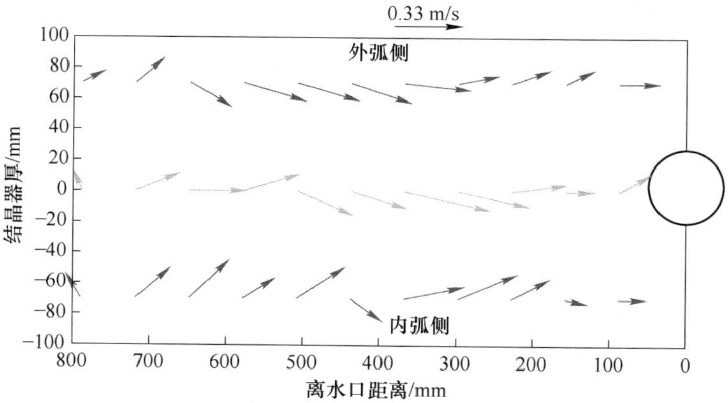
0.33 m/s
外弧侧
内弧侧
结晶器厚/mm
离水口距离/mm
(d)

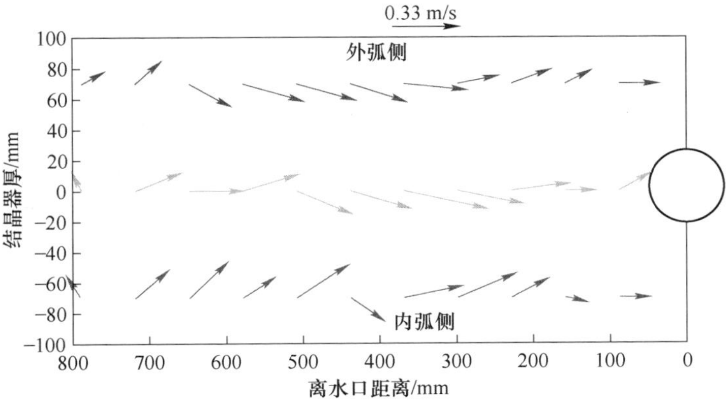

(e)

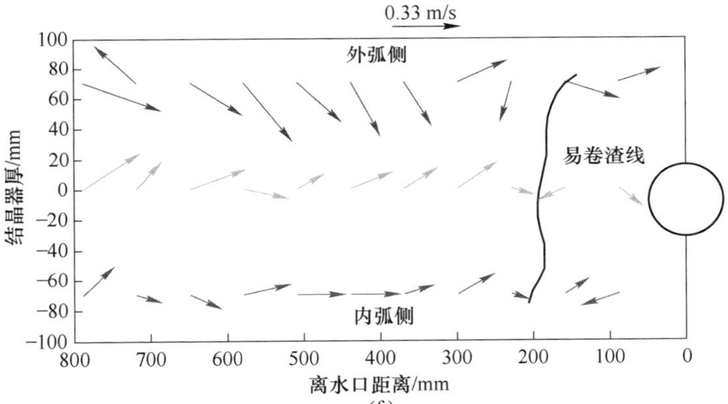

(f)

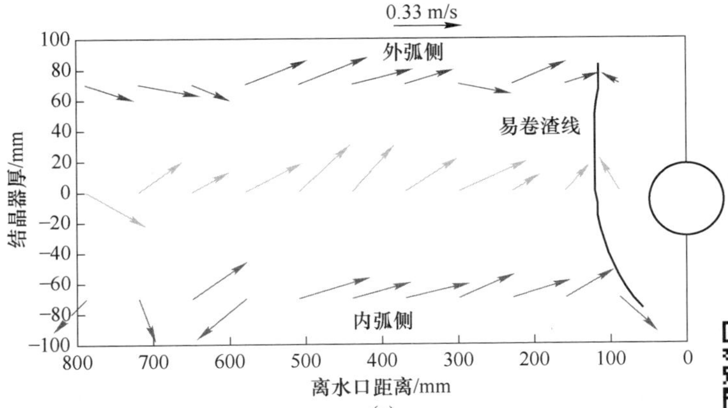

(g)

彩图资源

图 4-112 开浇后不同时刻结晶器液面流动矢量图

(a) 10 min; (b) 15 min; (c) 20 min; (d) 25 min; (e) 30 min; (f) 35 min; (g) 40 min

在连铸过程中，开浇后 10 min、15 min、20 min、35 min 以及 40 min 时，液面出现了不同程度的偏流现象，图 4-112 中用曲线标出了钢液面两侧来流相遇的位置，钢液在此相遇会引起液面扰动，容易使保护渣卷入钢液。

图 4-113 为结晶器液面流动 7 次测量的平均矢量图。可以看到，液面钢液流动的方向为由窄面指向水口，但由于宽面边界条件的限制，内、外弧侧钢液流速在结晶器厚度方向的分量均指向结晶器中心。另外，结晶器两侧来流在水口左侧相遇，说明连铸过程中右侧液面钢液流速稍大于左侧。

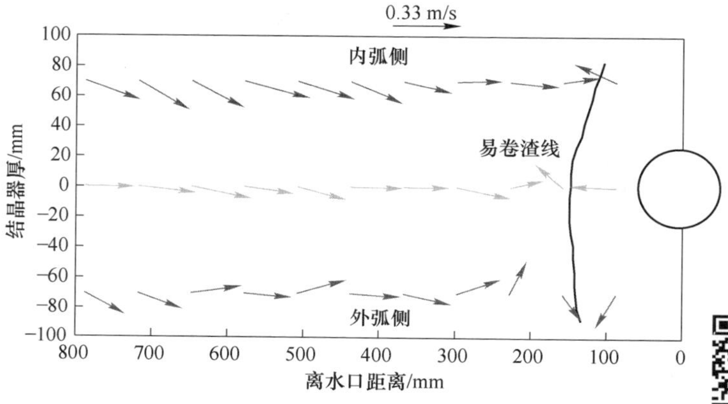

图 4-113　结晶器液面流动 7 次测量的平均矢量图

彩图资源

4.9.3　结晶器液面形状及波动测量

图 4-114 为结晶器开浇后不同时刻液面轮廓三维云图，图中红色代表液面位置较高，蓝色表示该处液面位置较低。从图中可以看到，连铸过程中液面轮廓在不停地发生变化，水口处液面高度逐渐降低，而窄面处液面位置逐渐升高。在开浇后 20 min，如图 4-114（c）所示，液面的形状几乎没有高度差别。在此之后的时间里，由于窄面上升流的抬升作用，窄面液面位置逐渐升高。另外，还可以发现，在连铸过程中，内弧侧和外弧侧的液面高度并非完全一致，例如开浇后 15 min 和 30 min 两个时刻，如图 4-114（b）和（f）所示，结晶器宽度 1/4 附近，外弧侧的液面位置略高于内弧侧，原因可能是此刻液面钢水流向水口过程中撞击了外弧面，使外弧侧液面抬升。

图 4-115 为结晶器液面 7 次测量的平均三维轮廓。可以看到，靠近窄面和水口的区域液面位置较高，窄面和水口连线中部液面位置较低，这和水模型实验中利用波高仪测量的平均液面轮廓有差异。一方面，水模型测量的液面平均轮廓是分 6 组，每组测 6 个点，然后将 36 个位置平均，每组测量过程中工作液位的变

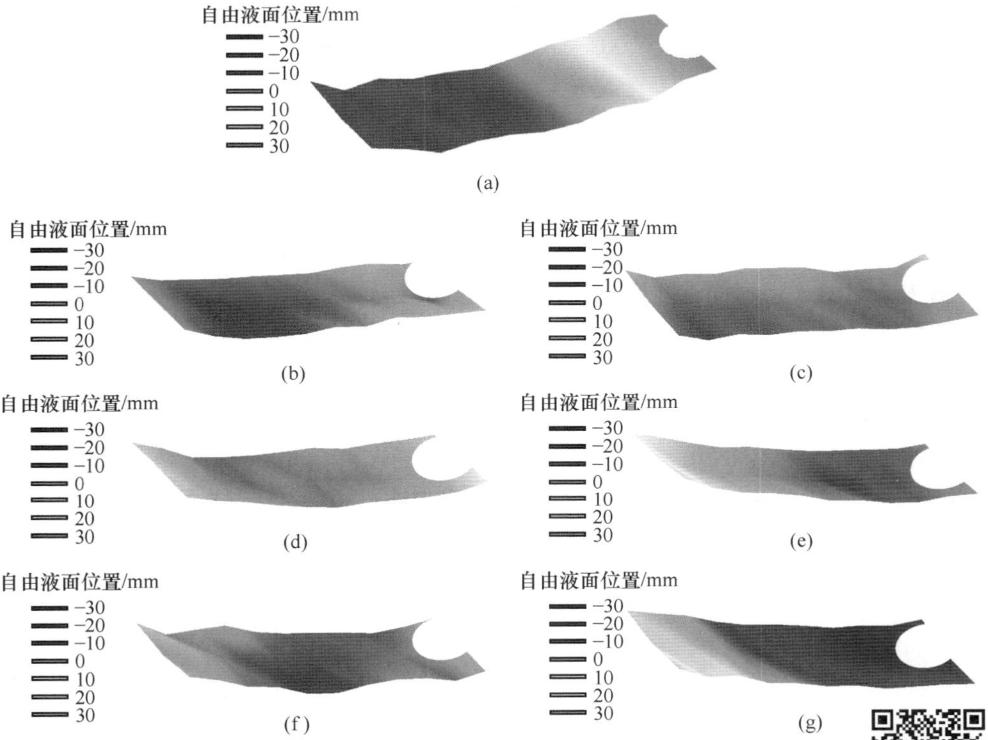

图 4-114 开浇后不同时刻结晶器液面轮廓

（a）10 min；（b）15 min；（c）20 min；

（d）25 min；（e）30 min；（f）35 min；（g）40 min

彩图资源

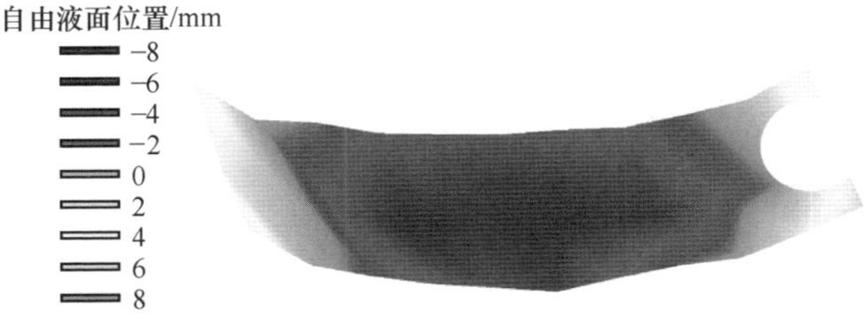

图 4-115 结晶器液面 7 次测量的平均轮廓

彩图资源

化对平均液面轮廓的结果有不小的影响；另一方面，设计插钉板时需要考虑钢钉能顺利插入结晶器液面，因此理论上钉板的长度必须小于结晶器宽度的一半再减去水口的半径，钉板的宽度必须小于结晶器厚度，但是又要满足测量范围尽量覆盖整个钢液面。基于以上考虑，插钉板实际上测量的结晶器液面范围为 700 mm×

90 mm，而结晶器断面一半的尺寸为 1020 mm×200 mm。严格意义上讲，插钉法测量的结晶器液面轮廓只是 700 mm×90 mm 范围内的液面轮廓。因此，水模型的实验结果与插钉的实验结果有差异是可以理解的。

4.9.4　易卷渣位置预测

图 4-116 所示为宽板坯连铸结晶器液面平均位置及各位置波动范围。对比图 4-116（a）~（c）可以发现，内弧面和外弧面的平均液面位置一致，而平行于宽面的中心面的平均液面位置略低；从液面波动情况看，外弧面液面波动范围小于内弧面和平行于宽面的中心面，而液面波动最剧烈的位置在平行于宽面的中心面靠近水口的位置。这里同样引入液面波动 RMS 值作为衡量液面波动剧烈情况的标准。利用式（4-23）计算结晶器液面波动值，将液面波动值代入式（4-24）计算出液面波动的 RMS 值。液面波动 RMS 值越大，该点液面波动越剧烈。图 4-116（d）为宽板坯连铸结晶器液面各位置波动的 RMS 值。可以看到，无论是内

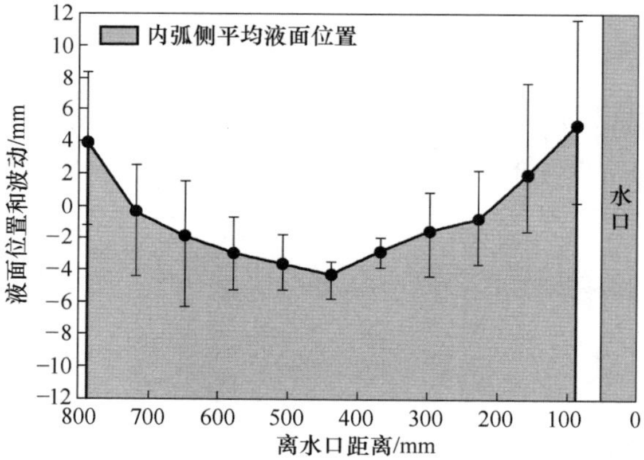

(a)

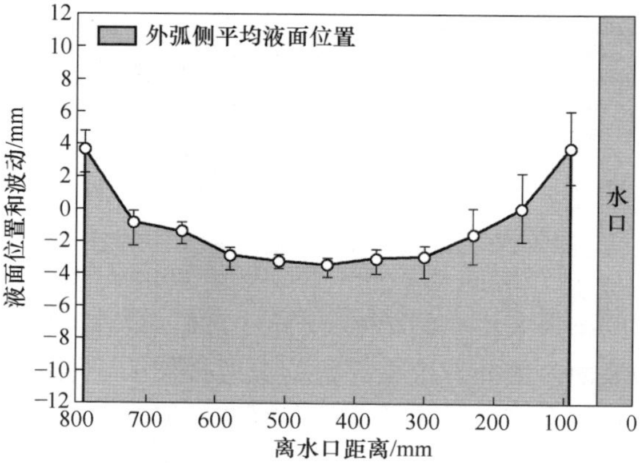

(b)

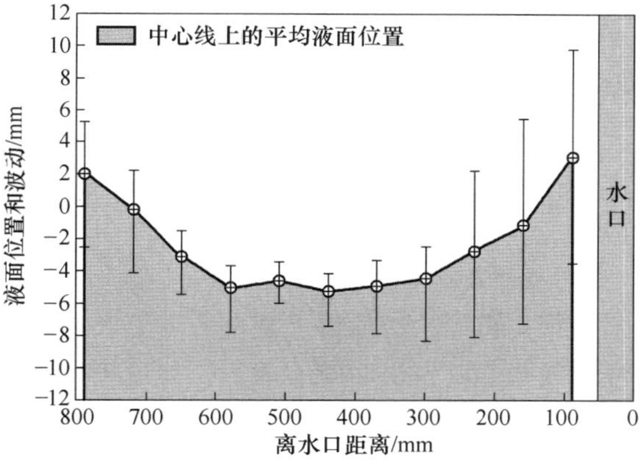

(c)

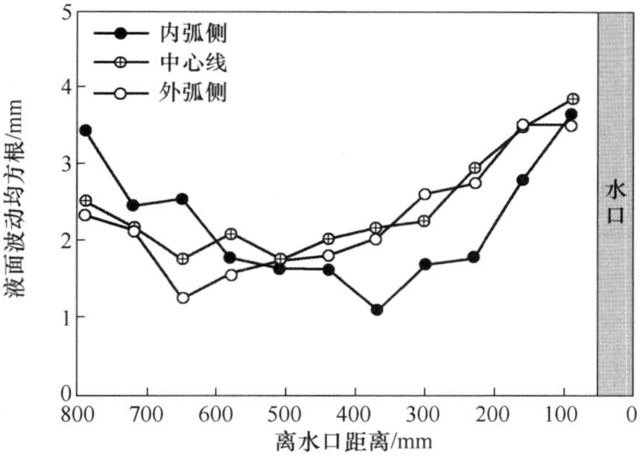

(d)

图 4-116　结晶器液面平均位置及各位置波动范围

(a) 内弧侧；(b) 平行于宽面的中心面；(c) 外弧侧；(d) 各位置液面波动 RMS 值

弧面、外弧面还是平行于宽面的中心面，窄面附近和水口附近的液面波动均更剧烈，而在窄面附近内弧侧的液面波动更大。所以，窄面处靠近内弧侧的液面发生液渣卷入钢液内部的概率更大。在水口附近，内弧面、外弧面和平行于宽面的中心面处液面波动水平相当，且与窄面附近相比更为剧烈。因此，水口附近也是卷渣发生率较高的区域。

4.9.5　连铸过程中渣圈形成机理

在连铸过程中结晶器易结渣圈是造成铸坯产生缺陷的主要原因之一。因为渣圈一旦长大将会妨碍熔渣流入坯壳与结晶器壁之间的间隙，导致铸坯润滑不良、结晶器传热不均，进而引起铸坯质量问题甚至发生漏钢事故。本小节对 304 不锈钢板坯连铸过程中结晶器保护渣原渣、距开浇 60 min 时的液渣和渣圈的化学组成、理化性能、结晶矿相以及渣圈形貌结构进行了对比分析。结果表明，连铸过程中 TiO_2 和 Cr_2O_3 从钢液进入液渣生成高熔点氧化物，使液渣和渣圈的完全熔化温度和黏度显著增大，碱度、转折温度降低。液渣与渣圈的物相以枪晶石和钙铝黄长石为主。高熔点相钙铝黄长石的大量析出以及 TiO_2 和 Cr_2O_3 进入液渣使液渣黏度增大是渣圈形成并长大的重要原因。

4.9.5.1　连铸工艺条件及制样方法

本实验中 304 不锈钢连铸保护渣原渣、液渣、渣圈和渣膜取样在某钢厂板坯连铸机上进行。铸坯断面为 200 mm×2040 mm，拉坯速度为 0.85 m/min，304 不锈钢液相线为 1460 ℃，连铸过程中结晶器液面温度为 1490 ℃左右。304 不锈钢成分见表 4-15，所用保护渣原渣成分见表 4-16。

表 4-15　304 不锈钢化学成分　　（质量分数，%）

C	Si	Mn	P	S	Cr	Ni	N
0.03～0.05	0.35～0.55	1.05～1.25	≤0.04	≤0.005	18.00～18.25	8.00～8.10	0.02～0.05

表 4-16　保护渣原渣化学成分　　（质量分数，%）

CaO	SiO_2	Al_2O_3	MgO	MnO	Na_2O	Li_2O	Fe_2O_3	F^-	FC（游离碳）
32.8	30.1	6.4	1.0	3.5	7.9	0.8	1.3	7.4	2.1

该厂 304 不锈钢采用 7 炉连浇进行生产，距离第 1 炉开浇 60 min 左右时用扒渣勺取保护渣液渣样和渣圈样，将所取样品空冷至室温。图 4-117 为渣圈和渣膜的断面形貌，其制作方法为：预先配制环氧树脂并充分混匀，将渣圈样品放入适当尺寸的模具，将配置好的环氧树脂倒入模具，静置 12 h 待环氧树脂凝固后，在型号为 YMP-2 的金相试样磨抛机上磨至 0.01 mm 矿纸粒度并抛光，整个过程用酒精进行冷却。利用 1026250 型 Aspex 扫描电镜-能谱仪系统观察渣圈组成及结

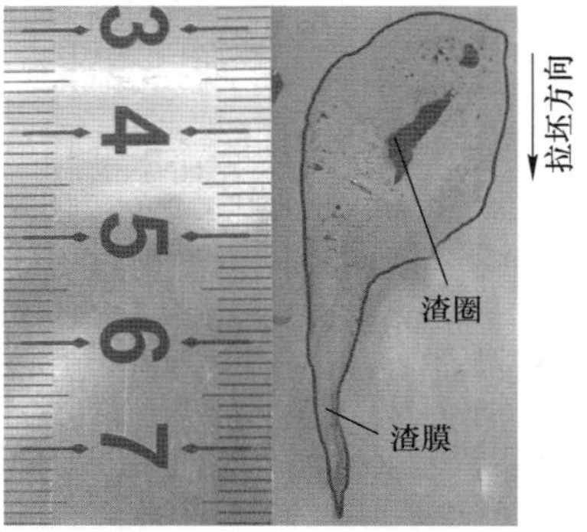

图 4-117　渣圈及渣膜形貌

构。分别取原渣、液渣、渣圈部分和渣膜部分各 30 g，在 MZ-200 型粉碎机中粉碎 30 s，利用 XRF-1800 扫描型 X 射线荧光分析仪分析样品各组分含量，利用 M21X 型 X 射线衍射仪分析样品的矿相组成。

对液渣、渣圈和渣膜进行成分分析后，利用式（4-40）[37]和式（4-47）[38]计算其黏度和转折温度，由于渣圈的形成往往与保护渣中析出高熔点物相致使保护渣出现分熔现象有关[39]，故本节利用热力学软件 FactSage 计算熔渣的完全熔化温度来衡量其熔化特性。

$$\eta = 0.1AT\exp(B/T) \tag{4-40}$$

$$A = \exp(-19.81) + 1.73X_{'CaO'} + 5.82X_{CaF_2} + 7.02X_{'Na_2O'} - 35.76X_{'Al_2O_3'} \tag{4-41}$$

$$B = 31140 - 23896X_{'CaO'} - 463556X_{CaF_2} - 39159X_{'Na_2O'} + 68833X_{'Al_2O_3'} \tag{4-42}$$

$$X_{'SiO_2'} = X_{SiO_2} + X_{P_2O_5} + X_{TiO_2} + X_{ZrO_2} \tag{4-43}$$

$$X_{'CaO'} = X_{CaO} + X_{MgO} + X_{FeO} + X_{Fe_2O_3} + X_{MnO} + X_{NiO} + X_{CrO} + X_{ZnO} + X_{Cr_2O_3} \tag{4-44}$$

$$X_{'Al_2O_3'} = X_{Al_2O_3} + X_{'B_2O_3'} \tag{4-45}$$

$$X_{'Na_2O'} = X_{Na_2O} + X_{K_2O} + X_{Li_2O} \tag{4-46}$$

$$\begin{aligned} T_{break} - 1120 = &-8.43\%Al_2O_3 - 3.30\%SiO_2 + 8.65\%CaO - \\ &13.86\%MgO - 18.40\%Fe_2O_3 - 3.21\%MnO - \\ &9.22\%TiO_2 + 22.86\%K_2O - 3.20\%Na_2O - 6.46\%F \end{aligned} \tag{4-47}$$

式中，η 为保护渣动力黏度，Pa · s；X_i 为组分 i 的摩尔分数；T_{break} 为转折温度，℃；i 为组分 i 的质量百分数。

4.9.5.2 实验结果

A 保护渣化学成分变化

开浇 60 min 时，保护渣原渣、液渣、渣圈和渣膜各组分含量如图 4-118（a）所示，可以看出，各组分含量变化各不相同，CaO 含量变化最大，原渣中没有 TiO_x 和 CrO_x，而在液渣、渣圈和渣膜中均有检出。由图 4-118（b）可以看出，与原渣相比，连铸开浇 60 min 后液渣、渣圈和渣膜碱度均降低，分别为 0.75、0.74 和 0.96，较原渣相比分别降低了 0.34、0.35 和 0.13。

B 保护渣理化性能变化

开浇 60 min 时，液渣、渣圈和渣膜性能与原渣对比如图 4-119 所示。由图 4-119（a）可以看出，原渣的完全熔化温度为 1126 ℃，随着连铸的进行，液渣、渣圈及渣膜的完全熔化温度迅速增大，分别为 1913 ℃、1827 ℃和 1829 ℃。由

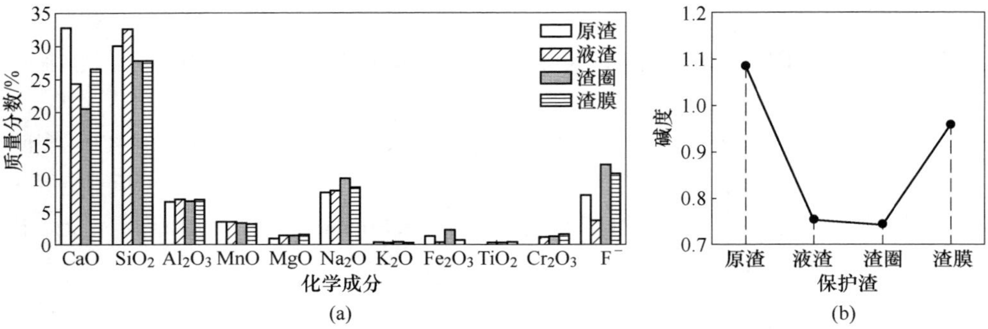

图 4-118　原渣、液渣、渣圈、渣膜各组分含量（a）与碱度对比（b）

图 4-119（b）可以看出，原渣的转折温度为 1120 ℃，随着连铸的进行，液渣、渣膜和渣圈的转折温度变化不大，均降低 1 ℃左右。由图 4-119（c）可以看出，原渣 1300 ℃时黏度为 0.04 Pa · s 随着连铸的进行，液渣、渣膜和渣圈的黏度均有所升高，分别升至 0.11 Pa · s、0.07 Pa · s 和 0.05 Pa · s，其中液渣黏度升高了 0.07 Pa · s。

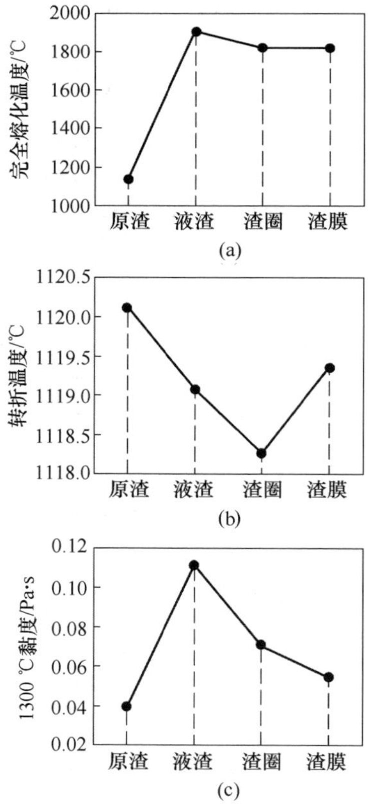

图 4-119　液渣、渣圈、渣膜与原渣性能对比图

（a）完全熔化温度；（b）转折温度；（c）黏度

C 渣圈组织结构分析

图 4-120 为开浇 60 min 时结晶器所结渣圈 Aspex 背散射电子模式下的结构形貌图，可以看出，渣圈由内核相和外层包裹相组成，其中外层包裹相分为顶部包裹相和底部包裹相。内核相由主相 A 和副相 B、C 组成；顶部包裹相由主相 D 和副相 E 组成；底部包裹相由主相 F 和副相 G、H 组成。表 4-17 为利用能谱分析仪得到的各相成分，可以看出主相 A、D 和 F 主要成分为 $CaO-SiO_2-Al_2O_3$ 三元相，因此将其成分投入 $CaO-SiO_2-Al_2O_3$ 系三元相图，由于该钢种连铸过程中液面温度为 1490 ℃，故只给出 1500 ℃时液相区，如图 4-121 所示。由图 4-121 可以看出，构成渣圈的 3 种主要物相在浇铸过程中均在液相区之外。

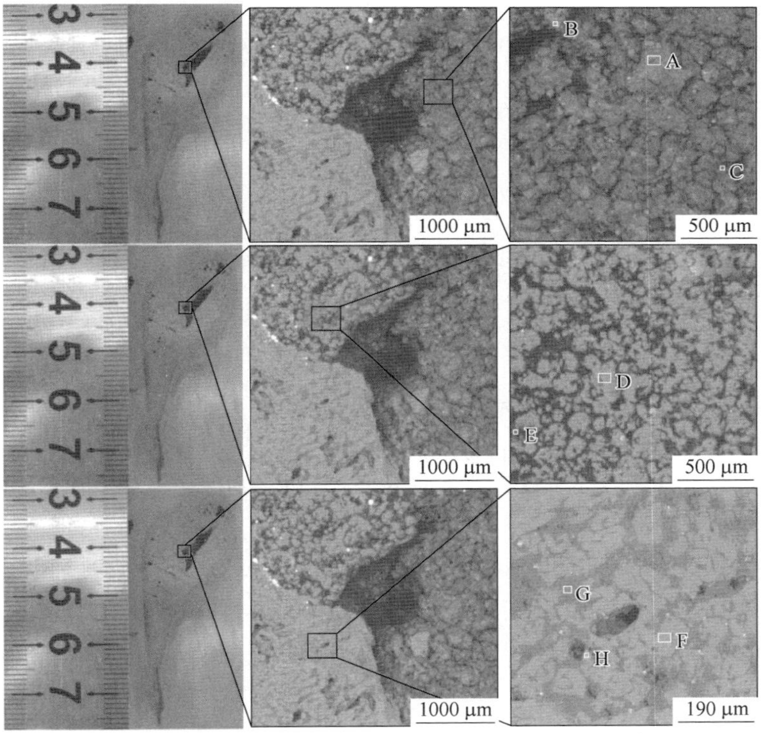

图 4-120 渣圈内核相（a）、顶部包裹相（b）和底部包裹相（c）的组织结构背散射电子形貌

表 4-17 渣圈中不同物相的能谱分析 （%）

渣圈	CaO	SiO_2	Al_2O_3	MgO	MnO	Na_2O	TiO_2	Cr_2O_3	Fe_2O_3	CaF_2
A	43.72	27.60	4.03	0	2.58	3.41	0	0	18.66	0
B	0.30	0.30	0.13	0	0.37	0	0	0	98.90	0

续表4-17

渣圈	CaO	SiO_2	Al_2O_3	MgO	MnO	Na_2O	TiO_2	Cr_2O_3	Fe_2O_3	CaF_2
C	3.92	7.77	2.32	0	2.11	2.76	0	15.27	65.85	0
D	43.81	34.59	6.85	0	2.70	10.11	0	0	1.93	0
E	0.49	0.30	0	0	0.54	0	0	0.20	97.74	0.72
F	66.54	31.67	0.36	0.21	0.16	0	0	0	0	1.05
G	15.69	50.27	6.68	4.14	8.38	14.85	0	0	0	0
H	0	0	4.71	2.19	25.17	0	3.55	62.50	1.89	0

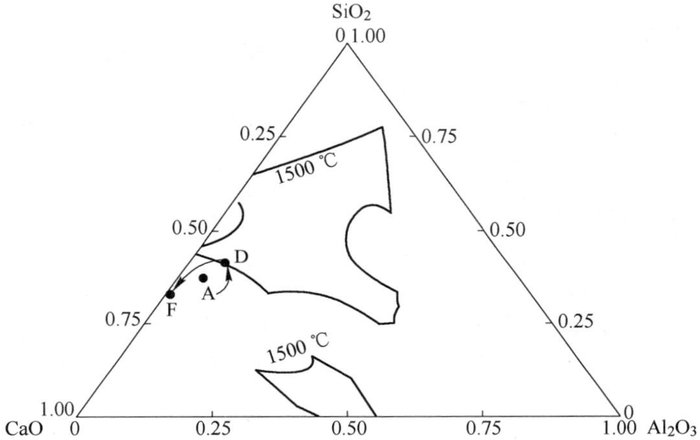

图 4-121　渣圈内核相 A、顶部包裹相 D 和底部包裹相 F 在 $CaO-SiO_2-Al_2O_3$ 三元相图中的位置

为了研究开浇 60 min 时液渣和渣圈所含物相，对其进行了 X 射线衍射分析，结果如图 4-122 所示。由图 4-122 可知，开浇 60 min 时液渣和渣圈的物相均以枪晶石（$3CaO-2SiO_2-CaF_2$）和钙铝黄长石（$2CaO-Al_2O_3-SiO_2$，熔点 1596 ℃）为

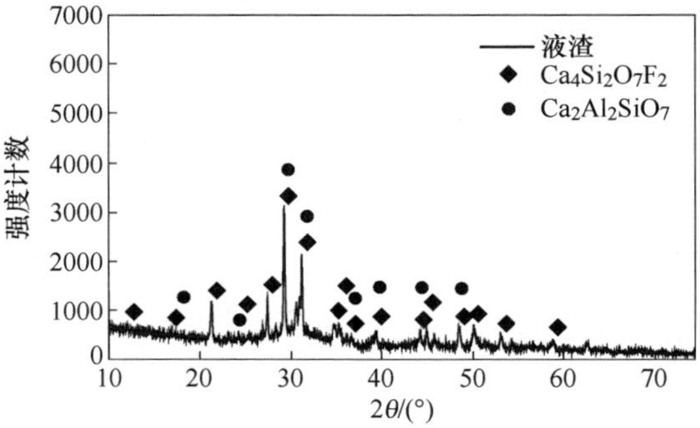

(a)

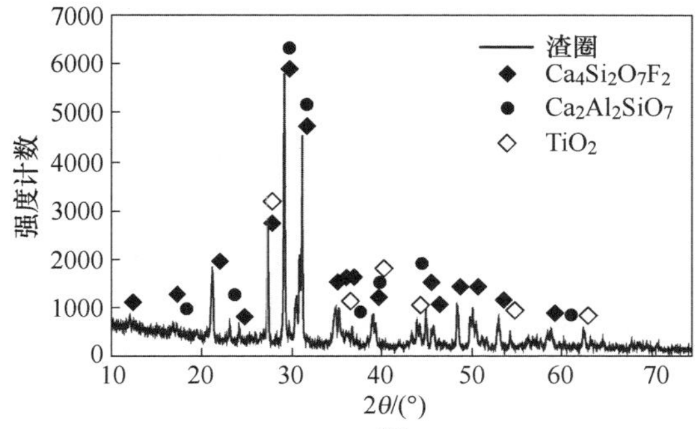

(b)

图 4-122 连铸开浇 60 min 时液渣（a）及渣圈（b）的 X 射线衍射（XRD）曲线

主，其中渣圈还含有一定量的 TiO_2。对比图 4-122（a）、（b）可以发现，渣圈的衍射峰更强、更尖锐，说明渣圈的结晶度更高，高熔点的钙铝黄长石晶体在结晶器弯月面处有更充足的时间生长。

4.9.5.3 实验结果分析

A 304 不锈钢连铸过程中保护渣物性变化原因分析

连铸过程中 Cr_2O_3 、TiO_2 进入保护渣中，使保护渣原有性质恶化。根据图 4-124 中原渣与所取液渣、渣圈成分对比可知，原渣中不含 Cr_2O_3 、TiO_2 ，而在液渣和渣圈中含有 Cr_2O_3 、TiO_2 ，说明连铸过程中 Cr_2O_3 、TiO_2 从钢液进入了保护渣。结合图 4-119 结果可知，Cr_2O_3 、TiO_2 的进入使保护渣完全熔化温度较原渣大幅提升，说明液渣出现分熔现象，且使保护渣黏度提高，流动性变差。

TiO_2 进入熔渣中，使硅酸盐中 $(SiO_4)_4^-$ 四面体键断开，形成 $(SiO_4)_4^-$ 四面体与 $(TiO_6)_8^-$ 八面体的复合键[40]，在温度相对较低的弯月面处析出高熔点化合物导致熔渣黏度升高。而 Cr_2O_3 进入熔渣中，可形成 $CrO_4(CrO_4)_2^-$ 网状阴离子，该阴离子可部分取代 Si-Ca 复合氧化物中的 $(SiO_4)_4^-$ 而形成高熔点的 $CaCr_2O_4$[41]，导致液渣和渣圈中 CaO 含量降低，如图 4-118（a）所示。但是从图 4-122 的矿相分析结果中并未发现有 $CaCr_2O_4$ 相，原因可能是该物相含量太少，其衍射峰被主相掩盖。

B 304 不锈钢连铸过程中渣圈形成机理

304 不锈钢浇铸过程中钢液中的 Cr_2O_3、TiO_2 进入熔渣析出高熔点氧化物使其完全熔化温度和黏度明显提高，而 304 不锈钢的液相线温度较低，仅 1460 ℃，因此连铸过程中液面温度也相对较低，为 1490 ℃，弯月面处由于与铜冷却壁接触温度更低。高熔点的钙铝黄长石，含钛、铬的高熔点氧化物等在温度较低的弯月面析出形成如图 4-120（a）所示的渣圈内核，随着连铸的进行，高熔点析出物不断聚集生长并不断被流至弯月面的黏稠液渣包裹，形成含有内核相和包裹相的渣圈。而由于内核顶部与空气接触，底部与坯壳及液渣接触，顶部和底部温度梯度较大，因此包裹相分为图 4-120（b）、（c）所示的不同形貌和组成的顶部包裹相和底部包裹相。图 4-123 所示为渣圈形成示意图。

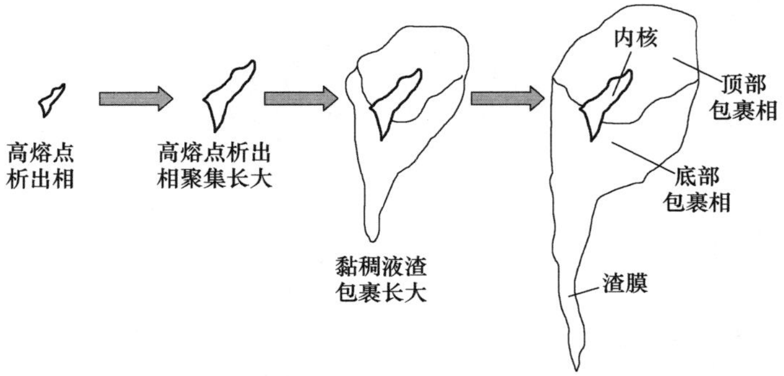

图 4-123　304 不锈钢连铸过程中结晶器渣圈形成机理

C　抑制 304 不锈钢连铸过程中生成渣圈的改进方向

抑制 304 不锈钢连铸过程中生成渣圈的改进方向有以下 3 种方式：

（1）严格控制合金等添加料中 Ti 的含量，以避免在熔渣中生成高熔点氧化物使熔渣熔点、黏度升高；进行严格的保护浇铸，避免钢液发生二次氧化使 Cr_2O_3 进入熔渣与渣中 CaO 反应生成高熔点 $CaCr_2O_4$ 氧化物。

（2）调整保护渣组分降低连铸过程中保护渣熔化温度和黏度。

（3）适当增加原渣中 SiO_2 配比，使保护渣成分落在 $CaO\text{-}SiO_2\text{-}Al_2O_3$ 三元相图的液相区，从而抑制高熔点的钙铝黄长石的析出。

参 考 文 献

[1] 左东启 . 模型试验的理论和方法 [M]. 北京：水利电力出版社，1984：37-40.

[2] Zhang L F，Yang S B，Cai K K. Investigation of fluid flow and steel cleanliness in the continuous casting strand [J]. Metallurgical and Materials Transactions B，2007，38（1）：63-83.

[3] Gupta D，Lahiri A K. A water model study of the flow asymmetry inside a continuous slab casting mold [J]. Metallurgical and Materials Transactions B，1996，27：757-764.

[4] 梁智权 . 流体力学 [M]. 重庆：重庆大学出版社，2002：143-147.

[5] Zhang L. Mathematical simulation of fluid flow in gas-stirred liquid systems [J]. Modelling and Simulation in Materials Science and Engineering，2000，8（4）：463.

[6] 王福军 . 计算流体动力学分析：CFD 软件原理与应用 [M]. 北京：清华大学出版社，2004.

[7] Zhang L F，Wang Y F，Zuo X J. Flow transport and inclusion motion in steel continuous-casting mold under submerged entry nozzle clogging condition [J]. Metallurgical and Materials

Transactions B, 2008, 39 (4): 534-550.

[8] 包燕平, 朱建强, 蒋伟. 薄板坯结晶器内卷渣现象的研究 [J]. 北京科技大学学报, 1999, 21 (6): 530-534.

[9] Haam S J, Brodkey R S. Motions of dispersed beads obtained by particle tracking velocimetry measurements: Part Ⅱ [J]. International Journal of Multiphase Flow, 2000, 26 (9): 1419-1438.

[10] Liu R, Thomas B G, Sengupta J. Measurements of molten steel surface velocity and effect of stopper-rod movement on transient multiphase fluid flow in continuous casting [J]. ISIJ International, 2014, 54 (10): 2314-2323.

[11] Honeyands T. Oscillations in thins lab caster mould flows [J]. Current Advancesin Materials and Processes, 1994: 317.

[12] Tanaka H, Kuwatori H. Analysis of continuous casting powder entrapping phenomena by water-model experiments [J]. Journal of the Ironand Steel Institute of Japan, 1992, 78 (5): 761-766.

[13] 钱振伦. 宽厚板坯连铸技术和宽厚板生产 [J]. 中国钢铁行业, 2010 (7): 30-32.

[14] Reynolds T. 奥钢联宽板坯连铸的技术能力 [J]. 连铸, 2005 (1): 6-8.

[15] 周有预, 袁凡成. 宽板坯高拉速连铸的特点及铸坯缺陷的预防 [J]. 钢铁研究, 2003, 31 (6): 1-4.

[16] 刘卫东. 太钢不锈钢冶炼工艺的生产实践与特点 [J]. 太钢科技, 2013 (3): 5-12.

[17] 齐新霞, 包燕平. 宽板坯连铸工艺优化与铸坯质量 [J]. 钢铁, 2009, 44 (7): 24-27.

[18] 安晓东. 本钢宽板坯连铸机扇形段辊缝值超差成因分析及控制措施 [J]. 本钢技术, 2013 (6): 34-37.

[19] 干明. 沙钢宽板坯连铸结晶器内钢液流动行为模拟研究 [D]. 重庆: 重庆大学, 2009.

[20] 江中块, 冷祥贵, 程乃良. 梅钢炼钢厂板坯质量进步回顾 [C]//第十八届 (2014 年) 全国炼钢学术会议论文集——S08: 品种开发与质量控制, 2014.

[21] 孙彦辉, 韦耀环, 蔡开科. 宽板坯连铸结晶器内卷渣现象试验研究 [J]. 钢铁, 2007, 42 (11): 31-33.

[22] 周娟, 金海兵, 胡楠楠. 连铸板坯宽度控制生产实践 [J]. 鄂钢科技, 2014 (2): 24-26.

[23] 黄欣秋, 李经涛. 宽板坯的连铸 [J]. 宽厚板, 2000 (5): 44-48.

[24] Kalter R, Tummers M J, Bettink J B, et al. Aspect ratio effects on fluid flow fluctuations in rectangular cavities [J]. Metallurgical and Materials Transactions B, 2014, 45 (6): 2186-2193.

[25] Cai Z Z, Zhu M Y. Non-uniform heat transfer behavior during shell solidification in a wide and thick slab continuous casting mold [J]. International Journal of Minerals, Metallurgy, and Materials, 2014, 21 (3): 240-250.

[26] Wang X, Zhang S, Yao M. Effect of casting process on mould friction during wide, thick slab continuous casting [J]. Ironmaking & Steelmaking, 2014, 41 (6): 464-473.

[27] Ren L, Zhang L. Formation mechanism of slag rim in 304 stainless steel continuous casting mold [J]. Ironand Steel, 2016, 51 (8): 35-40.

[28] Ji C, Luo S, Zhu M Y. Uneven solidification during wide-thick slab continuous casting process and its influence on soft reduction zone [J]. ISIJ International, 2014, 54 (1): 103-111.

[29] Wang W L, Zhu M Y, Cai Z Z. Micro segregation behavior of solute elements in the mushy zone of continuous casting wide thick slab [J]. Steel Research International, 2012, 83 (12): 1152-1162.

[30] Ji C, Cai Z Z, Wang W L. Effect of transverse distribution of secondary cooling water on corner cracks in wide thick slab continuous casting process [J]. Ironmaking & Steelmaking, 2014, 41 (5): 360-368.

[31] Mills K C, Yuan L. Estimating the physical properties of slags [J]. Journal of the Southern African Institute of Mining and Metallurgy, 2011, 111 (10): 649-658.

[32] Sridhar S, Mills K C, Afrange O D C. Break temperatures of mould fluxes and their relevance to continuous casting [J]. Ironmaking & Steelmaking, 2000, 27 (3): 238-242.

[33] Liebske C, Melzer S, Kromhout J A, et al. Mouldpowder investigations for highspeed casting [J]. Ironmaking & Steelmaking, 2013, 36 (4): 291-299.

[34] Molokov S, Moreau R, Moffatt K. Velocity measurement techniques for liquid metal flows [J]. Magnetohydrodynamics: Historical Evolution and Trends, 2007, 275-294.

[35] Yoshida J, Ohmi T. Cold model study of the effects of density difference and blockage factor on mold powder entrainment [J]. ISIJ International, 2005, 45 (8): 1160-1164.

[36] Thomas B G. Fluid flow in the mold [J]. Making Shapingand Treatingof Steel, 2003, 5 (3): 1-40.

[37] Gupta D, Lahiri A K M. Water-modeling study of the surface disturbances in continuous slab caster [J]. Metallurgical and Materials Transactions B, 1994, 25 (2): 227-233.

[38] 雷洪，朱苗勇，汪湿泉．水口吹氩对结晶器弯月面波动的影响 [J]. 中国有色金属学报，1998，8 (2): 468-471.

[39] 朱苗勇，王军，雷洪．连铸结晶器内钢水卷渣的机理与控制 [J]. 鞍钢技术，2005，332 (2): 1-4.

[40] 陆巧彤，杨荣光，王新华．板坯连铸结晶器保护渣卷渣及其影响因素的研究 [J]. 钢铁，2006，41 (7): 29-32.

[41] Hibbeler L C, Thomas B G. Mold slag entrainment mechanisms in continuous casting molds [J]. Iron and Steel Technology, 2013, 10 (10): 121-136.

5　连铸结晶器内夹杂物行为及铸坯表面振痕

钢中夹杂物可以分为内生夹杂和外来夹杂。内生夹杂是溶解于钢液中的氧与加入到钢液中的脱氧剂反应形成的。其尺寸在几微米至几百微米之间。外来夹杂主要是由于钢液与空气、氧化渣、合成渣等接触而引起的二次氧化以及炉渣、保护渣、耐火材料的卷入，其尺寸可达 1 mm[1]。控制钢中的非金属夹杂物可以分为两个方面，一方面为热力学，包括温度、活度、脱氧和夹杂物变性等；另一方面为动力学，包括形核长大、夹杂物的运动与去除、钢水运动、搅拌、钢-渣传质、温度等[2]。从内生夹杂物的进出钢液的历程来看，它经历了反应形核，长大和去除三个过程，少量的夹杂物仍然残留于铸坯中。连铸结晶器是钢水成为产品的最后一道工序，也是钢中非金属夹杂物能够上浮去除的最后一次机会。许多工作者在结晶器内去除夹杂物方面有过研究。

5.1　夹杂物形核热力学

脱氧是炼钢过程的一个基本反应。在钢液中加入脱氧剂时，就会产生脱氧产物。在钢液-脱氧金属元素-氧三元体系内，氧化反应的通式可表示为：

$$n[\mathrm{M}] + m[\mathrm{O}] = \mathrm{M}_n\mathrm{O}_m \tag{5-1}$$

式中　n，m——化学反应计量数；

M——脱氧金属元素；

O——氧元素；

$\mathrm{M}_n\mathrm{O}_m$——化学反应所生成的氧化产物。

经典形核理论表明，要形成一个半径为 r 的球体形核自由能的变化 ΔG 为：

$$\Delta G = 4\pi r^2\sigma^* + \frac{4}{3}\pi r^3\Delta G_\mathrm{V} \tag{5-2}$$

式中　ΔG_V——脱氧产物单位体积的生成自由能，J/m³，$\Delta G_\mathrm{V} = -\frac{RT\ln S}{V_\mathrm{m}}$；

σ^*——夹杂物和钢液间的界面能，$\mathrm{J/m^2}$；

V_m——夹杂物的摩尔体积，$\mathrm{m^3/mol}$；

R——气体常数，J/(K·mol)；

T——温度，K；

S——过饱和度，为熔体中溶解态的 M_nO_m 浓度与平衡态的 M_nO_m 浓度的比值。

式（5-2）等号右边第一项随半径 r 的增加而增大，而第二项随半径 r 的增加而减小，因此，形核自由能相对于半径 r 存在一个极值。令 $\partial\Delta G/\partial r=0$，则夹杂物形核的临界半径 r_c（单位为 m）的表达式为：

$$r_c = \frac{2\sigma^* V_m}{RT\ln S} \tag{5-3}$$

式（5-3）表明，只有半径大于 r_c 的夹杂物才能从钢液中析出，并在钢液中稳定存在。将式（5-3）代入式（5-2），得到临界形核自由能变化的表达式为：

$$\Delta G_c = \frac{16\pi\sigma^{*3}V_m^2}{3R^2T^2(\ln S)^2} \tag{5-4}$$

式（5-4）表明，影响均质形核的因素有反应温度、界面能和过饱和度。反应温度越高，界面能越小，过饱和度越大，形核所需要的自由能越小，并且夹杂物形核的临界半径也越小。

5.2　夹杂物碰撞长大动力学

5.2.1　夹杂物的碰撞

在钢液内，夹杂物粒子间很容易发生相互碰撞而凝聚成更大尺寸的夹杂物粒子，碰撞后大尺寸的夹杂物较碰撞前上浮速度大，更易于上浮去除，所以夹杂物粒子间的碰撞凝聚是夹杂物去除的一种重要形式。对于夹杂物粒子的碰撞主要有以下 3 种方式[3-4]：

（1）布朗碰撞。布朗运动是微小粒子表现出的无规则热运动。布朗运动的起因是由于液体的所有分子都处在热运动中，且相互碰撞，从而粒子周围有大量分子以微小起伏不定的力共同作用于粒子本身。布朗碰撞模式如图 5-1 所示，从统计学的观点来看，这些撞击在各个方向上都是均等的，都可以相互抵消。对于较大的粒子，即使在同一方向上受到多次撞击，由于它们的质量较大，难以发生位移。但对于较小的粒子，它们所受的分子热运动的撞击次数要少得多，因而在各个方向上的撞击力完全抵消的可能性很小。如果某一瞬间在某一方向碰撞数大大超过其他方面的碰撞数，那么小微粒就会产生明显的位移。

在高温钢液中的夹杂物受布朗运动而发生相互碰撞，其碰撞速率可表示为[5]：

$$\beta_B(r_i, r_j) = \frac{2KT}{3\mu_1}\left(\frac{1}{r_i}+\frac{1}{r_j}\right)(r_i+r_j) \tag{5-5}$$

式中 K——布朗常数，$K=1.38\times10^{-23}$，J/K；

μ_1——流体的动力黏度。

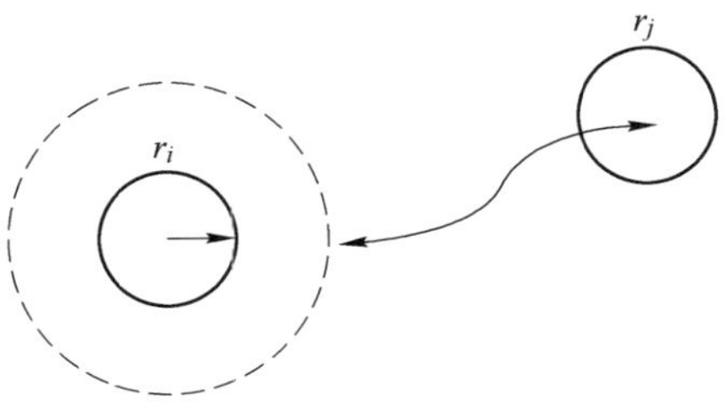

图 5-1 布朗碰撞模式

（2）斯托克斯碰撞。夹杂物粒子上浮速度与其大小密切相关。大尺寸的夹杂物粒子上浮速度大，在上浮时可能遇到小尺寸夹杂物而与之碰撞成为更大的夹杂物粒子，上浮速度加快，且更容易捕获其他夹杂物粒子，如图 5-2 所示，相应的碰撞常数 $\beta_s(r_i, r_j)$ 为[6]：

$$\beta_s(r_i, r_j) = \frac{2\pi g\Delta\rho}{9\mu_1}\left|r_i^2 - r_j^2\right|(r_i + r_j)^2 \tag{5-6}$$

式中 $\Delta\rho$——钢液密度和夹杂物密度的差值，kg/m^3。

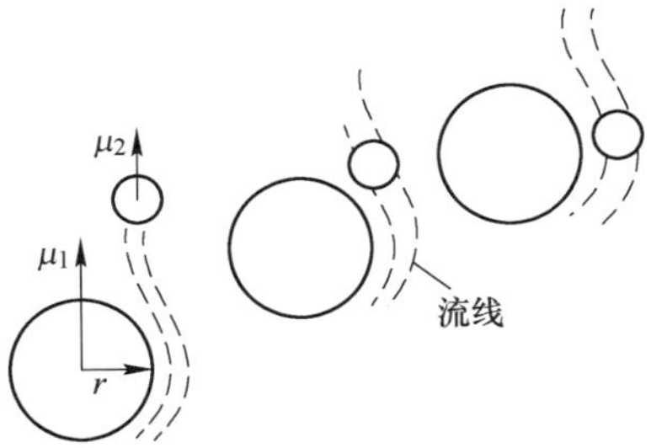

图 5-2 斯托克斯碰撞模式

（3）湍流碰撞。湍流是无数不规则、不同尺度的涡旋相互掺混地分布在空间的一种流动现象。流动中任一点的速度、压力等物理量都随时间而瞬息变化，从而造成不同空间点上具有不同的随时间变化的规律。流体中的颗粒会随湍流发生相互作用。颗粒越小，跟随性越好，这样颗粒的运动行为与该处流体的运动行为也越相似。换言之，湍流中小颗粒的运动行为具有随机性、非定常和三维特点，如图 5-3 所示。

处于湍流流动的流体中的多个颗粒，也会发生相互碰撞，其碰撞速率可表示为[7]：

$$\beta_T(r_i, r_j) = 1.3\left(\frac{\pi\varepsilon}{\nu_1}\right)^{\frac{1}{2}}(r_i + r_j)^3 \tag{5-7}$$

式中　ν_1——流体的运动黏度，m^2/s；

　　　ε——湍动能耗散率，m^2/s^3。

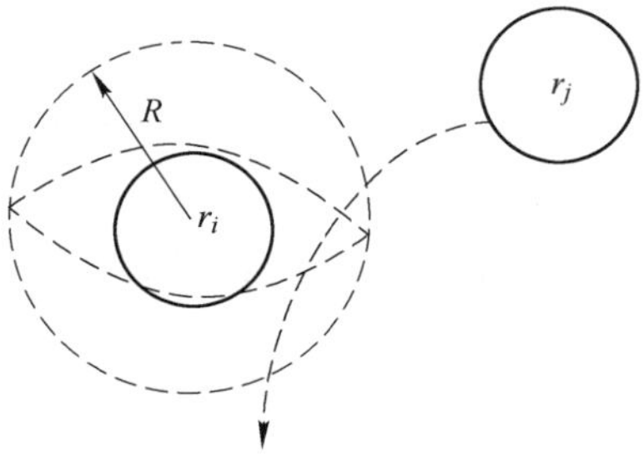

图 5-3　湍流碰撞模型

5.2.2　夹杂物间的聚合

固体粒子在液体中的聚合现象广泛地发生于工业生产中，例如选矿、石油化工、食品药品制造、钢铁等。了解液体中固体粒子的聚合机理对于预测和控制液体中固体粒子的行为具有重要意义。

奥斯特瓦德熟化[8-9]（又称莫斯特瓦德粗化）是德国科学家奥斯特瓦德（Wilhelm Ostwald）在 1896 年首次发现的第二相粒子在表面能差的驱动下发生的长大现象[10]。奥斯特瓦德熟化过程包括溶解、扩散和沉积等步骤。具体而言，当第二相粒子从体系中析出时，尺寸较大的第二相粒子会摄取尺寸较小的第二相粒子的质量不断长大，而较小的第二相粒子尺寸逐渐减小直至消失。奥斯特瓦德熟化过程发生的驱动力来自系统中粒子相总表面积的降低所导致的总界面自由能的降低[11]。在系统中，颗粒尺寸越小，单位体积第二相粒子所具有的表面积就越大，总界面能也就越高。因此，在相同质量条件下，较小颗粒的总界面自由能比较大颗粒的总界面自由能高。当两者相邻时，大颗粒就会吞并小颗粒而形成更大的颗粒，系统粒子相总表面积的降低就会减小系统总界面自由能。1961 年，苏联学者 Lifshitz、Slyozov 和德国学者 Wagner 对奥斯特瓦德的小颗粒溶解和大颗粒长大的概念进行了扩散理论化处理，被简称为 LSW 理论[12]。

与颗粒之间的分子扩散相比，如果分子从表面溶解并在其他表面沉积，是一个更慢的过程，则与表面有关的溶解-析出反应是控制性环节。对于溶解控制的颗粒奥斯特瓦德熟化，颗粒的平均粒径由下式确定：

$$\bar{r}(t)^2 - \bar{r}(0)^2 = \left(\frac{8}{9}\right)^2 \frac{K_T C_0 \sigma V_m^2}{RT} t \tag{5-8}$$

式中 K_T——颗粒分子的动力学转移常数，m/s；

C_0——液体中元素的摩尔浓度，mol/m^3。

如果由液相析出的溶质分子到达颗粒表面的速率十分缓慢，不足以引起颗粒表面的浓度梯度变化，则溶质分子的扩散是控制性环节。对于扩散控制的颗粒奥斯特瓦德熟化，颗粒的平均粒径由下式确定：

$$\bar{r}(t)^3 - \bar{r}(0)^3 = \frac{8DC_0\sigma^* V_m^2}{9RT} t \tag{5-9}$$

式中 D——颗粒的扩散系数，m^2/s。

5.3 结晶器中夹杂物的去除

结晶器内钢液中夹杂物主要有3个去除方式：浸入式水口壁面吸附、保护渣的吸附和凝固坯壳的捕获[13-15]。

5.3.1 浸入式水口壁面吸附

在连铸过程中，水口内部一直处于负压状态，夹杂物在经过水口时有在内壁上附着形成结瘤的趋势。夹杂物在水口壁面上沉积是水口结瘤的成因之一。随着浇铸的进行，这些沉积的夹杂物可能突然被钢流冲掉而再进入钢液中，导致水口内径突然增大。这样，钢液流动所受阻力的瞬时减小会造成钢液流股速度迅速增大、结晶器液面的剧烈波动，从而引起结晶器内钢液卷渣，恶化钢坯质量。在浇铸后期，水口结瘤严重还会堵塞水口造成浇铸无法顺利进行，影响正常的连铸生产[16-17]。

向钢水流股中吹入氩气防止水口结瘤是目前广泛应用的技术手段之一[18]。其方法主要包括：塞棒吹氩、透气砖吹氩、浸入式水口缝隙吹氩以及上水口环缝吹氩等[19]。吹氩时在水口壁会形成氩气膜，防止脱氧产物与水口壁接触，从而减缓水口结瘤。氩气泡可以将脱氧产物从水口壁面吹掉并使其上浮。吹氩也可以增大水口内部压力，减缓水口内部负压状态[20]。但是，在实际生产过程中必须控制氩气的吹入量，吹入过多的氩气会使结晶器内钢液面波动加剧，使保护渣卷入钢液内部，恶化铸坯质量。

5.3.2 保护渣吸附

在连铸过程中，结晶器内钢液表面会被一层保护渣覆盖。保护渣的主要成分有 Al_2O_3、SiO_2、FeO、MgO、CaO、CaF_2 等[21]。保护渣加入结晶器内的钢液面上受热迅速熔化形成原渣层、熔结层、熔渣层等层状结构[22]。液态熔渣由弯月面处向结晶器和凝固坯壳之间的缝隙渗透形成液态渣膜和固态渣膜结构[23]。液态熔渣能与钢液面的非金属夹杂物反应生成低熔点物质，并使夹杂物溶解进入渣中[24]。钢中的夹杂物保护渣吸附分为 3 个步骤：首先，夹杂物上浮到达渣金界面；其次，夹杂物在渣金界面停留、震荡，直至穿越渣金界面；最后，夹杂物与保护渣反应，被渣层所溶解。

夹杂物在渣中的溶解过程主要通过高温共聚焦显微镜观察。Liu 等[25]利用高温共聚焦显微镜原位观察了 1500～1600 ℃时，MgO 粒子在 $CaO-Al_2O_3-SiO_2$ 渣中的溶解过程。结果表明，高温利于 MgO 粒子在渣中的溶解，并且渣中加入 MgO 后，MgO 粒子的溶解速率降低；MgO 粒子的溶解过程主要由扩散控制。Ren 等[26]利用高温共聚焦显微镜研究了 Al_2O_3粒子在 $CaO-Al_2O_3-SiO_2$ 渣中的溶解动力学。在 1500～1600 ℃范围内发现 Al_2O_3粒子溶解的控制步骤是在熔渣中扩散，并且 Al_2O_3在炉渣中的扩散系数计算为 $2.8\times10^{-10}\sim4.1\times10^{-10}\ m^2/s$。$Al_2O_3$的溶解速率随着温度、$CaO/Al_2O_3$和粒度的增加而增加。

5.3.3　凝固坯壳捕获

钢液进入结晶器后在水冷结晶器壁上凝固形成凝固坯壳，但是在铸坯未凝固部分由于注入的钢液会造成钢液流动。夹杂物在钢基体中的分布取决于凝固过程中夹杂物与凝固前沿之间的相互作用。夹杂物被铸坯坯壳捕获需经历 3 个环节：首先，夹杂物从水口出发，运动到凝固前沿的湍流边界层；其次，穿过湍流边界层到达层流底层；最后，穿过层流底层，与初始凝固坯壳相接触。因此，夹杂物在层流底层内的运动，表现出与湍流区和湍流边界层所不同的运动特征。Omenyi[27]在 1976 年利用有机溶液和聚四氟乙烯等外来粒子，观察了粒子在固液相界面的行为，并根据凝固速度总结了粒子行为在凝固前沿的 3 种表现形式：(1) 凝固速度较大时，粒子与凝固前沿接触后立即被捕获。(2) 凝固速度有所降低后，夹杂物在凝固前沿被推动一段距离后被捕获。(3) 凝固速度足够小时，夹杂物被凝固前沿推动，处于准稳态过程，不发生捕获现象。

5.4　连铸坯振痕对表面质量的影响

结晶器内钢液流动行为，包括流态、液面波动、液面流速、保护渣卷入以及气泡都对铸坯质量有很大的影响。如果流态是非对称双环流，则传热不均，坯壳生长不均匀，还容易引起卷渣。液面不活跃影响保护渣熔化，容易结渣圈，影响生产顺行，而液面过于活跃又容易引起卷渣。因此，连铸结晶器工艺条件的优劣直接决定连铸坯的质量，而连铸坯的质量好坏又直接决定着产品的质量优劣。连铸坯的缺陷按其出现的位置可以分为表面缺陷和内部缺陷，本章关注的重点为宽板坯表面振痕及皮下大尺寸夹杂物的分布，并试图找到两者之间的联系。

5.4.1 铸坯边部振痕与拉坯方向夹角变化

某钢厂生产 SUS304 为 6 炉连浇，铸坯断面为 2040 mm×200 mm，拉坯速度约为 0.85 m/min，水口出口角度为 0°。将该浇次第 1 炉对应的头坯，第 1、第 2 炉换包对应的交接坯，第 3 炉稳态浇铸时对应的正常坯以及最后一炉对应的尾坯留出，待铸坯冷却后用天车将 4 块铸坯吊至空旷位置。首先对铸坯表面进行清理，保证表面振痕清晰可见。其次，测量宽板坯边部振痕与拉坯方向的夹角，测量方法为：首先将铸坯边部清理干净，随后对铸坯边部进行连续拍照，拍摄角度要求垂直于铸坯表面，且焦距保持一致，必要时可以开启闪光灯，在拉坯方向上连续拍摄 3000 mm，最后利用图像处理软件 ImageJ 对铸坯边部振痕与拉坯方向间的夹角进行测量。图 5-4 为宽板坯边部振痕与拉坯方向夹角测定方法示意图。

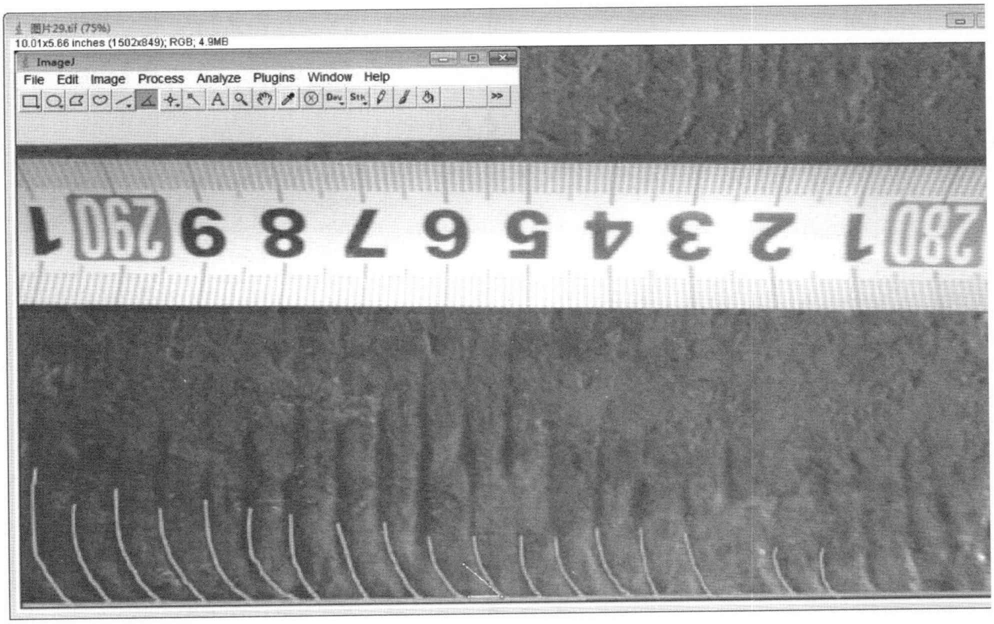

图 5-4 宽板坯边部振痕与拉坯方向夹角测定方法示意图

自头坯头部开始在拉坯方向上拍摄 3000 mm，由于拉坯速度为 0.85 m/min，即 14.17 mm/s，将头坯头部设为起始零时刻，这样拍照时横坐标的距离可以转化为对应的浇铸时间，即宽板坯边部振痕与拉坯方向夹角在拉坯方向上的波动可以转化为浇铸过程中的实时波动，如图 5-5 所示。

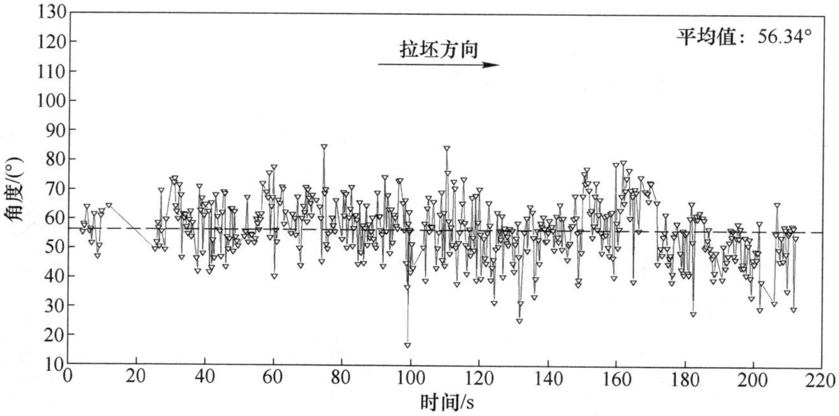
拉坯方向
平均值：56.34°
角度/(°)
时间/s
130
120
110
100
90
80
70
60
50
40
30
20
10
0
20
40
60
80
100
120
140
160
180
200
220

(a)

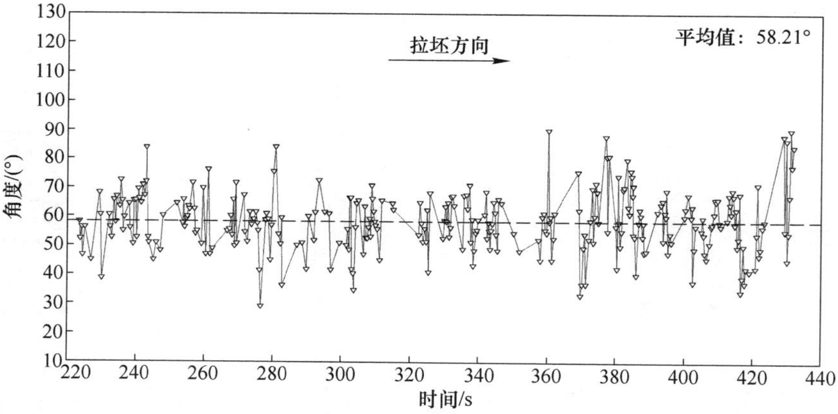
拉坯方向
平均值：58.21°
角度/(°)
时间/s
130
120
110
100
90
80
70
60
50
40
30
20
10
220
240
260
280
300
320
340
360
380
400
420
440

(b)

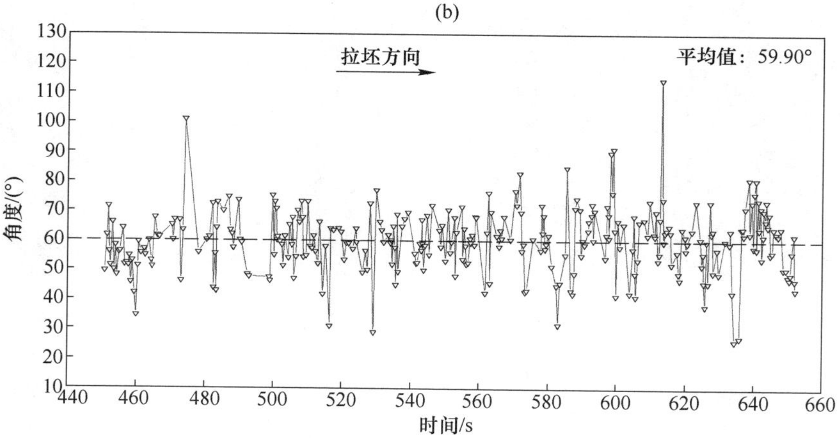
拉坯方向
平均值：59.90°
角度/(°)
时间/s
130
120
110
100
90
80
70
60
50
40
30
20
10
440
460
480
500
520
540
560
580
600
620
640
660

(c)

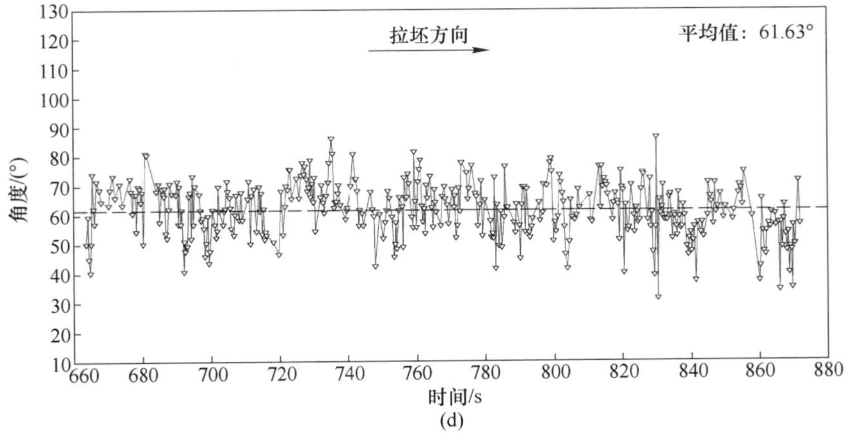

(d)

图 5-5 宽板坯边部振痕与拉坯方向夹角在拉坯方向上波动
(a) 头坯；(b) 交接坯；(c) 正常坯；(d) 尾坯

图 5-6 为宽板坯边部振痕与拉坯方向夹角波动统计。由图 5-6（a）可知，头

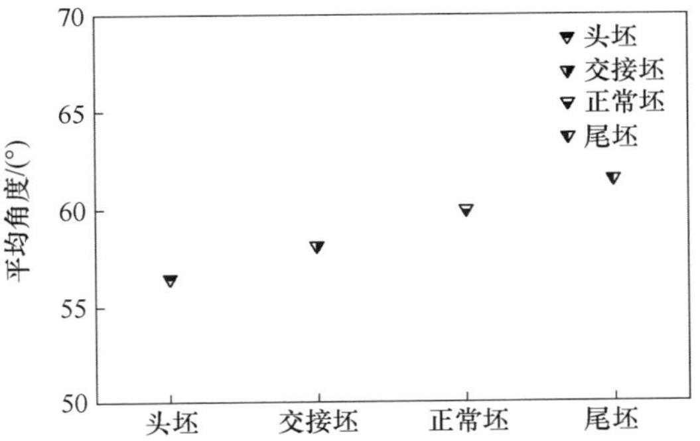

(a)

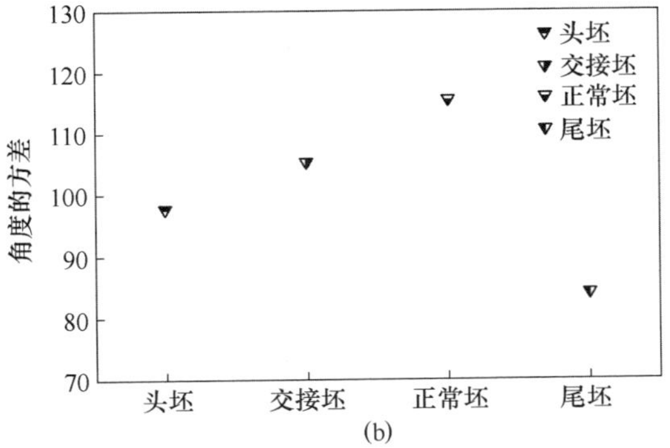

(b)

图 5-6 宽板坯边部振痕与拉坯方向夹角波动统计
(a) 平均值变化；(b) 方差变化

坯边部振痕与拉坯方向夹角平均值为 56. 34°，交接坯为 58. 21°，正常坯为 59. 90°，尾坯为 61. 63°，夹角总平均值为 59. 02°。在浇铸过程中振痕与拉坯方向的夹角有增大的趋势，也就是弯月面的形状趋于平坦，说明弯月面的活跃度在减弱，上回流的强度整体上有减弱的趋势。由图 5-6（b）可知，头坯边部振痕与拉坯方向夹角变化的方差为 97，交接坯为 105，正常坯为 114，尾坯为 83，说明正常坯对应的浇铸时间内上升流冲击窄面弯月面的强度变化最大，而尾坯对应的浇铸时间内上升流的强度最稳定。

5. 4. 2　内弧表面相邻振痕间距变化

本节研究了宽板坯内弧表面相邻振痕的间距变化，研究方法与研究振痕与拉坯方向间夹角时类似，不同之处在于用 ImageJ 测量的参数变为距离。选取宽板坯宽度 1/4 处拉坯方向上 3000 mm 内的振痕作为研究对象，图 5-7 为宽板坯内弧表面宽度 1/4 处振痕间距测量示意图。

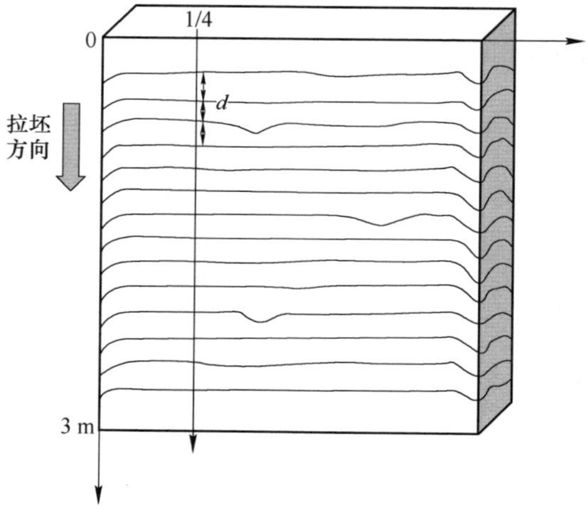

图 5-7　宽板坯内弧表面宽度 1/4 处振痕间距测量示意图

自头坯头部开始在拉坯方向上拍摄 3000 mm，由于拉坯速度为 0. 85 m/min，即 14. 17 mm/s，将头坯头部设为起始零时刻，这样拍照时横坐标的距离就可以转化为对应的浇铸时间，即宽板坯内弧表面宽度 1/4 处在拉坯方向上相邻振痕间距的波动，进而转化为浇铸过程中的实时波动，如图 5-8 所示。振痕间距的变化反映在结晶器内可以近似看作浇铸过程中液面位置的变化，而液面位置的变化又影响液面的波动。结晶器液面波动过大会引起卷渣，波动过小说明液面流速过小，使液面热量不足、液面过冷影响保护渣熔化。因此，液面波动不宜过大，但也不宜过小。由于板坯连铸结晶器内液面波动的理想上限范围为±3 mm 左右，反应在振痕间距变化上，因为振痕间距变化其实是弯月面形状变化在拉坯方向上的位移，理想振痕间距范围的上限应为平均振痕间距加上 3 mm，下限为在平均振痕间距基础上减去 1 mm。图 5-8（a）~（d）中的实线为各铸坯对应浇铸时间段内形成的振痕的平均间距，虚线为理想振痕间距范围上限，点划线为理想振痕间距范围下限。

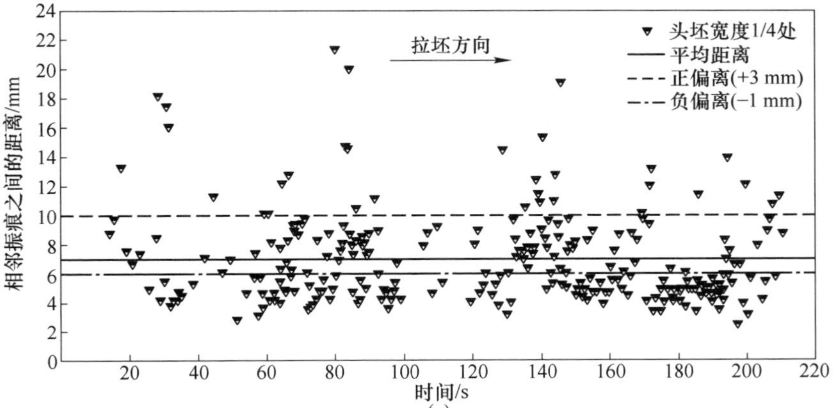

(a)

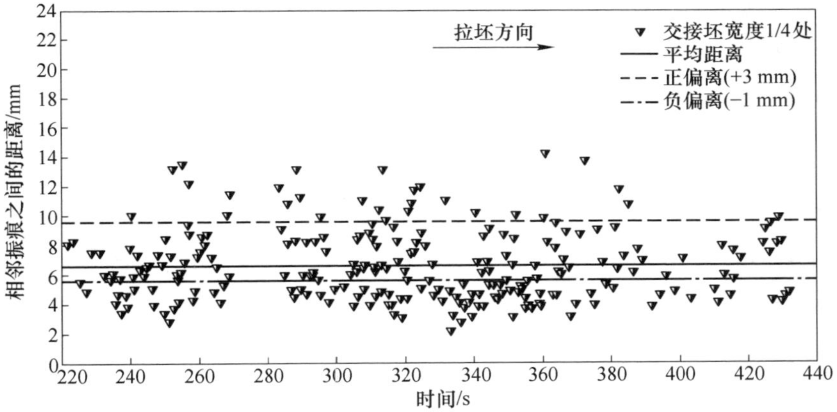

(b)

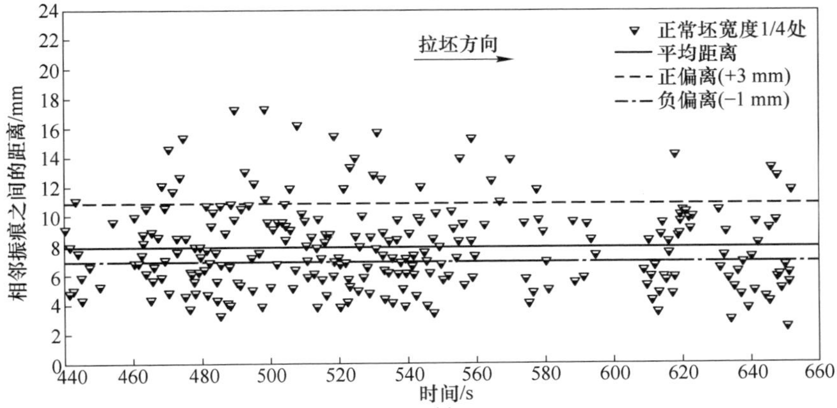

(c)

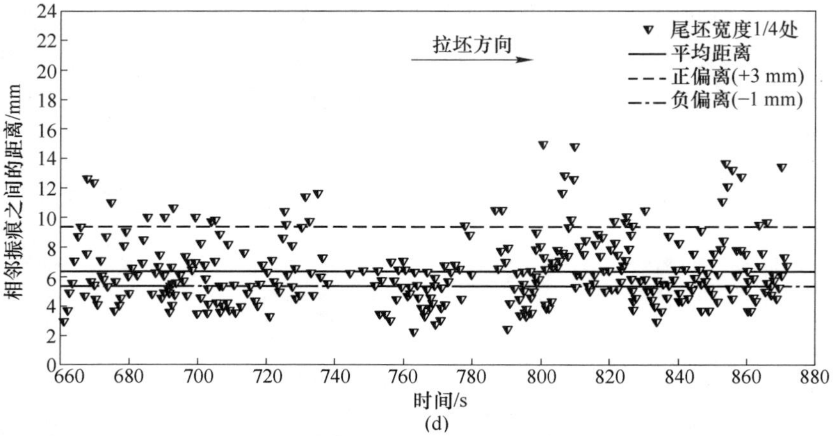

(d)

图 5-8　宽板坯内弧表面宽度 1/4 处振痕间距变化

（a）头坯；（b）交接坯；（c）正常坯；（d）尾坯

图 5-9 为宽板坯内弧表面宽度 1/4 处振痕间距波动统计。由图 5-8（a）可知，头坯内弧表面宽度 1/4 处振痕间距平均值为 7.03 mm，交接坯为 6.57 mm，正常坯为 7.86 mm，尾坯为 6.36 mm，振痕间距总平均值为 6.96 mm。理想振痕间距区间应为 5.96~9.96 mm。在浇铸过程中，头坯对应的浇铸时间内，振痕间距落在理想区间的比例为 38.2%；交接坯对应的浇铸时间内，振痕间距落在理想区间的比例为 43.6%；正常坯对应的浇铸时间内，振痕间距落在理想区间的比例为 51.8%；尾坯对应的浇铸时间内，振痕间距落在理想区间的比例为 41.2%。由图 5-8（b）可知，头坯内弧表面宽度 1/4 处振痕间距变化的方差为 9.5，交接坯内弧表面宽度 1/4 处振痕间距变化的方差为 5.9；正常坯内弧表面宽度 1/4 处振痕间距变化的方差为 8.2；尾坯内弧表面宽度 1/4 处振痕间距变化的方差为 5.7。头坯和正常坯对应的浇铸时间内结晶器宽度 1/4 处弯月面位置变化较大，而交接坯和尾坯对应的浇铸时间内结晶器宽度 1/4 处弯月面位置变化相对较少。

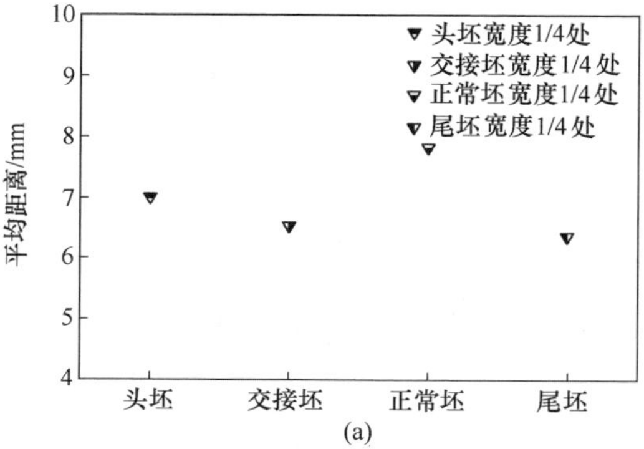

(a)

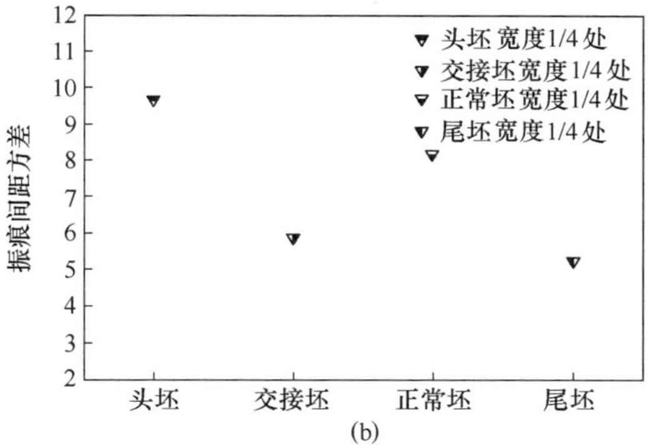

图 5-9 宽板坯内弧表面宽度 1/4 处振痕间距波动统计
（a）平均值；（b）方差

5.4.3 内弧面振痕褶皱形貌及分布

在对宽板坯内弧面振痕进行观察时，发现振痕常常出现图 5-10 所示的“褶皱”现象。这是因为在浇铸过程中某一时刻，由于弯月面处于气液两相交汇处，又与结晶器铜板接触，冷却条件较好。由于弯月面不同位置处热量的细微差异会导致温度的波动，图 5-11 为内弧侧弯月面以下 50 mm 铜板温度变化。弯月面附近温度较低的位置钢液开始凝固，凝固枝晶开始生成，此处钢液局部黏滞力增加，流动性变差，与结晶器铜板短时间内处于粘连状态，不能随弯月面其他纯液相同步自由变化，而是在较短的时间内与结晶器振动同步。这会使粘连部位动能

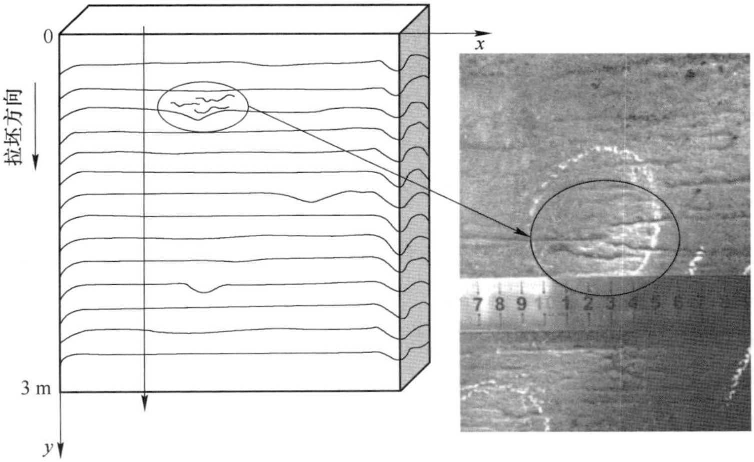

图 5-10 宽板坯内弧表面振痕发生“褶皱”现象的形貌及统计示意图

增加，由于结晶器的振动，粘连的部分从结晶器壁很快脱落，增加的动能转化为钢液额外的波动，随着坯壳向下移动并生长，弯月面局部波动异常现象被永久记录在铸坯表面，从而形成了局部的“褶皱”振痕。

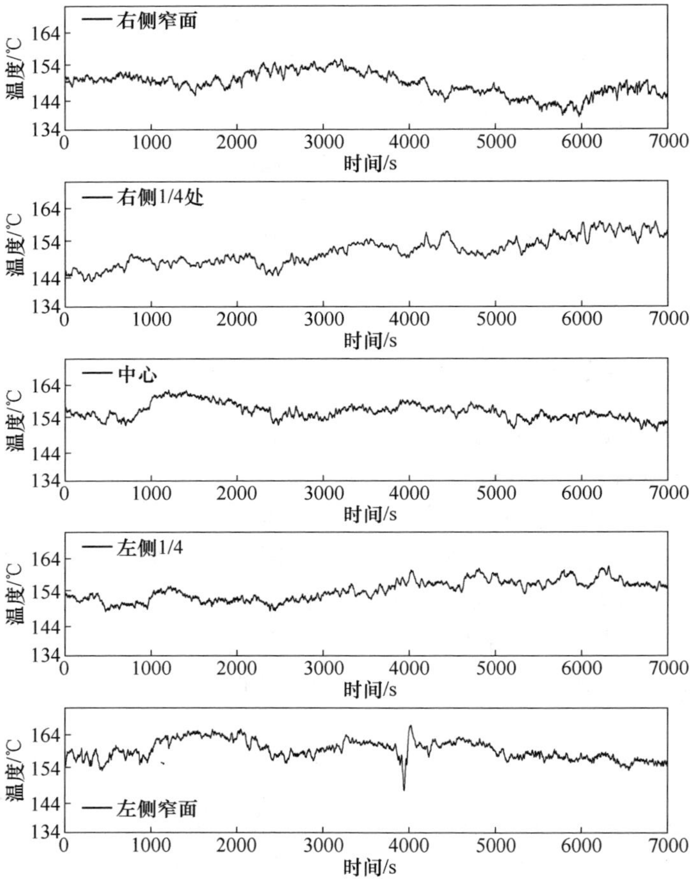

图 5-11　内弧侧弯月面以下 50 mm 铜板温度变化

在“褶皱”振痕的形成过程中，由于其处于局部低温，凝固枝晶开始生成，结晶器内夹杂物上浮过程中若进入“褶皱”振痕发生区，其被捕获的概率大大提升。结晶器弯月面“褶皱”振痕越容易产生的地方，容易捕获夹杂物，该位置铸坯夹杂物增多，洁净度变差。为了研究结晶器弯月面处“褶皱”振痕的高发区，本研究在头坯、交接坯、正常坯和尾坯上各选取了 200 mm 长的区域，从宽为 2040 mm 的铸坯左侧边部至右侧边部逐行寻找“褶皱”振痕，每找到一个就对其编号并定位，定位选择的坐标系如图 5-10 所示。在拉坯方向上总共统计了 800 mm。统计结束后，将所有“褶皱”振痕的 y 坐标变为零，也就是将所有“褶皱”振痕发生的位置还原至结晶器弯月面，结果如图 5-12 所示。可以看到，在结晶器弯月面的整个宽度范围内都会产生“褶皱”振痕。

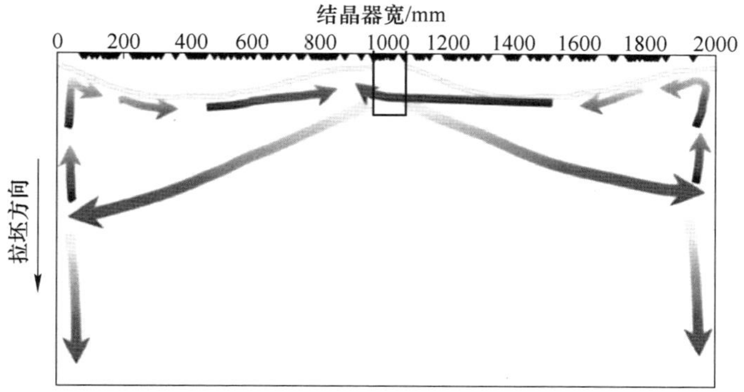

图 5-12　宽板坯内弧表面振痕发生“褶皱”现象的位置在结晶器弯月面处还原

图 5-13 统计了从铸坯左侧边部至右侧边部，内弧表面每 400 mm 振痕发生褶皱现象的数量。从铸坯左侧边部至右侧边部，每 100 mm 范围内，“褶皱”振痕数量分别为 2 个、13 个、8 个、5 个、10 个、10 个、8 个、7 个、12 个、5 个、5 个、13 个、12 个、5 个、8 个、5 个、8 个、11 个、7 个、1 个。可以看到，在铸坯两侧边部、宽度方向中心位置“褶皱”振痕数量较少；距边部 100～200 mm 范围内“褶皱”振痕数量较多；距边部 200～800 mm 范围内“褶皱”振痕数量趋于稳定，在 5～10 个范围内波动；距中心 100～200 mm 范围内“褶皱”振痕数量增多。

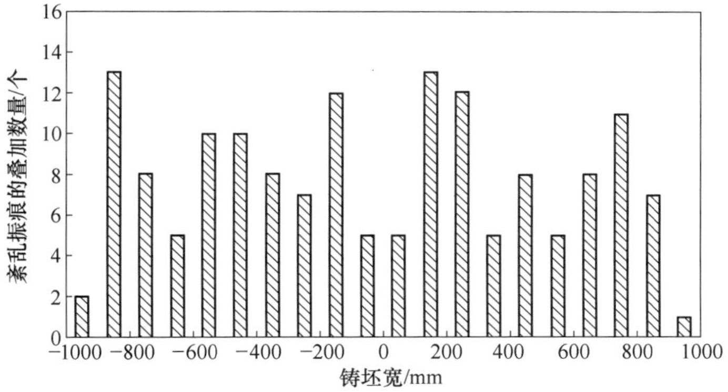

图 5-13　宽板坯内弧表面每 400 mm 振痕发生“褶皱”现象的数量

5.5　夹杂物在铸坯内的分布

5.5.1　研究方法

为了研究有无“褶皱”振痕的铸坯表层夹杂物的分布，本节统计了宽板坯皮下尺寸大于 10 μm 的数量。宽板坯尺寸为 2040 mm×200 mm，分别在内弧面和外弧面上距左侧边部 200 mm、600 mm、1000 mm、1400 mm 以及 1800 mm 切取金相样，用游标卡尺测量并记录每个金相样的原始高度。由于样品表面有夹带的液渣以及振痕，需对样品进行初磨将表面振痕磨掉。然后在型号为 YM-2000 的金相试样磨抛机上分别采用 250 μm，62. 5 μm，38 μm，19 μm，12. 5 μm，10 μm进行金相试样的制备。磨样过程中用游标卡尺控制样品的磨削量，在使用 10 μm砂纸磨制结束时，所有样品的磨削高度控制在 2 mm±0. 1 mm。对样品进行抛光处理之后，将制备好的金相样在 DM-4000 型光学显微镜下对样品逐行进行手动扫描，统计尺寸大于 10 μm 的夹杂物的数量，并记录统计面积。表 5-1 为宽板坯内弧面 5 个位置处皮下 2 mm 大型夹杂物统计信息。图 5-14 为结晶器内坯壳厚度 2 mm 处大型夹杂物被捕获示意图，坯壳厚度与 3. 5 mm、5 mm、6. 5 mm、8 mm、9. 5 mm 及 11 mm 处示意图类似。图 5-15 为在铸坯内、外弧面取样及加工示意图。

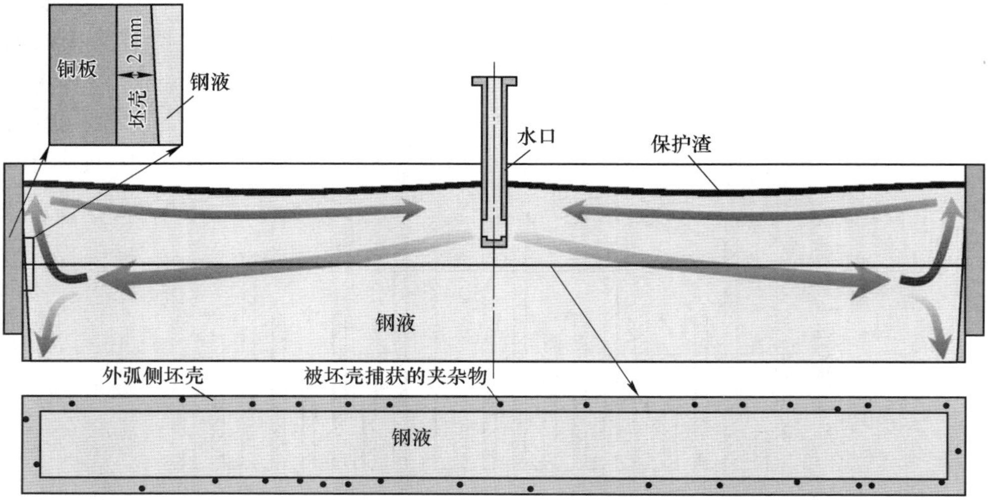

图 5-14　结晶器内坯壳厚度 2 mm 处大型夹杂物被捕获示意图

表 5-1　宽板坯内弧面大型夹杂物统计信息

样品编号	夹杂物形貌	尺寸大于 10 μm 夹杂物数量/个·mm^{-2}	扫描面积/mm^2	夹杂物数量密度/个·mm^{-2}
A	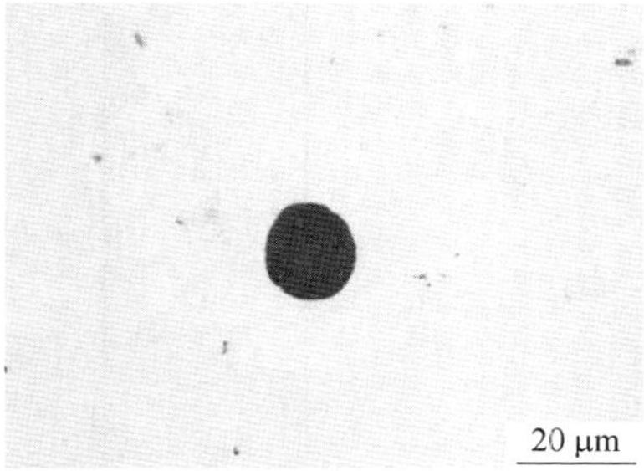	12	484	0.0248
B	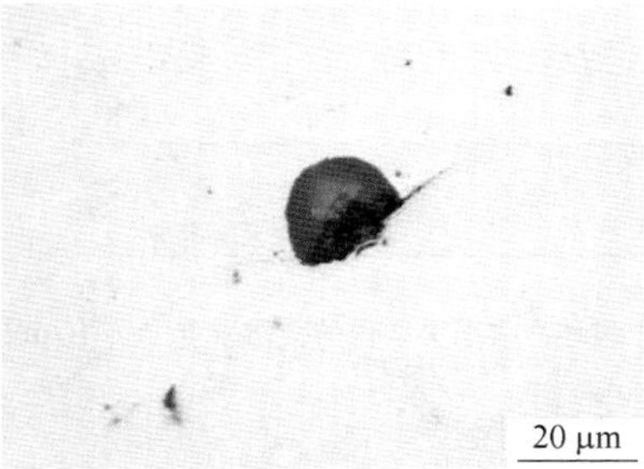	13	421	0.0309
C	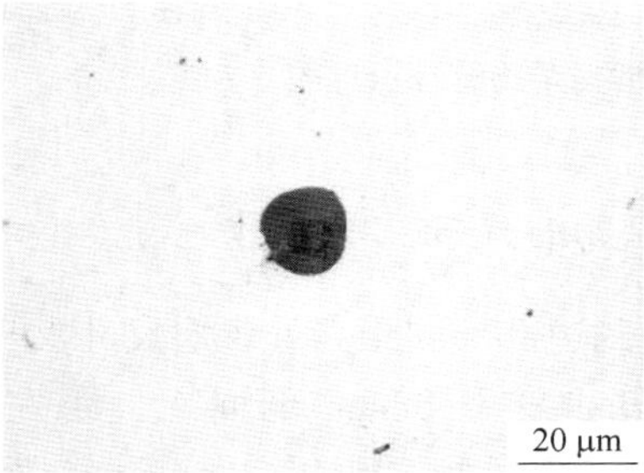	9	388	0.0232
D	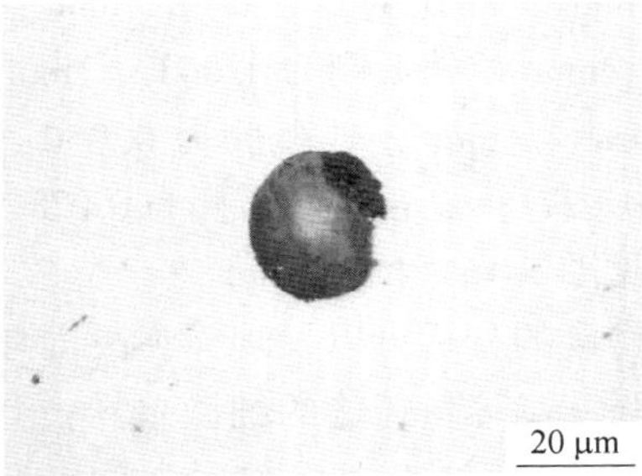	13	414	0.0314

续表 5-1

样品编号	夹杂物形貌	尺寸大于 10 μm 夹杂物数量/个 · mm^{-2}	扫描面积 /mm^2	夹杂物数量密度 /个 · mm^{-2}
E	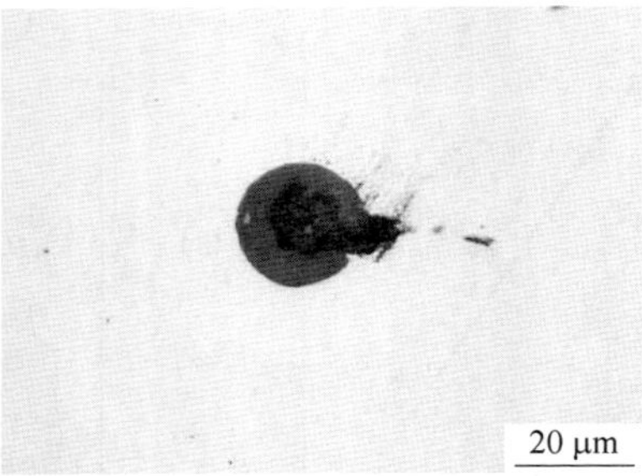	7	327	0.0214

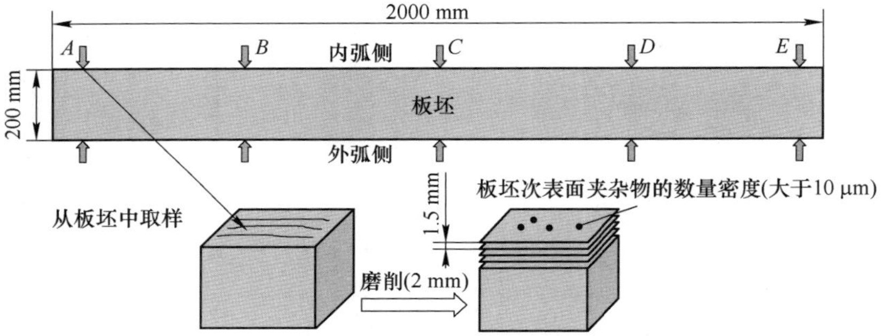

图 5-15　宽板坯皮下大型夹杂物统计示意图

5.5.2　皮下各剖面上尺寸大于 10 μm 夹杂物的分布

图 5-16 为宽板坯内、外弧面皮下距左侧边部不同距离处各层尺寸大于 10 μm 夹杂物的数量密度。由图 5-16（a）可知，皮下 2 mm 剖面上，距左侧窄面 200 mm处，内弧侧夹杂物为 0.024 个/mm^2，外弧侧为 0.036 个/mm^2；距左侧窄面 600 mm 处，内弧侧夹杂物为 0.031 个/mm^2，外弧侧为 0.04 个/mm^2；距左侧窄面 1000 mm 处，内弧侧夹杂物为 0.03 个/mm^2，外弧侧为 0.043 个/mm^2；距左侧窄面 1400 mm 处，内弧侧夹杂物为 0.031 个/mm^2，外弧侧为 0.050 个/mm^2；距左侧窄面 1800 mm 处，内弧侧夹杂物为 0.021 个/mm^2，外弧侧为 0.038 个/mm^2。皮下不同距离剖面上夹杂物的分布情况详见图 5-16（b）~（g）。

通过对宽板坯皮下各层大型夹杂物数密度的分析可以发现，在凝固坯壳厚度较小的区域，即结晶器弯月面附近，冷却强度和热量传输的细微差异，会使弯月面各处温度不同，温度较低的部位凝固前沿枝晶生长较快，结晶器内夹杂物上浮至弯月面附近，很容易被捕获，而温度较高的部位凝固前沿枝晶生长相对较慢，夹杂物被捕获的概率相对较小。因此，在浇铸过程中，不同坯壳厚度层面，各位置处大型夹杂物数密度不同，也就是夹杂物被捕获的概率有差异。

图 5-17 为坯壳厚度与 10 μm 夹杂物的分布关系，可以发现，在凝固坯壳厚度较小的区域，对应于结晶器弯月面附近，由于凝固前沿钢液流速较大，夹杂物被枝晶捕获后很容易被“冲刷”掉，因此大尺寸的夹杂物数量密度较小；随着钢液继续凝固，坯壳持续变厚至 5 mm 左右时，凝固前沿处于上回流“涡心”附

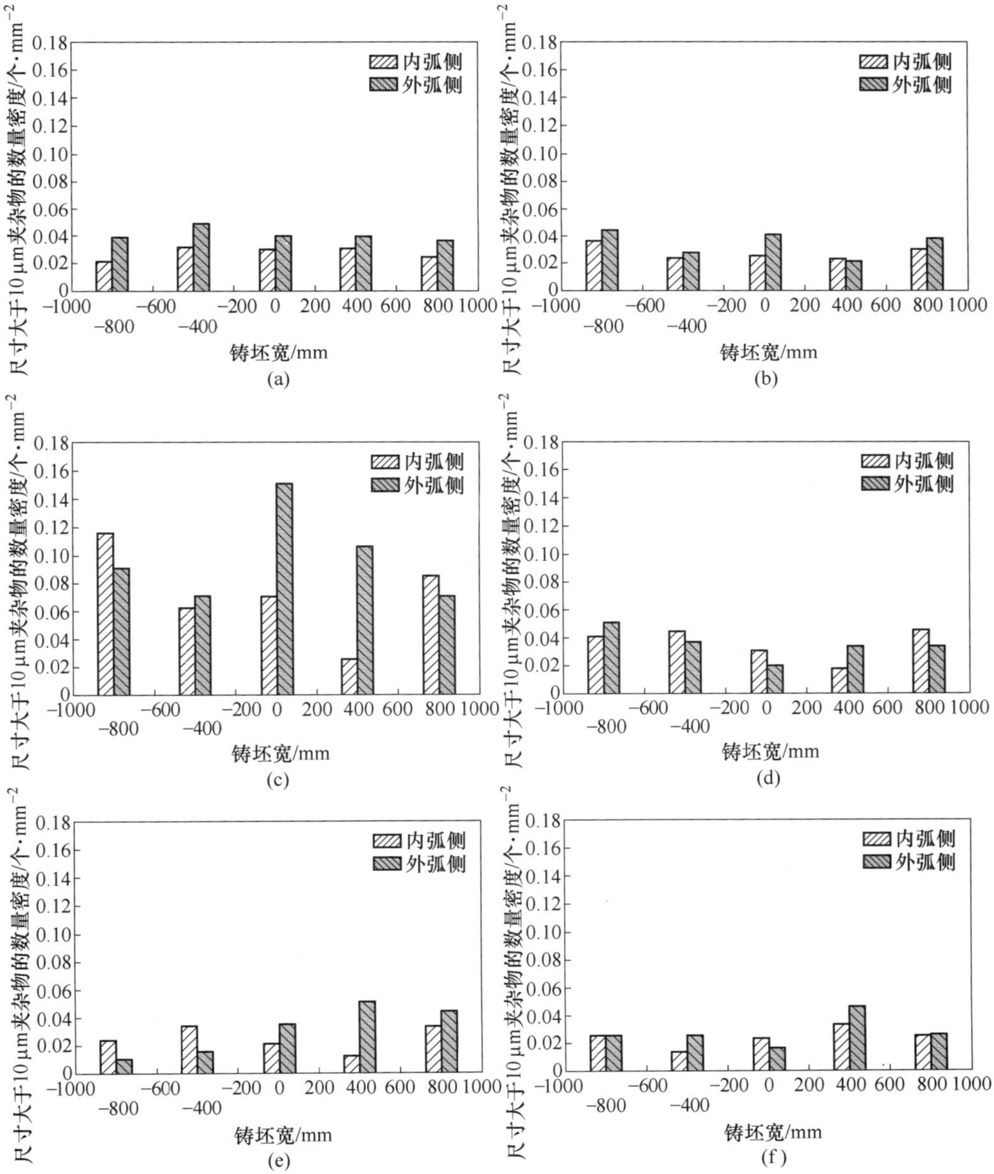

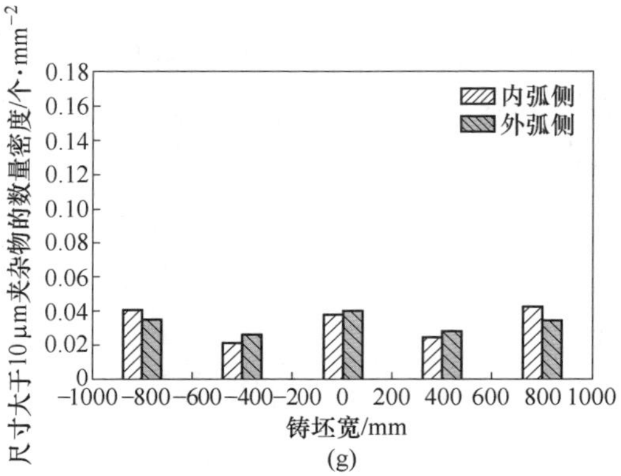

图 5-16　宽板坯内、外弧面皮下各层尺寸大于 10 μm 夹杂物统计结果

（a）第 1 层：距表面约 2 mm；（b）第 2 层：距表面约 3.5 mm；（c）第 3 层：距表面约 5 mm；
（d）第 4 层：距表面约 6.5 mm；（e）第 5 层：距表面约 8 mm；
（f）第 6 层：距表面约 9.5 mm；（g）第 7 层：距表面约 11 mm

近，夹杂物受到涡流向心力的作用会向“涡心”聚集，在此过程中尺寸较小的夹杂物之间相互碰撞，长大为较大尺寸的夹杂物。“涡心”附近钢液流速较小，对凝固前沿的冲刷作用也相对较小，所以此处夹杂物数量密度较大；随着钢液凝固的继续进行，坯壳厚度继续增加，凝固前沿靠近下回流，钢液流速有所增大，冲刷作用有所提升，被凝固前沿枝晶捕获的夹杂物被冲刷掉的概率增加，大尺寸夹杂物的数量密度降低。

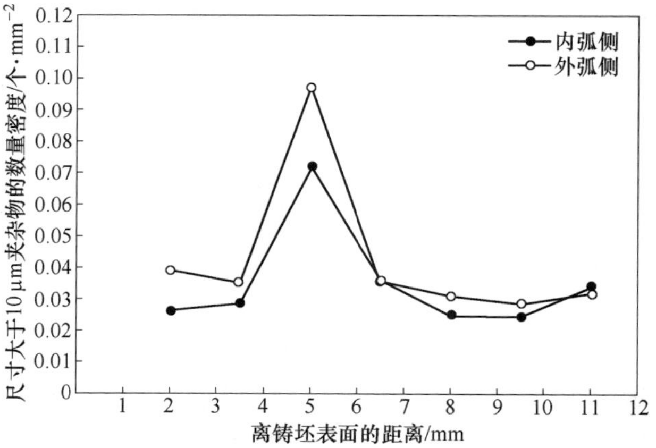

图 5-17　坯壳厚度与大于 10 μm 夹杂物的分布关系

5.5.3 皮下 2 mm 剖面上尺寸大于 10 μm 夹杂物与“褶皱”振痕的关系

为了研究结晶器弯月面“褶皱”振痕发生率较高的部位与铸坯近表层洁净度的关系，选取铸坯内弧面皮下 2 mm（对应于结晶器弯月面附近，且与“褶皱”振痕统计面对应）的大尺寸夹杂物数量密度统计结果（图 5-18）与“褶皱”振痕的统计结果（图 5-19）对比，发现两者吻合较好。图 5-20 为两者的关系，说明在“褶皱”振痕的形成过程中，由于其处于局部低温，生成了初始凝固枝晶，形成了固液共存态，其黏滞力比周围钢液大很多，结晶器内夹杂物上浮过程中若进入“褶皱”振痕发生区，被捕获的概率将大大提升。结晶器弯月面“褶皱”振痕越容易产生的地方，夹杂物越容易被捕获，该位置铸坯夹杂物越多，洁净度越差。宽板坯内弧面皮下 2 mm，尺寸大于 10 μm 的夹杂物数量密度统计结果也验证了结晶器弯月面附近“褶皱”振痕易发区更容易捕获夹杂物的推论，证明了本文提出的“褶皱”振痕形成机理的合理性。

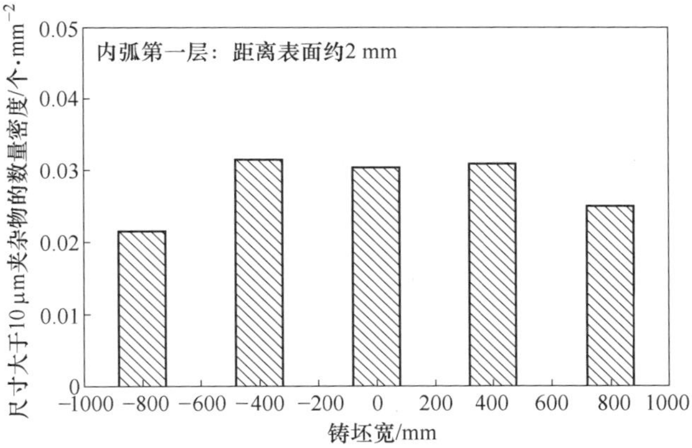

图 5-18 宽板坯皮下各层尺寸大于 10 μm 夹杂物平均数密度分布

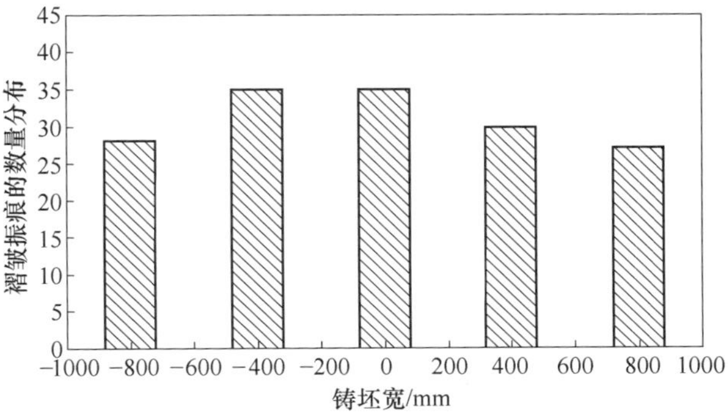

图 5-19 宽板坯内弧表面振痕发生“褶皱”现象的位置在结晶器液面处叠加后在铸坯宽度上每 400 mm 数量统计

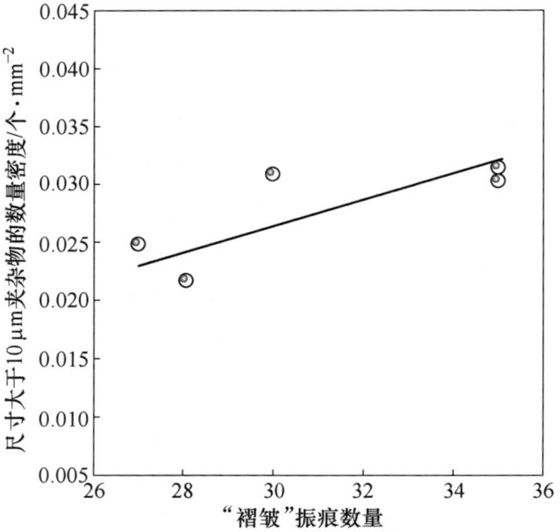

图 5-20　铸坯表面“褶皱”振痕数量与尺寸大于 10 μm 夹杂物数量密度的关系

根据上述讨论，发现“褶皱”振痕的形成，很大一部分是由结晶器宽度方向上弯月面温度差异所致。在某一时刻，弯月面温度较低的位置枝晶最先生长，与温度较高的位置相比捕获的夹杂物数量更多。因此，为了尽可能避免产生“褶皱”振痕而影响铸坯的洁净度，在实际生产中应从冷蛇形管的布置、给水量、保护渣等方面考虑，使弯月面的温度分布更合理、更均匀。同时也为今后的科研指出了一个可能的研究方向。图 5-21 和图 5-22 分别是铸坯表面褶皱状振痕形成机理与铸坯表面褶皱状振痕分布与大尺寸夹杂物分布呈正相关关系的原因。

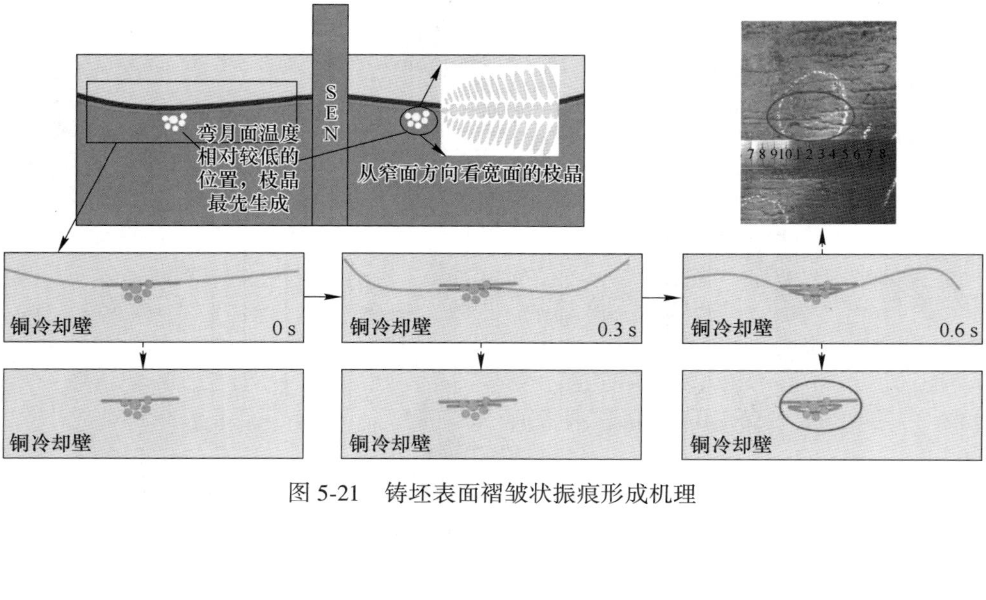

图 5-21　铸坯表面褶皱状振痕形成机理

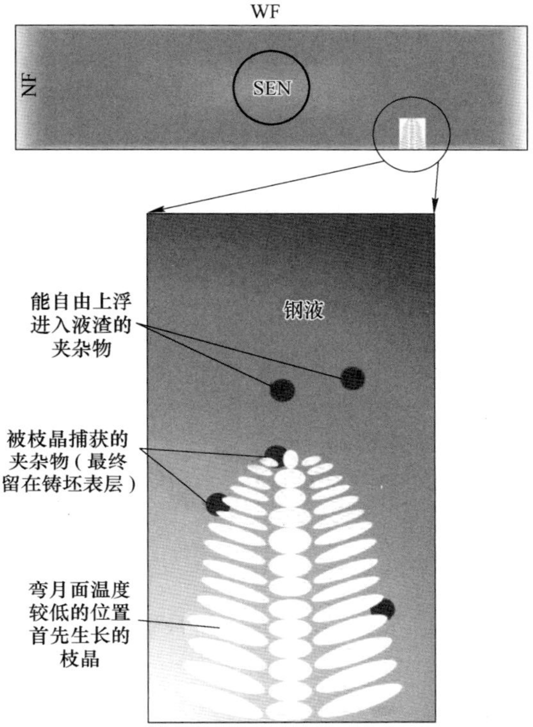

图 5-22 铸坯表面“褶皱”振痕分布与大尺寸夹杂物分布呈正相关关系的原因分析图

参 考 文 献

[1] 孙乾．钢材中非金属夹杂物的来源、分类、检验及其对母体性能影响的宏观概述［J］．山西冶金，2022，45（9）：60-62.

[2] 张立峰，李燕龙，任英．钢中非金属夹杂物的相关基础研究（Ⅰ）——非稳态浇铸中的大颗粒夹杂物及夹杂物的形核、长大、运动、去除和捕捉［J］．钢铁，2013，48（11）：1-10.

[3] Yang B，Lei H，Qian B，et al. Numerical simulation of collision-coalescence and removal of inclusions in a tundish［J］. Jom，2018，70（12）：2950-2957.

[4] Lei H，He J C. Nucleation and growth kinetics of MgO in molten steel［J］. Journal of Materials Science & Technology，2012，28（7）：642-646.

[5] 谷口尚司＊菊池淳＊．流体中微小粒子の衝突・凝集機構［J］. ISIJ International，1992，78（4）：527-535.

[6] Lindborg U. A collision model for the growth and separation of deoxidation products［J］. Transactions Metallurgical Society，1968，242（1）：94-109.

[7] Saffman P G, Turner J S. On the collision of drops in turbulent clouds [J]. Journal of Fluid Mechanics, 1956, 1 (1): 16-30.

[8] Wang Y N, Yang J, Xin X L, et al. The effect of cooling conditions on the evolution of non-metallic inclusions in high manganese TWIP steels [J]. Metallurgical and Materials Transactions B, 2016, 47 (2): 1378-1389.

[9] Kononov A A, Mogutn B M. Effect of carbonon precipitation of MnS inhibitor in grain-oriented 3% silicon-steel [J]. ISIJ International, 1999, 39 (1): 64-68.

[10] 王新月. Ostwald ripening mechanism and its development in binary alloys [J]. Modern Physics, 2022, 12 (2): 31-37.

[11] 吕昭平，蒋虽合，何骏阳，等. 先进金属材料的第二相强化 [J]. 金属学报，2016，52 (10)：1183-1198.

[12] Nash P, Jayanth C S. Factors affecting particle-coarsening kinetics and size distribution [J]. Journal of Materials Science, 1989, 24 (9): 3041-3052.

[13] 赵定国，李新，王书桓，等. 浸入式水口内夹杂物碰撞吸附行为 [C]//第十届中国钢铁年会暨第六届宝钢学术年会论文集，北京：冶金工业出版社，2015：7.

[14] 张国栋，卢艳青，姜茂发，等. 连铸保护渣吸附 Al_2O_3 夹杂能力的研究 [J]. 东北大学学报（自然科学版），2010，31 (4)：539-541.

[15] 宫佳睿，刘中秋，吴颖东，等. 连铸结晶器内弥散氩气泡的瞬态运动和捕捉行为 [J]. 钢铁研究学报，2022，34 (5)：461-469.

[16] 张路平，肖鹏程，刘曾勋，等. 超高速连铸结晶器内坯壳的传热行为 [J]. 连铸，2021，40 (6)：17-23，28.

[17] Yang W, Zhang L F, Ren Y, et al. Formation and prevention of nozzle clogging during the continuous casting of steels: A Review [J]. ISIJ International, 2024, 64 (1): 1-20.

[18] 张阳伟，程树森. 浸入式水口吸入空气机理及吹氩量控制模型 [J]. 钢铁，2022，57 (10)：110-119.

[19] 潘秀兰，王艳红，梁慧智，等. 连铸机浸入式水口堵塞问题分析及其改善措施 [J]. 世界钢铁，2010，10 (3)：22-29.

[20] 杨明磊，程常桂，李阳，等. 连铸中间包水口堵塞机理及控制技术的发展 [J]. 钢铁研究学，2017，29 (10)：773-780.

[21] 何生平，陈阳，潘伟杰，等. $CaO\text{-}Al_2O_3$ 基低反应性保护渣熔化及流动特性的成分控制区域研究 [J]. 钢铁研究学报，2020，32 (9)：771-779.

[22] 唐萍，文光华，杨昌霖. 连铸结晶器内渣膜形成及传热的研究现状 [J]. 工程科学学报，2019，41 (1)：12-21.

[23] 刘威，杨树峰，李京社. 钢-渣界面非金属夹杂物运动行为研究进展 [J]. 工程科学学报，2021，43 (12)：1647-1655.

[24] 文光华，陈富杭，蒋文波，等. 连铸结晶器“自适应保护渣”理论及应用 [J]. 工程科学学报，2022，44 (9)：1558-1565.

[25] Liu J, Guo M, Jones P T, et al. In situ observation of the direct and indirect dissolution of

MgO particles in CaO-Al_2O_3-SiO_2-based slags [J]. Journal of the European Ceramic Society, 2007, 27 (4): 1961-1972.

[26] Ren C Y, Huang C D, Zhang L F, et al. In situ observation of the dissolution kinetics of Al_2O_3 particles in CaO-Al_2O_3-SiO_2 slags using laser confocal scanning microscopy [J]. International Journal of Minerals, Metallurgy and Materials, 2022, 30 (2): 345-353.

[27] Omenyi S N, Neumann A W, Van Oss C J. Attraction and repulsion of solid particles by solidification fronts I. Thermodynamic effects [J]. Journal of Applied Physics, 1981, 52 (2): 789-795.